22년 최신판

자동차정비 기능사 필기

실전모의고사

제12회 수록

배봉기 지음

피앤피북

자동차정비사를 꿈꾸며 자동차정비 기능사 자격을 취득하기 위해 필기 시험을 준비하는 후배들에게 자동차정비를 먼저 시작한 선배가 이제 시작하는 후배들이 조금이나마 쉽고 빠른 자격취득을 염원하며 산업인 력관리공단의 최신출제기준에 맞춰 핵심적인 내용만 요점 정리하여 이 책을 구성하였습니다.

자동차정비사가 되기 위한 소양을 갖추기에는 빙산의 일각일 뿐이겠으 나, 오랜 기간 자동차정비 직업훈련교사로 재직하면서 산업인력관리공 단 기출문제의 분석과 직업훈련을 받는 훈련생들의 질문에 답변을 생 각하며 후배들이 자동차정비기능사 취득에 필요한 지식을 얻을 수 있 도록 쉽게 내용을 구성하였습니다. 또한 핵심기출문제를 통해 공부한 내용의 성취도를 파악할 수 있도록 하였으며, 실전모의고사를 풀어보며 기출문제의 성향을 분석하여 필기시험 합격에 자신감을 얻을 수 있도 록 하였습니다.

끝으로 후배님들의 필기시험 합격을 기원하며, 이 책이 후배님들의 필 기시험 합격에 조금이나마 보탬이 되기를 바라는 마음입니다. 내용에 오류는 지적해 주신다면 수정하겠습니다. 이 책이 나오기까지 힘써주신 분들께 감사드립니다.

저자

출제기준(필기)

직무 분야	기계	중직무 분야	자동차	자격 종목	자동차정비기능사	적용 기간	2022.1.1. ~ 2024.12.31.

| ○ 직무내용 : 자동차의 엔진, 섀시, 전기·전자장치 등의 결함이나 고장부위를 진단하고 정비하는 직무이다 ||||||||

필기검정방법	객관식	문제수	60	시험시간	1 시간

필기과목명	문제수	주요항목	세부항목	세세항목
자동차 엔진 섀시 전기·전자장치정 비 및 안전관리	60	1. 충전장치 정비	1. 충전장치 점검·진단	1. 충전장치 이해 2. 충전장치 점검 3. 충전장치 분석 4. 배터리 진단
			2. 충전장치 수리	1. 충전장치 회로점검 2. 충전장치 측정 3. 충전장치 판정 4. 충전장치 분해조립 5. 배터리 점검
			3. 충전장치 교환	1. 발전기 교환 2. 충전장치 단품 교환
			4. 충전장치 검사	1. 충전장치 성능 검사 2. 충전장치 측정·진단장비 활용
		2. 시동장치 정비	1. 시동장치 점검·진단	1. 시동장치 이해 2. 시동장치 점검 3. 시동장치 분석 4. 유무선 통신 시동장치
			2. 시동장치 수리	1. 시동장치 회로점검 2. 시동장치 측정 3. 시동장치 판정 4. 시동장치 분해조립
			3. 시동장치 교환	1. 시동전동기 교환 2. 시동장치 단품 교환
			4. 시동장치 검사	1. 시동장치 성능 검사 2. 시동장치 측정·진단장비 활용
		3. 편의장치 정비	1. 편의장치 점검·진단	1. 편의장치 이해 2. 편의장치 점검 3. 편의장치 분석 4. 통신네트워크 장치 이해
			2. 편의장치 조정	1. 편의장치 입·출력신호

필기과목명	문제수	주요항목	세부항목	세세항목
				2. 편의장치 단품 상태 확인
			3. 편의장치 수리	1. 편의장치 회로점검 2. 편의장치 측정 3. 편의장치 판정 4. 편의장치 분해조립
			4. 편의장치 교환	1. 편의장치 부품교환 2. 편의장치 인식작업
			5. 편의장치 검사	1. 편의장치 성능 검사 2. 편의장치 측정 · 진단장비 활용 3. 자동차규칙
		4. 등화장치 정비	1. 등화장치 점검 · 진단	1. 등화장치 이해 2. 등화장치 점검 3. 등화장치 분석 4. BCM, IPM 장치 이해
			2. 등화장치 수리	1. 등화장치 회로점검 2. 등화장치 측정 3. 등화장치 판정 4. 등화장치 분해조립 5. 등화장치 관련 법규
			3. 등화장치 교환	1. 등화장치 부품 교환 2. 등화장치 진단 점검 장비사용 기술
			4. 등화장치 검사	1. 등화장치 측정기 · 육안 검사 2. 등화장치 측정 · 진단장비 활용
		5. 엔진 본체 정비	1. 엔진본체 점검 · 진단	1. 엔진본체 이해 2. 엔진본체 점검 3. 엔진본체 분석 4. 특수공구사용법
			2. 엔진본체 관련 부품 조정	1. 엔진본체 장치 조정 2. 진단장비 활용 엔진 조정
			3. 엔진본체 수리	1. 엔진본체 성능점검 2. 엔진본체 측정 3. 엔진본체 분해조립 4. 엔진본체 소모품의 교환 5. 산업안전 관련 정보
			4. 엔진본체 관련부품 교환	1. 엔진본체 구성부품 이상유무 판정 2. 엔진 관련 부품 교환
			5. 엔진본체 검사	1. 엔진본체 작동상태 검사 2. 엔진본체 성능 검사 3. 엔진본체 측정 · 진단장비 활용

필기과목명	문제수	주요항목	세부항목	세세항목
		6. 윤활 장치 정비	1. 윤활장치 점검 · 진단	1. 윤활장치 이해 2. 윤활장치 점검 3. 윤활장치 분석 4. 윤활유 이해
			2. 윤활장치 수리	1. 윤활장치 회로도 점검 2. 윤활장치 측정 3. 윤활장치 판정 4. 윤활장치 부품 수리
			3. 윤활장치 교환	1. 윤활장치 관련 부품 교환 2. 각종 윤활유 교환 3. 폐유 · 관련 부품 처리
			4. 윤활장치 검사	1. 윤활장치 성능 검사 2. 윤활장치 누유 검사
		7. 연료 장치 정비	1. 연료장치 점검 · 진단	1. 연료장치 이해 2. 연료장치 점검 3. 연료장치 분석 4. 각종 연료의 특성
			2. 연료장치 수리	1. 연료장치 회로점검 2. 연료장치 측정 3. 연료장치 판정 4. 연료장치 분해조립 5. 연료장치 부품수리
			3. 연료장치 교환	1. 연료장치 부품 교환 2. 진단장비 활용 부품 교환
			4. 연료장치 검사	1. 연료장치 성능 검사 2. 연료장치 누유 검사 3. 연료장치 측정 · 진단장비 활용
		8. 흡 · 배기 장치 정비	1. 흡 · 배기장치 점검 · 진단	1. 흡 · 배기장치 이해 2. 흡 · 배기장치 점검 3. 흡 · 배기장치 분석 4. 배출가스 5. 증발가스 6. 대기환경보전법
			2. 흡 · 배기장치 수리	1. 흡 · 배기장치 회로점검 2. 흡 · 배기장치 측정 3. 흡 · 배기장치 판정 4. 흡 · 배기장치 분해조립
			3. 흡 · 배기장치 교환	1. 흡 · 배기장치 부품 교환 2. 배출가스 저감장치 3. 증발가스제어장치
			4. 흡 · 배기장치 검사	1. 흡 · 배기장치 측정 · 진단장비 활용

필기과목명	문제수	주요항목	세부항목	세세항목
				2. 흡 · 배기장치 누설 검사 3. 흡 · 배기장치 성능 검사
		9. 클러치수동변속기정비	1. 클러치 · 수동변속기 점검 · 진단	1. 클러치 · 수동변속기 이해 2. 클러치 · 수동변속기 점검 3. 클러치 · 수동변속기 분석 4. 클러치 · 수동변속기 장비 활용 진단
			2. 클러치 · 수동변속기 조정	1. 클러치 · 수동변속기 조정 내용 파악 2. 클러치 · 수동변속기 관련 부품 조정
			3. 클러치 · 수동변속기 수리	1. 클러치 · 수동변속기 교환 · 수리 가능여부 2. 클러치 · 수동변속기 측정 3. 클러치 · 수동변속기 판정 4. 클러치 · 수동변속기 분해조립
			4. 클러치 · 수동변속기 교환	1. 클러치 · 수동변속기 교환 부품 확인 2. 클러치 · 수동변속기 탈부착
			5. 클러치 · 수동변속기 검사	1. 클러치 · 수동변속기 단품 검사 2. 클러치 · 수동변속기 작동상태 검사
		10. 드라이브라인 정비	1. 드라이브라인 점검 · 진단	1. 드라이브라인 이해 2. 드라이브라인 점검 3. 드라이브라인 고장원인 분석
			2. 드라이브라인 조정	1. 차동장치 점검 2. 차동장치 고장원인 분석
			3. 드라이브라인 수리	1. 드라이브라인 측정 2. 드라이브라인 판정 3. 드라이브라인 분해조립
			4. 드라이브라인 교환	1. 드라이브라인 교환 부품 확인 2. 드라이브라인 특수공구 사용
			5. 드라이브라인 검사	1. 드라이브라인 작동 검사 2. 드라이브라인 성능 검사
		11. 휠타이어얼라인먼트 정비	1. 휠 · 타이어 · 얼라인먼트 점검 · 진단	1. 휠 · 타이어 · 얼라인먼트 이해 2. 휠 · 타이어 · 얼라인먼트 점검 3. 휠 · 타이어 · 얼라인먼트 분석
			2. 휠 · 타이어 · 얼라인먼트 조정	1. 타이어의 공기압 조정 2. 휠 · 타이어 평형상태 조정 3. 휠 얼라인먼트 측정장비 사용 4. 휠 얼라인먼트 조정
			3. 휠 · 타이어 · 얼라인먼트 수리	1. 교환 · 수리 가능여부 2. 휠 · 타이어 · 얼라인먼트 관련부품 수리 3. 수리 후 이상 유무 확인

필기과목명	문제수	주요항목	세부항목	세세항목
			4. 휠·타이어·얼라인먼트 교환	1. 휠·타이어·얼라인먼트 장비 선택 2. 휠·타이어·얼라인먼트의 부품 교환
			5. 휠·타이어·얼라인먼트 검사	1. 휠·타이어·얼라인먼트 검사 2. 휠·타이어·얼라인먼트 측정·진단장비 활용
		12. 유압식 제동장치 정비	1. 유압식 제동장치 점검·진단	1. 유압식 제동장치 이해 2. 유압식 제동장치 점검 3. 유압식 제동장치 분석
			2. 유압식 제동장치 조정	1. 유압식 제동장치 유격 조정 2. 유격 조정 후 장비 활용 점검
			3. 유압식 제동장치 수리	1. 유압식 제동장치 측정 2. 유압식 제동장치 판정 3. 유압식 제동장치 분해조립
			4. 유압식 제동장치 교환	1. 유압식 제동장치 탈부착 2. 유압식 제동장치 부품교환 3. 유압식 제동장치 특수공구사용
			5. 유압식 제동장치 검사	1. 유압식 제동장치 작동상태 검사 2. 고장진단장비 사용 3. 제동력 검차장비 사용
		13. 엔진점화장치 정비	1. 엔진점화장치 점검·진단	1. 엔진점화장치 이해 2. 엔진점화장치 점검 3. 엔진점화장치 분석
			2. 엔진점화장치 조정	1. 점화장치 진단장비 사용 2. 점화장치 관련 부품 조정
			3. 엔진점화장치 수리	1. 엔진점화장치 회로점검 2. 엔진점화장치 측정 3. 엔진점화장치 판정 4. 엔진점화장치 수리
			4. 엔진점화장치 교환	1. 점화장치 부품 교환 2. 점화장치 교환 후 작동상태 점검
			5. 엔진점화장치 검사	1. 엔진점화장치 검사 2. 엔진점화장치 측정·진단장비 활용
		14. 유압식 현가장치 정비	1. 유압식 현가장치 점검·진단	1. 유압식 현가장치 이해 2. 유압식 현가장치 점검 3. 유압식 현가장치 분석
			2. 유압식 현가장치 교환	1. 유압식 현가장치 관련 부품 교환 2. 유압식 현가장치 작동상태 진단
			3. 유압식 현가장치 검사	1. 유압식 현가장치 작동상태 검사

필기과목명	문제수	주요항목	세부항목	세세항목
				2. 유압식 현가장치 성능 검사
		15. 조향장치 정비	1. 조향장치 점검 · 진단	1. 조향장치 이해 2. 조향장치 점검 3. 조향장치 분석
			2. 조향장치 조정	1. 조향장치 관련부품 조정 2. 조향장치 관련장비 사용
			3. 조향장치 수리	1. 조향장치 측정 2. 조향장치 판정 3. 조향장치 분해조립
			4. 조향장치 교환	1. 조향장치 관련부품 교환 2. 조향장치 특수공구 사용
			5. 조향장치 검사	1. 조향장치 작동상태 검사 2. 조향장치 성능 검사 3. 조향장치 고장진단장비 활용
		16. 냉각 장치 정비	1. 냉각장치 점검 · 진단	1. 냉각장치 이해 2. 냉각장치 점검 3. 냉각장치 분석
			2. 냉각장치 수리	1. 냉각장치 회로점검 2. 냉각장치 측정 3. 냉각장치 판정 4. 냉각장치 분해조립
			3. 냉각장치 교환	1. 냉각장치 관련부품 교환 2. 환경 폐기물처리규정
			4. 냉각장치 검사	1. 냉각장치 성능 검사 2. 냉각수 누수 검사

목차

PART 1 엔진

PART 2 새시

PART 3 전기

PART **4** 산업안전관련 정보

PART **5** 실전모의고사

1 PART

엔 진

I 자동차 엔진

1 엔진의 기본 사이클

(1) 기관[Engine]의 개요

열에너지[연료의 연소]를 기계적 에너지[일]로 변환시키는 장치를 열기관이라 한다.

(2) 열기관의 분류

작동형식	연소방식	작동유체	명 칭
체적형	외연	공기/수소	스터링 기관
		증기	증기기관
	내연	연소가스	가솔린 디젤기관
			로터리 기관
속도형	외연	증기	증기기관
	내연	연소가스	가스터빈

기관 내부에 연소실을 두고 연료를 연소시키면 내연기관, 외부에서 연소실에서 연료를 연소시켜 동력을 발생시키면 외연기관이라 한다.

(3) 점화방식에 의한 분류

1) 전기점화방식[불꽃착화기관]

점화플러그에서 전기불꽃을 방전시켜 혼합기에 점화시켜 연소시키는 방식으로 가솔린기관과 LPG 기관의 점화방식이다.

혼합기 : 공기와 연료가 혼합된 가스를 말한다.

2) 압축착화방식[자기착화기관]

연소실에 공기만 흡입하여 압축한 후 연료[경유]를 분사시켜 착화시키는 방식으로 디젤 기관의 점화방식이다.

(4) 기계학적 사이클에 의한 분류

기계학적 사이클에 의한 분류에는 4행정 사이클 기관과 2행정 사이클 기관이 있다.

1) 4행정 사이클 기관

4행정 사이클 엔진은 크랭크축이 2회전 하는 동안 흡입·압축·폭발·배기의 4행정을 하여 1회의 동력을 얻을 수 있는 엔진이며 크랭크축이 2바퀴 회전하는 동안 캠축은 1바퀴 회전한다.

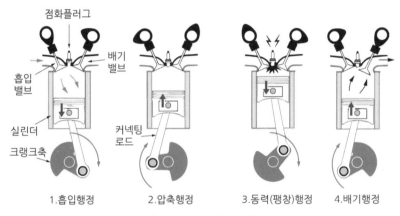

[4행정 기관의 작동]

2) 4행정 사이클 엔진의 작동순서

① 흡입행정[intake stroke]

흡기밸브가 열리고 피스톤은 상사점에서 하사점으로 내려오며 이때 가솔린 엔진은 혼합기, 디젤 엔진은 공기가 연소실로 흡입된다.

② 압축행정[compression stroke]

흡·배기 밸브가 모두 닫혀있는 상태에서 피스톤이 하사점에서 상사점으로 올라오며 가솔린 엔진은 혼합기, 디젤 엔진은 공기가 압축된다. 이때 혼합기나 공기의 온도가 높아져 연소를 쉽게 하고 폭발압력을 높인다.

③ 동력행정[power stroke]

가솔린 엔진은 압축된 혼합기에 점화플러그의 불꽃방전에 의해 점화되어 연소가 일어나며 디젤 엔진은 연료를 분사시켜 압축된 공기에 의해 자기착화 하여 연소가 일어나 동력이 발생된다.

④ 배기행정[exhaust stroke]

배기밸브가 열리면서 동력행정에서 연소된 연료의 연소가스가 배출된다.

· 행정[stroke]
피스톤이 상사점과 하사점 또는 하사점과 상사점을 이동한 거리이며 크랭크축 회전각도는 180°이다.
· 상사점[TDC : top dead center]
피스톤이 올라올 수 있는 최고점
· 하사점[BDC : bottom dead center]
피스톤 내려갈 수 있는 최하점

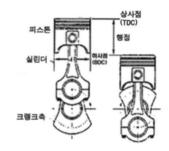

[피스톤 행정]

3) 2행정 사이클 기관의 작동순서

2행정 사이클 엔진의 작동은 흡입·압축·폭발·배기의 1사이클을 크랭크샤프트의 1회전 즉 피스톤의 2행정으로 완료하는 엔진으로 크랭크축 1회전에 동력을 얻을 수 있다.

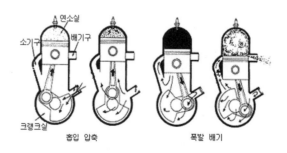

[2행정 기관의 작동]

4) 4행정 기관과 2행정 기관의 비교

구 분	기관의 특징		
4행정 엔진 장점	· 각 행정의 구분이 뚜렷하다. · 열적부하가 적다. · 회전속도의 범위가 넓다. · 체적효율이 높다. · 연료소비율이 적다. · 기동이 쉽다.	4행정 엔진 단점	· 밸브기구가 복잡하다. · 충격이나 기계적 소음이 크다. · 실린더 수가 적을 경우 사용이 곤란 하다. · 마력 당 중량이 무겁다.

2행정
엔진
장점
	· 4행정 기관의 1.6~1.7배의 출력을
	  얻는다.
	· 회전력의 변동이 적다.
	· 실린더 수가 적어도 회전이 원활하다.
	· 밸브장치가 없거나 있어도 간단하다.
	· 마력당 중량이적고 값이 싸다.
		2행정
		엔진
		단점
			· 유효행정이 짧아 흡·배기가 불완
			  전하다.
			· 연료소비율이 많다.
			· 저속회전이 어렵고 역화발생이 쉽
			  다
			· 피스톤과 링의 소손이 많다.

▼ **용 어 해 설**

· **블로바이(blow-by) 현상**
  압축 및 폭발행정 시 피스톤과 실린더 사이로 미연소가스가 누출되는 현상으로 블로바이가스의 주성
  분은 탄화수소(HC)이다.
· **블로다운(blow-down) 현상**
  폭발행정 말기에 피스톤이 하사점에 도달하기 전 배기밸브가 미리 열려 배기가스 자체 압력으로 배
  출되면서 연소실 압력이 낮아지는 현상
· **블로우백(blow-back) 현상**
  압축 및 폭발행정 시 밸브와 밸브시트사이로 미연소가스가 누출되는 현상

(5) 열역학적 분류

1) 오토사이클[정적 사이클]

일정한 체적에서 연소하는 사이클이며 불꽃착화기관(가솔린 및 LPG기관)에 사용된다.

2) 디젤사이클[정압 사이클]

일정한 압력하에서 연소하는 사이클이며 저속 디젤 기관에 사용된다.

3) 사바테사이클[복합 사이클]

일정한 체적과 압력하에서 연소하는 사이클이며 고속 디젤기관에 사용된다.

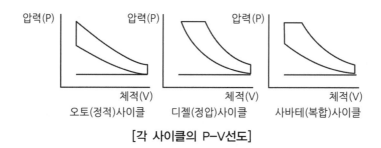

[각 사이클의 P-V선도]

- 지압(P-V)선도
  기관 작동 중 실린더의 압력과 체적의 관계를 나타내는 선도를 말하며 1사이클을 완료하였을 때 피스톤이 한 일 및 열효율과 압축비를 알 수 있다.
- 압축비와 열효율과의 관계
  어느 사이클이라도 압축비가 증가하면 열효율이 상승하며 다음과 같은 관계가 성립
- 압축비가 일정할 때 열효율
  오토사이클＞사바테사이클＞디젤사이클
- 압력이 일정할 때 열효율
  디젤사이클＞사바테사이클＞오토사이클

(6) 실린더 안지름과 행정비율에 따른 분류

1) 장행정 기관[under square engine]

피스톤 행정(L)이 실린더 내경(D)보다 큰 형식이다. 즉 L/D〉1이며 큰 회전력이 발생한다.

2) 정방행정 기관[square engine]

피스톤행정(L)과 실린더 내경(D)의 크기가 같은 형식이다. 즉 L/D=1이다.

3) 단행정 기관[over square engine]

피스톤 행정(L)이 실린더 내경(D)보다 작은 형식이다. 즉 L/D < 1으로 피스톤 평균속도를 올리지 않고도 회전속도를 높일 수 있다.

2 내연기관의 성능과 효율

1) 압축비[compression ratio]

엔진 성능은 압축비에 비례하여 증가하지만, 엔진의 내구성과 노크 발생을 고려하여야 한다.

$$\varepsilon = \frac{V_c + V_s}{V_c} = 1 + \frac{V_s}{V_c}$$

여기서, ϵ : 압축비
V_c : 연소실체적 (cc)
V_s : 행정체적 (cc)

2) 배기량[displacement]

피스톤이 흡입행정에서 흡입한 혼합기 또는 공기의 체적을 말한다.

① 실린더 배기량

$$V = \frac{\pi \cdot D^2}{4} \cdot L$$

② 총 배기량

$$V = \frac{\pi}{4} \cdot D^2 \cdot L \cdot N$$

여기서, $\frac{\pi \cdot D^2}{4}$: 실린더 단면적 (mm^2)
L : 행정 (mm)
N : 실린더수

3) 피스톤 평균속도[mean piston speed]

피스톤이 상사점과 하사점을 왕복하는 속도로 피스톤의 속도는 상사점과 하사점의 중간 지점이 가장 빠르다.

$$S = \frac{2}{60} \cdot N \cdot L = \frac{N \cdot L}{30}$$

여기서, S : 피스톤평균속도(m/s)

$\quad\quad\quad N$: 크랭크축 분당 회전수(rpm)

$\quad\quad\quad L$: 행정의 길이(m)

4) 엔진마력[horse power]

엔진 출력을 나타내는 단위이며 단위시간당 일의 양을 말한다.

① 지시마력[indicated horse power]

기관의 실린더 내부에서 발생한 이론마력을 말한다.

$$IHP = \frac{P \cdot A \cdot L \cdot N \cdot Z}{75 \times 60 (\frac{1}{2} : 4행정기관)}$$

여기서, P : 지시평균유효압력(kg/cm^2)

$\quad\quad\quad A$: 실린더단면적(cm^2)

$\quad\quad\quad L$: 행정의 길이(m)

$\quad\quad\quad N$: 기관의 회전수(rpm)

$\quad\quad\quad Z$: 실린더수

② 제동마력[brake horse power]

제동마력(축마력)은 크랭크축의 회전력에 의해 단위시간에 할 일을 말한다.

$$BHP = \frac{2\pi \cdot T \cdot N}{75 \times 60} = \frac{T \cdot N}{716}$$

여기서, T : 회전력$(kgf \cdot m)$

$\quad\quad\quad N$: 기관의 회전수(rpm)

③ 마찰마력[friction horse power]

마찰마력은 피스톤이 왕복운동 할 때 피스톤 링이 실린더 벽에 마찰하여 발생하는
마찰력을 말한다.

$$FHP = \frac{Fr \cdot N \cdot Z \cdot S}{75} = \frac{F \cdot S}{75}$$

여기서, F : 총마찰력(kg)

Fr : 링1개당마찰력(kg)

N : 실린더수

Z : 실린더당 링의수

S : 피스톤평균속도(m/s)

④ 연료마력[petrol horse power]

연료마력은 연료의 발열량, 소비량, 비중, 소비시간 등을 측정하여 측정하는 마력을
말한다.

$$PHP = \frac{60 \cdot C \cdot W}{632.3 \cdot t}$$
$$= \frac{C \cdot W}{10.5 \cdot t}$$

여기서, C : 저위발열량$(kcal/kg)$

W : 연료의중량$(kg = \ell \times 비중)$

t : 측정시간

5) 기계의 효율[mechanical efficiency]

기계효율은 실린더 내에서 발생된 지시마력과 크랭크축에서 발생된 제동마력과의 관계
이다.

$$\eta_m = \frac{BHP}{IHP} \times 100$$

여기서, IHP : 지시마력

BHP : 제동마력

6) 오토(Otto)사이클 기관의 이론열효율

오토사이클의 이론열효율(η_{th})은 압축비(ε)와 비열비(κ)만의 함수이므로 압축행정만으로 결정되고 최고압력 및 열량과는 무관하다.

$$\eta_{th} = 1 - (\frac{1}{\varepsilon})^{k-1}$$

여기서, ε : 압축비

k : 비열비

---

3 엔진 주요부

엔진 본체는 동력이 발생되는 부분으로 엔진 주요부와 엔진 부속장치로 구분된다. 엔진 주요부는 동력을 발생시키는 부분이며 그림과 같이 실린더헤드 실린더 블록 실린더 피스톤 커넥팅로드 크랭크축 플라이휠 기관 베어링 밸브 및 밸브기구 등으로 구성되어 있다.

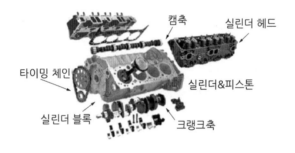

[기관 주요부]

(1) 실린더헤드[Cylinder head]

실린더헤드는 실린더헤드 개스킷을 사이에 두고 실린더 블록에 헤드볼트로 설치되며 흡·배기 다기관 점화플러그 및 밸브기구가 설치된다. 열전도성이 우수한 알루미늄합금으로 제작하면 연소실의 온도를 낮출 수 있어 체적효율이 향상된다.

1) 알루미늄합금 실린더헤드의 특징

① 열전도율이 크기 때문에 연소실의 온도를 낮출 수 있어 열점이 잘 생기지 않는다.
② 무게가 가볍다.
③ 압축비를 높일 수 있다.

2) 실린더헤드 개스킷[cylinder head gasket]

실린더헤드 개스킷은 실린더헤드와 실린더 블록 사이에 끼워져 기밀이 유지되게 하고 냉각수나 오일 등이 누출되는 것을 방지한다.

(2) 연소실[Combustion chamber]

연소실의 모양은 화염전파시간 노크 발생과 관계가 있으며 기관의 출력 열효율은 연소실의 모양에 따라 영향을 받는다.

1) 연소실의 구비조건

① 화염 전파 거리가 짧을 것
② 밸브 면적을 크게 하여 가스의 유동이 원활하고 충진효율이 높을 것
③ 연소실의 표면적은 최소가 되도록 할 것
④ 가열되기 쉬운 돌출부가 없을 것
⑤ 적당한 와류를 줄 수 있을 것
⑥ 노킹을 일으키지 않는 구조일 것

2) 가솔린 기관 연소실의 형식

① 반구형 연소실[halp circle chamber]
연소실 구조가 간단하고 화염 전파 거리가 짧고 밸브를 크게 할 수 있어 체적효율을 높일 수 있으며 열 손실이 작고 열효율이 높다.

② 쐐기형 연소실[wedge type chamber]
연소실 체적이 작아 고압축비를 얻을 수 있고 혼합기의 완전연소가 가능하여 노크 발생이 적다.

③ 욕조형 연소실[bath tub type chamber]
밸브 기구가 간단하며 밸브지름을 크게 할 수 있으며 혼합기의 와류발생이 원활하다.

④ 지붕형연소실[pent · roof type chamber]
화염 전파 거리가 짧고 밸브 면적을 키울 수 있어 체적효율이 좋다.

3) 디젤기관 연소실 형식과 특성

디젤기관 연소실은 단실식과 복실식으로 분류하며 단실식은 직접분사실식이 해당하며 복실식에는 예연소실식, 와류실식, 공기실식이 있다.

① 직접분사실식[direct injection type]

냉각손실이 적어 연료소비율이 낮고 열적 부하가 적어 내구성이 우수하나 연료의 세탄가 및 분사특성의 따른 영향이 큰 단점이 있다.

② 예연소실식[pre combustion type]

예연소실식은 착화를 쉽게 하는 예연소실을 만들어 착화지연 상태의 연료가 주 연소실에 확산되어 연소를 완료하는 형식으로 노크 발생이 적고 운전이 정숙하다.

③ 와류실식[swirl chamber type]

와류실식은 연소실 상부에 와류를 발생시키는 와류실을 두고 강한 와류를 발생시키고 연료를 분사시켜 연결된 통로를 따라 연소실로 유입시켜 주 연소실의 공기와 혼합하여 연소를 완료하는 형식이다.

④ 공기실식[air chamber type]

공기실식은 공기실을 설치하고 압축행정 말기에 주 연소실에 분사된 연료가 공기실로 밀려들어가 착화되고 피스톤 하강 시 주 연소실로 유입되어 연소를 완료하는 형식이며 운전속도가 넓은 기관에는 부적합하다.

(3) 실린더 블록[Cylinder block]

실린더 블록은 기관의 기초가 되는 부분이며 그 내부에 실린더 및 물 재킷(통로) 등이 만들어져 있다.

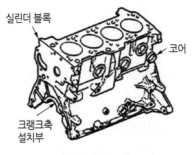

[실린더 블록]

1) 실린더[Cylinder]

피스톤이 기밀을 유지하면서 왕복운동을 하는 부분으로 진원통형으로 그 길이는 피스톤 행정의 2배 정도이다.

① 분류

　ㄱ 일체식 : 실린더 블록과 동일한 재료이며 마모되면 보링을 해야 한다.

　ㄴ 라이너(슬리브)식 : 실린더 블록과 별개로 제작한 후 블록에 끼우는 형식으로 보통주철 실린더 블록에는 특수 주철제 라이너, 경합금 실린더 블록에는 주철제 라이너를 사용한다.

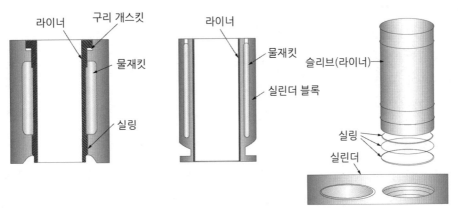

[라이너의 종류]

실린더 라이너[Cylinder liner]
라이너는 실린더 블록의 마멸을 방지하기 위한 것으로 냉각수와 접촉 여부에 따라 습식과 건식 라이너로 나뉜다.

(4) 피스톤[Piston]

피스톤은 실린더 내에서 폭발행정에서 받은 압력으로 왕복운동을 하며 커넥팅로드를 거쳐 크랭크축에 회전력이 발생하게 한다.

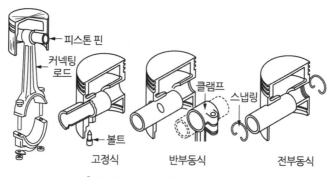

[피스톤 구조와 핀의 고정방법]

1) 피스톤의 구비조건

① 무게가 가벼울 것

② 고온·고압에 견딜 수 있도록 기계적 강도가 클 것

③ 열전도율이 크고 열팽창이 작을 것

④ 피스톤 간 무게 차가 적을 것

2) 피스톤의 종류

알루미늄 합금 피스톤의 종류에는 캠 타워 피스톤, 스플릿 피스톤, 솔리드 피스톤, 인바 스트럿 피스톤, 오프셋 피스톤, 슬리퍼 피스톤 등이 있으며 오프셋 피스톤은 피스톤 슬 랩을 줄이기 위해 피스톤 핀의 위치를 중심으로부터 0.2~2.0㎜ 정도 오프셋 시킨 피스톤이다.

> **피스톤 슬랩[piston slap]**
> 피스톤과 실린더 간의 간극이 커져 피스톤이 운동 방향을 바꿀 때 실린더 벽에 충격을 주는 현상을 말한다.

3) 피스톤 핀의 고정방법

피스톤 핀의 고정방법에는 고정식, 반부동식(요동식), 전부동식(부동식) 등이 있다.

4) 피스톤 링의 작용

피스톤 링은 링 홈에 끼워져 피스톤과 함께 운동하며 실린더 벽면에 밀착되어 기밀유지(밀봉)작용, 열전도(냉각)작용, 오일 제어작용 등의 3대 작용을 한다.

① 피스톤링 이음간극[end gap]

피스톤링 이음간극은 기관이 작동할 때 피스톤 링의 열팽창을 고려하여 두며 간극이 크면 블로바이 발생 및 오일이 연소실로 유입되고, 작으면 피스톤이 실린더 벽에 고착되거나 링이 파손된다.

② 피스톤링 이음간극의 종류

피스톤링 이음간극에는 버트 이음, 각 이음, 랩 이음, 심 이음이 있으며 버트 이음을 가장 많이 사용한다.

5) 피스톤링의 조립

피스톤링의 조립은 블로바이 현상을 방지하기 위하여 이음 부분을 크랭크축 방향과 축의 직각 방향을 피해 120~180°의 각도 차이를 두고 서로 엇갈리게 조립한다.

(5) 커넥팅로드와 크랭크축[Connecting rod & Crank shaft]

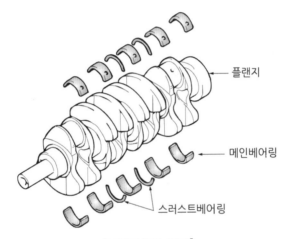

플랜지

메인베어링

스러스트베어링

[크랭크축의 구조]

1) 커넥팅로드[Connecting rod]

커넥팅로드는 피스톤과 크랭크축을 연결하는 막대이며 피스톤의 왕복운동을 크랭크축으로 전달한다. 커넥팅로드의 길이는 소단부와 대단부의 중심거리로 나타내며 보통피스톤 행정의 1.5~2.3배 정도이며 커넥팅로드의 길이가 길면 측압이 작아져 실린더와 피스톤의 마모가 감소한다.

2) 크랭크축[Crank shaft]

피스톤의 왕복운동을 회전운동으로 바꾸어 외부에 전달하는 기능을 하며 큰 하중을 받으면서 고속 회전을 하므로 충분한 강도와 강성이 요구되며 내마모성이 크고 동적 평형이 잡혀있어야 한다.

3) 크랭크축 베어링[Bearing]

크랭크축 베어링은 하중 지지능력이 큰 평면분할 베어링을 사용하며, 종류에는 베빗메탈, 켈밋메탈, 알루미늄합금 베어링이 있다.

① 베어링 크러시[Bearing crush]

베어링 크러시는 베어링 바깥둘레와 하우징 둘레와의 차이를 말하며 베어링 면의 열전도성을 높일 수 있다.

② 베어링 스프레드[Bearing spread]

베어링 스프레드는 베어링 하우징의 지름과 베어링을 끼우지 않았을 때 베어링 바깥쪽 지름과의 차이를 말하며 베어링 조립 시 작업을 용이하게 하며 크러시 압축으로 인한 찌그러짐을 방지한다.

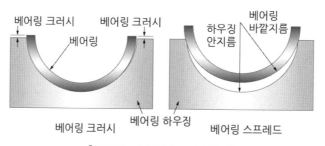

[베어링 크러시 & 스프레드]

4) 크랭크축 점화순서

① 점화순서 결정시 고려사항

ㄱ 동력(폭발) 행정이 같은 간격으로 발생할 것

ㄴ 인접한 실린더에 연이어 폭발이 발생하지 않을 것

ㄷ 각 실린더에 동일한 혼합가스(공기)가 공급되도록 할 것

ㄹ 크랭크축에 비틀림 진동이 발생하지 않을 것

5) 플라이 휠[Fly wheel]

크랭크 축 플렌지 부분에 체결되는 원판으로 기관의 회전속도를 일정하게 하여 기관의 작동을 원활하게 한다. 플라이휠의 무게는 기관의 회전속도와 실린더 수에 관계가 있으며 회전속도와 실린더 수에 반비례한다.

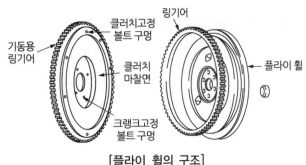

[플라이 휠의 구조]

3 밸브 기구

기관의 동력 발생을 위해 필요한 혼합기(또는 공기)를 연소실 안으로 흡입하고 연소 후 연소가스를 외부로 배출하기 위해 각 실린더에는 흡·배기 밸브가 설치되며 이를 개폐하는 장치를 밸브 기구라 한다.

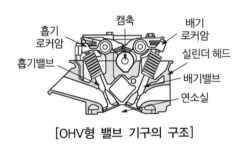

[OHV형 밸브 기구의 구조]

(1) OHC(Over Head Cam shaft)형 기관

OHC형 밸브 개폐 기구는 캠축을 실린더헤드 위에 설치하고 캠이 직접 로커암을 이나 밸브를 구동하는 방식으로 1개의 캠축으로 작동되는 SOHC(sing over head cam shaft) 형식과 2개의 캠축으로 각각의 흡·배기 밸브를 작동시키는 DOHC(double over head cam shaft) 형식이 있다.

(2) 캠축과 캠

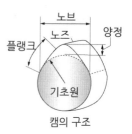

캠의 구조

1) 캠축(Cam shaft)

캠축에는 기관의 밸브 수와 같은 수의 캠이 있으며 기관 작동에
알맞도록 흡·배기 밸브를 개폐하는 기능을 한다.

2) 캠(Cam)

캠은 캠축과 일체로 되어 있으며 종류에는 접선 캠, 볼록 캠, 오목 캠 등이 있다.

3) 캠축의 구동방식

캠축의 구동방식에는 벨트구동방식, 체인구동방식, 기어구동방식이 있다.

(3) 흡·배기밸브[Intake & Exhaust valve]

흡입밸브[intake valve]는 실린더 내로 혼합가스 또는 공기를 유입하는 작용을 하며 배기
밸브[exhaust valve]는 실린더 내의 연소가스를 배출작용을 하며 흡입효율을 높이기 위해 흡
기밸브의 지름을 더 크게 한다.

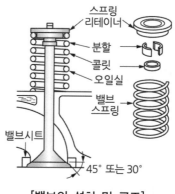

[밸브의 설치 및 구조]

1) 밸브 간극

밸브 간극은 엔진 작동 중 열팽창을 고려하여 로커 암과
밸브 스템 엔드 사이의 틈새를 말하며 밸브 간극이 너무
크거나 작으면 다음과 같은 현상이 발생한다.

[밸브 간극 조정]

밸브 간극에 따른 영향

1) 밸브 간극이 클 때의 영향
　　① 늦게 열리고 일찍 닫혀 밸브의 열림기간이 짧다.
　　② 흡·배기 밸브가 완전하게 열리지 못한다.
　　③ 흡·배기 효율저하로 기관 출력이 감소하고 배기가스 배출 불량으로 과열될 수 있다.
　　④ 소음이 발생하고 밸브기구에 충격이 심해진다.
2) 밸브 간극이 작을 때의 영향
　　① 일찍 열리고 늦게 닫히므로 밸브 열림 기간이 길다.
　　② 블로바이가스 발생량이 증가하여 기관출력이 감소한다.
　　③ 흡기밸브 간극이 작으면 역화나 실화가 발생하기 쉽다.
　　④ 배기밸브 간극이 작으면 후화가 일어나기 쉽다.

2) 유압식 밸브 리프터[Hydraulic valve lifter]

유압식 밸브 리프터는 엔진오일을 이용하여 기관온도 변화에 관계없이 항상 밸브 간극이 "0"이 되도록 하여 밸브 개폐 시기가 정확하게 유지되도록 하는 장치이며 특징은 다음과 같다.
① 밸브 간극 조정이 필요 없다.
② 밸브 개폐시기가 정확하다.
③ 밸브 기구의 내구성이 향상된다.
④ 기관윤활장치가 고장나면 정상작동이 불가능하다.

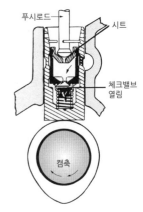

푸시로드
시트
체크밸브 열림
캠축

[밸브 리프터의 작동]

3) 밸브 스프링

밸브가 닫혀있는 동안 밸브 면과 시트를 밀착시켜 기밀을 유지하고 흡입과 배기행정에서 캠에 의해 밸브가 열리도록 작동한다.

(1) 밸브의 서징 현상과 방지법
1) 밸브의 서징[valve spring surging] 현상
　　캠에 의한 밸브의 개폐횟수가 밸브 스프링의 고유진동수와 같거나 또는 정수배로 되었을 때 캠의 작동과 관계없이 밸브 스프링의 신축하는 현상을 말한다.
2) 방지법
　　부등 피치 스프링 또는 원추형 스프링, 고유 진동수가 다른 2중 스프링을 사용한다.
(2) 밸브의 점검사항
　　① 장력 : 규정값의 15% 이내일 것
　　② 직각도 : 자유높이 100mm당 3mm 이내일 것
　　③ 자유높이 : 규정값의 3% 이내일 것
　　④ 스프링의 접촉면은 2/3 이상 수평일 것

4) 밸브 회전기구

① 밸브 회전의 필요성

ㄱ 밸브에 퇴적된 카본을 제거한다.

ㄴ 밸브 스템과 가이드 사이 카본에 의한 밸브 고착을 방지한다.

ㄷ 밸브면과 시트 사이의 편 마멸을 방지한다.

ㄹ 밸브 헤드의 온도를 일정하게 한다.

5) 밸브 개폐시기(타이밍 선도)

가스의 흐름 관성을 유효하게 이용하기 위해 밸브를 상사점이나 하사점에서 정확하게 개폐하지 않고 흡기밸브는 상사점 전 $10°\sim30°$에서 열려 하사점 후 $45°\sim60°$에서 닫히고 배기밸브는 하사점 전 $45°\sim65°$에서 열려 상사점 후 $10°\sim30°$에서 닫힌다.

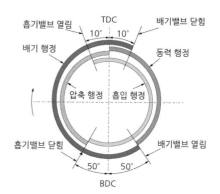

[밸브 개폐선도]

① 밸브 열림각

밸브 열림 + 180° + 밸브 닫힘

② 밸브 개폐시기

밸브 총 열림 각 – (밸브 열림 각 또는 닫힘 각 + 180)

② 밸브 오버랩각

상사점 전 흡기밸브 열림 + 상사점 후 배기밸브 닫힘

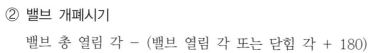

밸브 오버랩[valve overlap]

① 밸브 오버랩이란 상사점 부근에서 흡·배기 밸브가 동시에 열려있는 기간을 말하며 흡·배기 효율을 높여 체적효율을 증대시키기 위해둔다.

② 밸브 오버랩은 저속에서 작게 고속에서 크게 한다.

(1) 실린더헤드의 점검

1) 실린더헤드의 변형원인

① 엔진의 과열

② 냉각수의 동결

③ 헤드 볼트의 조임 순서가 불량하거나 체결 토크 불량

④ 헤드 개스킷의 파손

2) 실린더헤드 분해

① 헤드 볼트를 풀 때는 변형을 방지하기 위해 바깥쪽에서 중앙으로 대각선 방향으로 푼다.

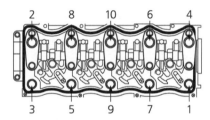

② 헤드가 떨어지지 않을 경우 플라스틱(나무, 고무) 해머로 두들기거나 호이스트를 이용하여 자중을 이용하거나 압축압력을 이용하여 떼어낸다.

③ 실린더헤드의 조립은 중앙에서 바깥쪽으로 대각선 방향으로 조이되 2~3회 나누어 조이고 최종적으로 토크렌치를 사용하여 규정 토크로 조여야 한다.

3) 실린더헤드의 변형 점검

직각자(또는 곧은자)와 필러(틈새) 게이지로 점검(주철제 6개소, 알루미늄 7개소)

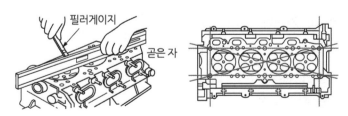

[실린더헤드의 점검]

4) 실린더헤드 균열점검 방법

타진법, 자기탐상법, 육안검사법, 염색탐상법, 형광탐상법 등이 있다.

(2) 실린더 마모량 점검

1) 실린더 벽의 마모 원인

① 실린더 벽과 피스톤 및 피스톤링의 접촉
② 피스톤과 실린더의 간극 불량
③ 피스톤링 이음간극 불량
④ 커넥팅로드의 휨
⑤ 연소생성물(카본)
⑥ 공기 중의 먼지나 이물질 유입

2) 상사점 부근에 마멸이 가장 큰 원인

① 피스톤의 호흡작용에 의한 기관윤활유의 유막 끊김
② 고온 고압의 가혹한 조건

피스톤 링의 호흡작용
피스톤이 상사점 또는 하사점에서 운동 방향을 바꿀 때 피스톤 링의 접촉 부분이 바뀌는 과정을
말한다.

3) 실린더 마모량 측정

① 실린더보어게이지 또는 텔레스코핑게이지와 외측 마이크로미터, 내측 마이크로미터
등을 이용하여 상부, 중앙, 하부의 축 방향과 축의 직각방향의 6군데를 측정한다.
② 최대측정값에서 최소측정값을 뺀 값이 마모량이며 상사점 부근 축의 직각방향이 마
멸이 크다.

4) 실린더 마멸원인과 기관에 미치는 영향

① 압축, 폭발압력 누설에 의한 출력저하
② 연료 및 기관윤활유의 소비량 증가
③ 엔진오일과 연료의 희석
④ 엔진의 시동성능 저하

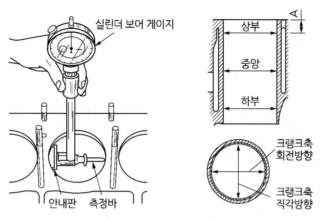

[실린더 마멸량 점검]

5) 실린더 간극 점검

실린더 안지름과 피스톤 스커드부의 외경과의 틈새를 말하며 실린더보어게이지와 외경
마이크로미터 또는 필러(간극)게이지를 이용하여 점검한다.

① 실린더 간극이 클 때 기관에 미치는 영향

ㄱ 피스톤 슬랩에 의한 소음과 진동이 발생한다.

ㄴ 블로바이가 발생하고 오일이 연료에 희석된다.

ㄷ 엔진의 시동성능이 저하되고 오일 연소실에 엔진오일이 유입된다.

ㄹ 압축 및 폭발압력이 누설되어 엔진의 출력이 저하된다.

(3) 실린더 보링

실린더 보링이란 기관의 장시간 사용으로 인하여 실린더 마모가 마모한계 이상일 때 오버사
이즈 피스톤에 맞춰 진원 절삭하는 작업을 말한다.

- 실린더 보링 실시기준

내경	마모한계	진원 절삭 값
70mm 이상	0.2mm	0.2mm
70mm 이하	0.15mm	0.2mm

- 오버사이즈 피스톤 규격

  0.25mm 0.50mm 0.75mm 1.00mm 1.25mm 1.50mm

- 보링 치수의 계산

  최대 마멸량 + 진원절삭 값(0.2mm)의 합으로 계산한다.

  오버사이즈 피스톤 규격과 다를 경우 크면서 가장 가까운 값으로 선정하며 바이트 자국을 없애기 위
  해 보링 후 호닝(horning) 작업을 실시한다.

6) 캠축 높이, 양정, 캠축 휨 측정

캠축의 높이, 양정, 캠축 휨 등의 점검을 통하여 캠축의 마모로 발생하는 밸브의 개·폐시기 불량에 따른 소음발생과 엔진의 출력저하를 정비할 수 있다.

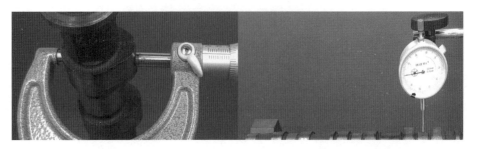

[캠 높이 측정]　　　　　　　　　[캠축 휨 점검]

7) 크랭크 축의 점검

① 크랭크 축 휨 측정

　㉮ 측정기기 : V블럭, 다이얼게이지

　㉯ 휨 값 : V블럭 위에 올려서 다이얼게이지로 측정
　　하며 측정값(게이지 눈금)의 1/2이 휨 값이다.

　㉰ 휨 한계 : 크랭크 축 길이가 500mm 이상 0.05mm, 500mm 이하 0.03mm이다.

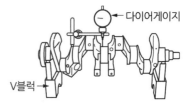

② 저널 마모량 측정

　㉮ 측정기기 : 외측용 마이크로미터로 한다.

　㉯ 저널 수정기준(U/S값) :

　　0.25mm, 0.50mm, 0.75mm, 1.00mm,
　　1.25mm, 1.50mm

　㉰ 수정값 계산 : 최소측정값 –0.2mm를 하여
　　이 값보다 작으면서 가장 가까운 값을 수정 기준값 중에서 선택한다.

③ 축방향 움직임(엔드 플레이) 측정

　㉮ 측정기기 : 다이얼게이지 또는 필러게이지로 측정.

　㉯ 사용한계는 0.3mm, 규정 이상이면 스러스트 베어링 또는 시임을 교환.

　㉰ 엔드 플레이가 클 때 영향

　　㉠ 피스톤의 측압이 커져 소음이 발생한다.

　　㉡ 실린더 및 피스톤, 커넥팅로드 베어링 편마모가 발생한다.

　　㉢ 커넥팅로드에 비틀림 하중이 작용하고 밸브 개폐시기가 달라진다.

ㄹ 클러치 작동 시 충격 또는 진동이 발생하고 베어링에서 오일이 누출된다.

ⓑ 엔드 플레이가 적을 때 영향

　ㄱ 마찰 및 마모가 증가하고 기계적 손실이 증대된다.

　ㄴ 스러스트 베어링에 열이 발생하여 소결현상이 발생

다이어게이지

④ 크랭크축 오일 간극 측정

　㉮ 측정기기 : 플라스틱게이지, 외경 마이크로미터와 텔레스코핑게이지

　㉯ 오일 간극이 클 때의 영향 : 유압저하, 오일 소비 증대, 소음 발생

　㉰ 오일 간극이 작을 때의 영향 : 유압상승, 유막파괴로 인한 베어링 소결

5 정비용 측정기기 및 공구 활용법

(1) 측정기기 활용

1) 다이얼게이지 취급 시 안전사항

① 다이얼게이지로 측정할 때 측정 부분의 위치는 공작물에 수직으로 놓는다.

② 분해 조립이나 조정은 하지 않는다.

③ 다이얼 인디게이터에 충격을 주지 않는다.

④ 측정할 때에는 측정물에 스핀들을 직각으로 설치하고 무리한 접촉은 피한다.

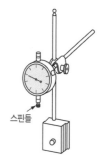
스핀들

[다이얼게이지]

2) 마이크로미터 취급 시 주의사항

① 깨끗하게 하여 보관함에 넣어 보관한다.

② 앤빌과 스핀들을 접촉시키지 않는다.

③ 습기가 없는 곳에 보관한다.

④ 사용 중 떨어뜨리거나 큰 충격을 주지 않도록 한다.

⑤ 래칫 스톱에 1~2회전 정도의 측정력을 가한다.

⑥ 기름, 쇳가루, 먼지 등에 의한 오차 발생에 주의한다.

3) 버니어캘리퍼스

[외경 마이크로미터]

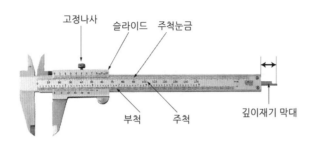

[버니어캘리퍼스]

버니어캘리퍼스는 부품의 외경, 내경, 길이, 깊이 등을 측정하는 데 사용한다.

(2) 특수공구 및 에어 공구 활용

1) 토크렌치[torque wrench]

볼트와 너트를 규정된 토크(회전력)에 맞춰 체결할 때 사용하는 공구로 종류로는 플레이트형, 다이얼형, 프리세트형 등이 있다.

토크렌치는 볼트나 너트를 풀 때는 사용하지 않는다.

2) 에어공구

① 에어공구(임펙트렌치) 사용 시 에어호스가 꼬이지 않도록 한다.

② 압축기의 밸브를 한 번에 급하게 열지 않는다.

③ 임펙트렌치 사용 시 처음에는 레버를 서서히 당기고 볼트와 너트가 어느 정도 체결되었을 때 완전히 당겨 체결한다.

④ 압축기(콤프레셔)의 드레인 코크를 주기적으로 열어 응축수를 배출한다.

(3) 수공구 활용

1) 렌치를 사용할 때 주의사항

① 렌치를 몸 안쪽으로 잡아당겨 움직이게 한다.

② 해머 대용으로 사용하지 않는다.

③ 힘의 전달을 크게 하기 위하여 한쪽 렌치 조에 파이프 등을 끼워서 사용해서는 안 된다.

④ 렌치를 해머로 두들겨서 사용하지 않는다.

2) 조정렌치의 취급

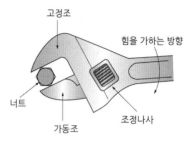

[조정렌치]

① 고정 조 부분에 렌치의 힘이 가해지도록 할 것

② 렌치에 파이프 등을 끼워서 사용하지 말 것

③ 작업할 때 몸쪽으로 당기면서 작업할 것

④ 볼트 또는 너트의 치수에 밀착되도록 크기를 조절할 것

⑤ 고정조에 힘이 가도록 하여 작업할 것

3) 해머작업을 할 때 주의사항

① 녹슨 것을 칠 때는 반드시 보안경을 쓸 것

② 기름이 묻은 손이나 장갑을 끼고 작업하지 말 것

③ 타격면이 평탄한 것을 사용할 것

④ 처음부터 힘을 주저 치지 말 것

4) 줄 작업을 할 때 주의사항

① 사용 전 줄의 균열 유무를 점검한다.

② 줄 작업은 전신을 이용하여 힘을 가한다.

③ 줄에 오일 등을 칠하지 않는다.

④ 줄 작업 높이는 팔꿈치 높이로 한다.

5) 탭 작업

① 공작물을 수평으로 놓고 작업한다.

② 탭 도구의 경도가 모재보다 높아야 한다.

③ 탭 작업은 작은 탭에서 큰 탭으로 구멍을 넓혀가며 작업한다.

④ 조절 탭 렌치는 양손으로 잡고 작업한다.

6 엔진성능 점검

(1) 압축압력측정

1) 압축압력 측정 준비작업

① 축전지의 완충상태를 점검한다.

② 엔진을 시동하여 난기 운전(워밍업 완료)시킨 후 정지시킨다.

③ 모든 실린더의 점화플러그를 탈거한다.

④ 연료 공급차단 및 점화 1차 회로를 분리한다.

⑤ 공기청정기 및 보기류(파워스티어링펌프, 발전기, 에어컨 콤프레셔 등)들의 구동벨트를 탈거한다.

2) 압축압력 측정방법

① 스로틀 보디의 스로틀 밸브를 완전히 개방한다.

② 점화플러그 설치구에 압축 압력계를 설치한다.

③ 엔진을 크랭킹시켜(4~6회 압축시킴) 이때 기관 회전속도는 약 250~350rpm 정도이다.

④ 첫 압축압력과 나중 압축압력을 기록한다.

크랭킹[Cranking]
엔진을 가동하기 위해 크랭크축을 시동전동기에 의해 회전시키는 것을 말한다.

3) 압축압력시험 결과분석

① 정상 압축압력

규정 값의 90% 이상, 각 실린더와의 차이가 10% 이내인 경우

② 규정값 이상인 경우

규정값의 10% 이상이면 실린더헤드를 분해한 다음 카본을 제거

③ 밸브 불량인 경우

규정값보다 낮으면 습식 압축압력 시험을 하여도 압력이 상승하지 않음

④ 실린더 벽, 피스톤 링이 마모된 경우

계속되는 행정에서 약간씩 상승하며, 습식 압축 압력시험을 하면 뚜렷하게 상승

⑤ 헤드 개스킷 불량 또는 실린더헤드가 변형된 경우

인접한 실린더의 압축압력이 비슷하게 낮으며 습식 압축압력시험을 하여도 압력이 상승하지 않음.

습식 압축압력 시험
밸브 불량, 실린더 벽, 피스톤 링, 헤드 개스킷 불량 등의 상태를 판정하기 위하여 점화플러그 구멍으로 기관 오일을 10cc 정도 넣고 약 1분 후에 다시 압축압력을 시험하는 방법

4) 엔진 해체 정비시기 기준

㉮ 압축압력이 규정값의 70% 이하인 경우

㉯ 연료 소비율이 규정값의 60% 이상인 경우

㉰ 기관오일 소비율이 규정값의 50% 이상인 경우

3) 흡기다기관 진공시험

① 측정방법

엔진을 시동하여 흡기다기관이나 서지탱크에 있는 진공측정 구에 진공 게이지를 설치하고 측정한다.

② 진공시험으로 확인할 수 있는 엔진의 이상현상

㉮ 점화시기 틀림

㉯ 밸브작동 불량

㉰ 실린더 압축압력 저하

㉱ 배기 장치 막힘

4) 진공압력시험 결과분석

① 정상 : 공전상태에서 바늘이 45~55cmHg 사이에 정지하거나 조금씩 움직인다.

② 실린더 벽, 피스톤 링 마모 : 바늘이 30~40cmHg 사이에 있다.

③ 밸브 손상 : 정상보다 5~10cmHg 정도 낮으며, 규칙적으로 움직인다.

④ 밸브 타이밍(개폐시기) 틀림 : 바늘이 20~40cmHg 사이에 정지한다.

⑤ 밸브 면과 시트의 접촉 불량 : 정상보다 5~8cmHg 정도 낮다.

⑥ 밸브 가이드 마모 : 바늘이 35~50cmHg 사이를 빠르게 움직인다.

⑦ 밸브 스템이 고착되어 완전히 닫히지 않음 : 바늘이 35~40cmHg 사이에서 흔들린다.

⑧ 밸브 스프링 쇠약 : 바늘이 25~55cmHg 사이에서 흔들린다.

⑨ 흡기다기관에서 누출 : 바늘이 8~15cmHg 사이에서 정지한다.

⑩ 헤드개스킷 파손 : 바늘이 13~45cmHg의 낮은 위치와 높은 위치 사이를 규칙적으로 흔들린다.

⑪ 점화시기 늦음 : 정상보다 5~8cmHg 낮다.

⑫ 배기 장치 막힘 : 처음에는 정상을 나타내다가 일단 0까지 내려갔다가 다시 상승하여 0~43cmHg 사이에서 정지한다.

5) 파워밸런스 시험

① 엔진 시동을 걸고 엔진 회전수를 확인한다.

② 각 실린더의 점화플러그 배선을 하나씩 제거한다. 이때 엔진의 부조나 회전수의 변화가 있는지 확인한다.

6) 파워밸런스 시험의 결과분석

① 점화플러그 배선을 탈거하였을 때의 엔진 회전수가 점화플러그 배선을 탈거하지 않고 확인한 엔진 회전수와 차이가 없다면 해당 실린더는 문제가 있는 실린더로 판정한다.

② 점화플러그 배선을 탈거하였을 때 문제의 실린더를 판별하지 못하였을 때에 위와 같은 방법으로 인젝터 커넥터를 탈거하여 연료장치의 이상 유무를 확인한다.

II 윤활장치

윤활장치는 기관 내부의 각 섭동부에 기관오일을 공급하여 마찰로 인한 마멸 및 열에 의한 손상 등을 방지한다.

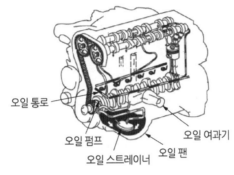

오일 통로
오일 펌프
오일 스트레이너 오일 팬
오일 여과기

[윤활장치의 구조]

(1) 기관오일의 작용

① 밀봉작용 (기밀유지작용)
② 감마작용 (마찰감소 및 마멸방지)
③ 냉각작용 (오일순환에 의한 냉각)
④ 청정작용 (오일여과 시 이물질 제거)
⑤ 방청작용 (열에 의한 산화부식 방지)
⑥ 응력분산작용 (국부적인 충격 완충)

(2) 기관오일의 구비조건

① 온도 변화에 따른 점도 변화가 적을 것
② 점도가 적당할 것
③ 인화점 및 자연발화점이 높을 것
④ 응고점이 낮을 것
⑤ 기포발생 및 카본생성이 적을 것

⑥ 열과 산에 저항성이 클 것

점도지수[viscosity index]
윤활유의 점도는 온도가 상승하면 점도가 낮아지고, 온도가 낮아지면 점도가 상승하는데 이 변화 정도를 수치로 표시한 것이 점도지수이며 점도지수가 높을수록 점도 변화가 적다.

(3) 오일공급방식

오일공급방식에는 비산식, 압송식, 비산압송식 등이 있다.

(4) 오일여과방식

오일여과방식에는 전류식. 분류식, 샨트식이 있으며 여과방식에 따른 특징은 다음과 같다.

1) 전류식

펌프에서 공급된 오일을 모두 여과하여 윤활부로 공급하는 방식으로 항상 여과된 오일을 윤활부로 보낼 수 있는 장점이 있다.

2) 분류식

펌프에서 공급된 오일 일부를 여과하여 오일 팬으로 보내고 여과되지 않은 오일을 윤활부로 공급하는 방식으로 여과되지 않은 오일이 공급되어 베어링이 손상될 염려가 있다.

3) 샨트식

펌프에서 공급된 오일 일부를 여과하고 여과되지 않은 오일과 함께 윤활부로 보내는 방식

(5) 윤활유의 분류

1) SAE 분류[SAE : society of automotive engineers]

미국자동차기술협회에서 지정하는 오일의 점도와 사용온도의 범위에 따른 분류이며 4계절용 오일이 대부분 사용되고 우리나라에서는 비교적 점도가 낮은 10W-30을 사용하며 저온에서 고온까지 넓은 온도 범위에서 사용한다.

오일의 점도[viscosity]
온도가 낮아지면 점도는 높아지고 온도가 높아지면 점도는 낮아지며 SAE 수치는 낮을수록 점도가 감소한다. 10W(저온 점도) - 30(고온 점도)

2) API분류[API : american petroleum institute]

미국 석유협회의 분류 기준으로 엔진의 운전조건에 따라 오일을 분류한 것이다.

(6) 윤활장치의 구조

① 오일 팬[oil pan]

기관오일이 담겨있는 용기로 기관이 기울어져도 오일이 충분히 고여 있을 수 있도록 하는 섬프[sump]와 베플[baffle]을 설치되기도 한다.

② 오일 스트레이너[oil strainer]

오일 속에 있는 큰 이물질을 여과한다.

③ 오일펌프[oil pump]

크랭크축에 의해 구동되며 윤활유를 각 윤활부로 압송시키는 기능을 한다. 종류로는 기어펌프 로터리펌프, 베인펌프, 플런저펌프 등이 있다.

④ 유압조절밸브[oil pressure relief valve]

윤활 회로 내의 유압이 과도하게 상승하는 것을 방지한다.

⑤ 유면표시기[oil level gauge]

오일 팬 내의 오일량을 점검하는 게이지로 F(full or max)와 L(low or min)로 눈금이 표시되어 있다.

유압이 높아지는 원인과 낮아지는 원인
(1) 유압이 높아지는 원인
  ① 오일 점도가 높다.
  ② 오일여과기 막힘
  ③ 유압조절밸브 스프링 장력 과대

(2) 유압이 낮아지는 원인
  ① 오일량 부족
  ② 크랭크축 오일간극 과대
  ③ 오일 펌프의 마멸
  ④ 오일 누유 및 유압조절밸브 스프링 장력 약화
  ⑤ 연료의 희석 및 점도 저하

(7) 기관 오일량 점검

자동차의 오일량 및 상태 점검은 다음의 순서로 한다.
① 자동차를 평탄한 노면에 주차시킨다.
② 자동차의 시동을 걸어 정상온도까지 워밍업 시킨 후 엔진을 정지시킨다.
③ 오일 레벨게이지를 빼내어 오일을 깨끗이 닦은 후 다시 끼운다.
④ 다시 꺼내어 오일이 묻은 부분이 "F" 선에 있는지 확인한다.
⑤ 오일량 점검 시 오일의 오염 여부와 점도를 함께 점검한다.

(8) 기관 오일의 색깔에 따른 상태

1) 검은색

가솔린 자동차인 경우 오염이 심한 상태이며 디젤 자동차는 에어클리너의 오염 정도와 오일의 점도를 확인하여 교환 여부를 결정한다.

2) 우유색

냉각수가 혼입된 경우이며 사용하던 오일에 냉각수가 혼입되면 회색에 가깝다.

(9) 엔진오일 교환

엔진오일의 교환은 엔진의 구동시간을 확인하여 교환하거나 엔진오일의 점도와 색상 등을 확인하여 적절한 시기에 교환한다.
① 엔진의 시동을 걸어 충분히 워밍업을 시키고 시동을 끈다.
② 차량을 리프트에 올리고 엔진오일 주입구 마개를 탈착한다.
③ 차량을 들어 올리고 엔진오일을 받을 드레인을 준비한다.
④ 엔진오일 팬의 드레인 플러그를 열어 엔진오일을 배출시킨다.
⑤ 엔진오일 팬에서 오일이 배출되지 않을 때 드레인 플러그를 잠근다.
⑥ 정비지침서의 엔진 오일량을 확인하여 엔진오일을 주입하고 시동을 걸어 각 윤활부로 오일을 공급한 후 시동을 끄고 오일량을 맞춘다.
⑦ 엔진오일 교환 시 오일필터와 에어클리너를 함께 신품으로 교환한다.

> 기관오일이 소모되는 주된 원인은 연소와 누설이며 오일교환 시 점도가 다른 오일을 혼합하여 사용하지 않는다.

III 냉각장치

냉각장치(Cooling system)는 기관의 정상적인 작동(냉각수 온도 약 85~105℃)을 위해 과열을 방지하고 적당한 온도를 유지하는 역할을 한다.

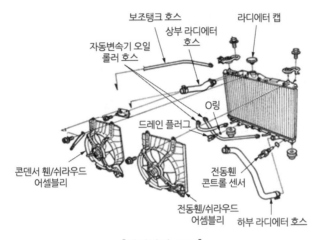

[냉각장치 구조]

(1) 냉각방식

기관의 냉각방식에는 기관을 외부 공기로 직접 냉각하는 공랭식과 냉각수를 기관 내부로 순환시켜 냉각하는 수냉식이 있다.

1) 공랭식 : 외부 공기를 이용하는 자연냉각방식으로 소형기관에 주로 사용하며 냉각수의 점검이나 보충할 필요가 없어 관리가 쉬우나 냉각 효율이 좋지 않은 단점이 있다.

2) 수냉식 : 냉각수를 기관에 강제순환 시켜 냉각하므로 냉각효율이 좋은 반면, 냉각수 및 냉각장치 등을 관리해야 한다.

(2) 냉각장치의 주요구성 및 기능

① 물 펌프[water pump]

크랭크축에 의해 구동되며 기관 물자켓(냉각수통로) 안에 냉각수를 순환시키는 기능을 하며 원심식 펌프를 사용한다.

② 수온조절기[thermostat]

기관 내부의 냉각수 온도 변화에 따라 밸브가 개폐되어 라디에이터로 흐르는 유량을 조절하는 기능을 한다. 종류로는 왁스가 봉입된 펠릿형과 에테르나 알코올이 봉입된 벨로즈형이 있다.

③ 라디에이터[radiator]

방열기는 기관에서 가열된 냉각수를 냉각시키는 기능을 하며 재질은 열전도율이 좋은 알루미늄합금으로 제작한다.

> 1) 라디에이터의 구비조건
>   ① 단위 면적당 발열량이 클 것
>   ② 공기의 흐름 저항이 적을 것
>   ③ 무게가 가볍고 강도가 클 것
>   ④ 냉각수의 흐름 저항이 적을 것
> 2) 라디에이터 코어 막힘
>
> $$코어막힘률 = \frac{신품의용량 - 구품의용량}{신품의용량} \times 100$$
>
> 코어 막힘률 20% 이상일 때 라디에이터를 교환한다.

④ 라디에이터 캡[radiator cap]

압력식 라디에이터 캡은 라디에이터 내부를 밀폐시켜 냉각계통의 압력이 높아져 냉각수의 비등점이 높아져 냉각효율이 증대된다.

> 기관이 과열할 때 기관을 정지시키고 기관이 냉각된 상태에서 라디에이터 캡을 개방하고 냉각수의 양을 점검한다.

④ 냉각팬[cooling pan]

냉각팬은 방열기 전방의 공기를 흡입하여 방열기 내 냉각수의 방열 효과를 증대시키는 역할을 한다.

(3) 엔진과열 및 과냉 시의 영향

1) 엔진과열 시의 영향

① 열팽창으로 인한 각 부품의 변형
② 오일의 점도저하로 인한 윤활 불충분
③ 조기 점화로 인한 출력저하

④ 연소상태 불량으로 인한 노킹 발생

⑤ 부품의 마찰 부분의 소결

2) 엔진 과냉 시의 영향

① 연료소비율 증대로 인한 열효율 저하 및 워밍업 시간이 길어진다.

② 각부 마모촉진 및 기관의 출력저하

③ 엔진 기동 시 회전 저항 증대(오일 점도 상승)

④ 실린더 내 카본퇴적 및 오일 희석

(4) 냉각수와 부동액

냉각수는 연수[증류수 수돗물 빗물]를 사용하며 냉각수가 동결되는 것을 방지하기 위해 부동액을 혼합하여 사용한다.

1) 부동액

한랭기 냉각수가 동결되는 것을 방지하기 위해 혼합하는 물질로 에틸렌글리콜 메탄올 글리세린 등이 있으며 현재 에틸렌글리콜을 주로 사용한다.

부동액의 구비조건
부동액은 냉각수와 잘 희석되고 휘발성이 없으며 비등점은 높고 응고점은 낮아야 한다.

에틸렌글리콜의 특징
① 비등점이 197.2℃ 응고점 −50℃이다.
② 금속 부식성이 있으며 팽창계수가 크다.
③ 냄새가 없고 휘발하지 않으며 불연성이다.
④ 기관 내부에 누출되면 교질 상태의 침전물이 생긴다.

(5) 기관과열 원인

① 수온조절기가 닫친 채로 고장

② 수온조절기의 열리는 온도가 높음

③ 라디에이터의 코어 막힘이 과도

④ 냉각수 순환계통에 스케일(물때)이 과다

⑤ 물 펌프의 작동 불량

⑥ 팬벨트의 이완 및 절손

⑦ 냉각수 누출 및 부족

IV 연료장치

1 연료 및 연소

연료란 공기 중에서 연소하여 열을 발생하고 발생된 연소열을 이용할 수 있는 가연물을 말한다.

내연기관에 사용하는 연료에는 액체연료인 가솔린, 경유, 알코올과 기체연료인 LPG[액화석유가스], CNG[압축천연가스], LNG[액화천연가스] 등이 있다.

> 자동차용 연료의 구비조건
> · 발열량이 크고 연소 후 연소생성물 퇴적이 적어야 한다.
> · 공기와 잘 혼합되고 연소상태가 안정적이어야 한다.
> · 옥탄가와 세탄가가 높아야 한다.
> · 연료의 발화점과 착화점이 적정해야 한다.
> · 취급과 수송이 용이해야 한다.

(1) 가솔린 엔진의 연료

1) 가솔린[Gasoline]

가솔린은 석유계열 원유에서 정제한 탄소(C)와 수소(H)의 유기화합물의 혼합체이며 순수한 가솔린을 완전 연소시키면 이산화탄소(CO_2)와 물(H_2O)이 발생한다.

① 가솔린의 구비조건

ㄱ 공기와 잘 혼합되고 온도에 관계없이 유동성이 좋은 것

ㄴ 체적과 무게가 적고 발열량이 클 것

ㄷ 연소 후 유해 퇴적물이 적을 것

ㄹ 연소상태가 안정되고 속도가 빠를 것

ㅁ 옥탄가가 높을 것

② 가솔린 엔진의 노크[knock]

가솔린 기관의 노크는 압축행정 중 미연소 가스의 국부적인 자기 착화에 의한 조기
점화로 발생한다.

- 조기점화(Pre-ignition)
  압축된 혼합기의 연소가 점화플러그의 불꽃이 발생하기 이전에 열점에 의해서 점화되는
  현상을 말한다.
- 조기점화의 원인
  배기밸브 과열 연소실 카본퇴적으로 인한 열점형성 점화플러그의 과열 돌출부의 과열 등

③ 가솔린 엔진의 노크 발생원인

㉠ 옥탄가가 낮은 가솔린 사용
㉡ 기관의 과열 및 과부하
㉢ 희박한 혼합기
㉣ 점화 시기가 너무 빠를 때
㉤ 연소실 카본 퇴적으로 인한 열점 형성 및 압축비 상승
㉥ 점화플러그의 과열

옥탄가[Octane number]
옥탄가란 안티노크성[anti knocking property]을 표시한 수치

$$옥탄가 = \frac{이소옥탄}{이소옥탄 + 노멀헵탄} \times 100$$

즉, 옥탄가는 이소옥탄의 함량이 옥탄가를 결정한다.
옥탄가 측정은 압축비를 변화시킬 수 있는 CFR 기관으로 측정한다.

④ 노크가 엔진에 미치는 영향

㉠ 기관의 과열
㉡ 기관 주요부의 손상[피스톤 실린더헤드 밸브 등]
㉢ 기관의 출력저하
㉣ 배기가스의 온도저하 및 검은 배기가스 배출

⑤ 노크 방지책

     ⊙ 높은 옥탄가의 가솔린사용

     ⓛ 적정한 점화 시기[노크 발생시 점화 시기 지각]

     ⓒ 압축비를 낮추고 연소실의 카본 제거

     ⓔ 농후한 혼합기를 사용하고 와류를 증대시킨다.

     ⓜ 화염전파속도를 빠르게 한다.

(2) 디젤 엔진의 연료

디젤 엔진의 연료로 사용하는 경유[Diesel]는 탄화수소의 화합물로 디젤유라고도 한다.

1) 경유의 구비조건

① 세탄가가 높고 착화성이 좋을 것

② 고형의 미립물이나 유해성분이 적을 것

③ 온도변화에 따른 점도 변화가 적을 것

④ 적당한 점도가 있고 유동성이 좋을 것

⑤ 인화점은 높고 발화점은 낮을 것

⑥ 황(S) 함유량이 적을 것

세탄가[Cetane number]
세탄가란 경유의 착화성 표시한 수치

$$세탄가 = \frac{세탄}{세탄 + \alpha - 메틸나프탈린} \times 100$$

즉, 세탄가는 세탄의 함량이 세탄가를 결정한다.

2) 디젤 엔진의 노크

디젤기관의 노크는 착화지연[연료가 분사되어 착화할 때까지의 걸린 시간]에 의해 발생하며 엔진에 미치는 영향은 가솔린 엔진과 같으나 배기가스 온도는 상승한다.

3) 노크 방지책

① 세탄가가 높은 경유를 사용하여 착화지연시간을 짧게 한다.

② 분사 시기를 알맞게 조정한다.

③ 분사 초기에 분사량을 적게 하여 착화성을 높인다.

④ 연료의 무화도 관통도 분포도를 좋게 한다.

⑤ 압축비를 높이고 와류를 발생시킨다.

(3) LPG[Liquefied Petroleum Gas] 엔진의 연료

LPG는 일반적으로 부탄(C_4H_6)을 주성분으로 하며 겨울철에는 저온에서도 기화성이 좋은 프로판(C_3H_8)을 약 30% 혼합하여 착화성을 향상시켜 시동을 좋게 한다.

1) 액화석유가스의 특징

① 연소 시 카본과 일산화탄소 함유량이 친환경적이다.

② 연소 시 많은 공기가 필요하고 공기와 혼합 상태가 양호하다.

③ 상온에서 LP가스는 공기보다 무겁고 액체는 물보다 가볍다.

④ 연소범위가 좁아 안전하다.

⑤ 기화할 때 기화열이 필요하며 한랭시동이 곤란하다.

⑥ 무색, 무취, 무미하므로 누설감지를 위해 착취제를 첨가한다.

⑦ 옥탄가는 약 90~120 정도로 높다.

2) LPG의 장점 및 단점

① 장점

· 윤활유의 희석이 적다.

· 가격이 저렴하여 경제적이다.

· 유황분의 함유량이 적어 윤활유의 오손이 적다.

· 실린더에 가스 상태로 공급되기 때문에 CO의 배출량이 적다.

· 옥탄가가 높다.

② 단점

· 한랭 시 시동이 어렵다.

· 연료탱크로 인해 트렁크의 사용공간이 적고 차량의 무게가 증가한다.

· 가속 성능이 가솔린 차량보다 떨어진다.

· 연료공급 장소가 제한적이다.

(4) 연소이론

연소란 연료의 산화반응을 말하며 연소의 3요소에는 가연물, 공기, 점화원이 있다.

1) 연소에 영향을 주는 요소

① 공연비

연소속도는 공연비에 영향이 크며 가솔린의 이론공연비는 14.7:1이나 약간 농후한 12.5~13:1 영역에서 최대 출력을 얻을 수 있다.

> 공연비[air fuel ratio]
> 공기와 연료 [가솔린]의 중량비로서 공기 중량(g) / 연료 중량(g)을 말한다.

② 연소온도와 압력

연소온도의 상승과 함께 반응속도 또한 빨라지기 때문에 연소속도가 빨라진다.

③ 흡기 유동과 난류

화염 속도는 혼합기의 유동과 난류에 큰 영향을 미친다. 엔진의 회전수가 빨라지면 난류도 강해져 연소에 필요한 시간이 단축된다.

④ 연소실의 형상

연소실의 형상을 화염전파 거리가 최소화되도록 하고 점화플러그를 연소실 중앙에 위치시킨다.

⑤ 잔류가스

흡기 부압이 큰 저부하 운전 시나 EGR(배출가스 재순환장치) 장치가 작동하면 잔류가스의 비율이 늘어 잔류가스가 증가하여 연소온도가 낮아지고 연소속도 또한 느려진다.

(5) 공기과잉률

연료를 연소하기 위하여 이론공기량보다 실제로는 더 많은 공기가 필요하며 이론공기량과 실제 흡입된 공기의 비율을 공기과잉률이라 한다.

$$공기과잉률(\lambda) = \frac{실제흡입공기량}{이론공기량}$$

연료장치의 구조

내연기관의 동력 발생은 연료의 연소에 의해 발생하므로 엔진 작동 조건에 맞는 가연물을 연료로 사용해야 하며 연료특성에 따른 연료장치를 구성하여야 한다.

(1) 가솔린 연료장치[gasoline fuel supply system]

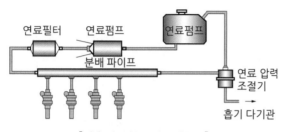

[가솔린 연료공급 계통도]

1) 가솔린 기관 연료장치 구성 및 기능

① 연료펌프[fuel pump]

전동식 펌프로 연료탱크에 내장되어 전동모터의 회전에 의해 연료를 송출한다.

ㄱ 체크밸브[check valve]

체크밸브의 기능은 연료의 역류방지를 방지하여 잔압을 유지시켜 베이퍼록 현상 및 시동지연을 방지한다.

ㄴ 릴리프밸브[relief valve]

연료회로 내의 과도한 압력상승을 제한하기 위한 밸브로 특정 압력 이상에서 열려 압력이 과도하게 상승하는 것을 제한하여 회로와 펌프의 과부하를 방지한다.

② 연료필터[fuel filter]

연료 속의 수분이나 이물질을 여과

③ 연료분배 파이프[delivery pipe]

각 인젝터에 일정한 연료압력이 가해지도록 연료를 저장한다.

④ 연료압력 조절기[fuel pressure regulator]

흡기다기관의 진공에 의해 다이어프램이 작동하여 분배 파이프의 연료압력을 일정하게 유지시킨다.

⑤ 인젝터[injector]

ECU의 통전시간에 따라 작동하며 최종적으로 연료를 공급하는 기능을 한다.

3 가솔린 전자제어 연료분사장치

(1) 엔진 제어장치

전자제어 엔진의 도입배경은 유해 배출가스를 저감하기 위해 도입되었으며, 들어오는 공기
량에 따라 연료량을 완전연소가 가능한 비율로 분사하여 연소시키는 것이다.

> 이론공연비[theoretical air-fuel ratio]
> 공기와 가솔린 연료가 완전연소할 수 있는 비율을 말하며 이론적 공연비율은 14.7 : 1 정도이고 이
> 론공연비 부근에서 촉매의 정화율이 가장 높다.

입력(정보)	컨트롤	출력(제어)
AFS(공기유량센서)		인젝터 분사량 제어
WTS(냉각수온센서)		
ATS(흡기온도센서)		점화시기제어
CKPS(크랭크각센서)	E C U	
CMPS(캠축각센서)		공전속도제어
TPS(스로틀위치센서)		EGR 제어
노크 센서		
O_2 센서		PCSV 제어

[전자제어 엔진 입·출력 요소]

(2) 전자제어 입력요소

1) 흡입공기량 센서[air flow sensor]

흡입공기량 계측 센서는 센서와 공기가 직접 접촉하는 메스플로(직접계량)식[mass flow
type]과 접촉하지 않는 스피드덴시티(간접계량)방식[speed density type]이 있다.

분류	센서 명칭	공기량 계측방식
메스 플로 방식	칼만와류식	유량계측 방식
	베인식	체적유량계측 방식
	열선(막)식	질량유량계측 방식
스피드 덴시티방식	Map 센서	흡기다기관의 압력변화에 따른 공기량 간접계측방식

2) 크랭크 각 센서[crank angle sensor]

크랭크축의 위치를 검출하여 점화시기 연료분사시기를 결정한다.

3) 캠축 각 센서[cam angle sensor]

각 실린더를 판별하여 연료분사시기를 결정한다.

4) 냉각수 온도센터[coolant temperature sensor]

엔진 냉각수 온도를 검출하여 냉간 시 공회전속도보정과 점화시기 및 연료량을 보정한다.

부특성 서미스터[NTC]
냉각수온도 센서는 온도가 올라가면 저항값이 작아지는 부특성 서미스터를 이용한다.

5) 스로틀 포지션 센서[throttle position sensor]

스로틀 밸브의 열림량 검출(운전자가 가속 페달을 얼마나 밟았는지 검출)

6) 흡기온도 센서[air temperature sensor]

흡입공기 온도를 검출하여 점화시기와 연료량을 보정한다.

7) 대기압 센서[barometric pressure sensor]

대기압을 검출하여 공기밀도에 따른 점화시기와 연료량을 보정한다.

8) 노크 센서[knock sensor]

실린더 블록에 장착되어 노크를 감지하여 점화시기를 보정한다.

압전소자[piezo electric effect]
진동(압력)을 받으면 전압이 발생하는 소자로 노크 발생 시 ECU는 점화시기를 지각시킨다.

9) 산소센서[O_2 sensor]

배기다기관에 설치되며 배기가스 중의 산소농도와 대기 중의 산소농도 차를 검출하여 공연비를 보정하여 촉매의 정화율을 높인다.

ECU는 산소센서의 농후 신호가 입력되면 인젝터 작동(통전)시간을 줄여 연료량을 감소시킨다.

형식	출력	출력전압	출력특성
지르코니아	기전력의 변화	0~1V	0V : 희박 1V : 농후
티타니아	저항값의 변화	0~5V	0V : 농후 5V : 희박

10) 차속센서[vehicle speed sensor]

차량이 공전상태인지 주행상태인지를 검출하여 공전속도 조절장치 및 증발가스 제어장치 등을 제어한다

4 　전자제어 출력요소

1) 연료 분사량 제어

컴퓨터(ECU)는 에어플로 센서(AFS)값을 기준으로 연료의 기본 분사량을 결정하고 각종 센서가 보내오는 값을 보정하여 인젝터의 통전시간을 제어한다.

인젝터의 통전시간이 길어지면 분사량이 증가하고 짧아지면 분사량은 줄어든다.

2) 연료 분사시기 제어

① 동기분사(독립분사, 순차분사)

크랭크 각 센서 및 캠축 각 센서의 신호에 따라 연료를 분사하는 방식

② 그룹분사

인젝터 수의 1/2씩 그룹을 지어 분사하는 방식

③ 동시분사(비동기분사)

모든 실린더에 연료를 분사하는 방식이며 1사이클 당 2회(크랭크축 1회전에 1번씩) 분사하는 방식

3) 연료 차단 제어

인젝터의 연료 분사를 중지하는 것으로 엔진 손상방지 연료소비율 저감 및 유해 배기가스저감에 목적이 있다.

2) 점화 시기 제어

연소실에 설치된 점화플러그의 불꽃방전을 통해 혼합기를 적정 시기에 연소시키는 것을 말한다.

> 최고 폭발압력은 크랭크 각 ATDC $10°\sim15°$ 사이에서 발생하고 점화시기가 너무 빠르면 노크가 발생하고 너무 늦으면 최고 폭발압력이 낮아진다.

3) 노크 제어

노크센서에서 노크가 감지되면 ECU는 즉시 점화시기를 지각(늦춤)시켜 노크 발생을 억제시킨다.

4) 공전 속도 제어[idle speed control]

자동차가 정차 중 엔진이 회전하고 있을 때를 공회전(idling)상태라고 말하며 컴퓨터는 자동차의 상태에 따라 공전속도 조절 모터를 제어하여 최적의 엔진회전수를 제어한다.

5) 가변밸브 제어[variable valve timing system]

고속 캠과 저속 캠을 두고 밸브의 오버랩을 제어하는 것으로 고속에서는 오버랩이 길어지면 흡·배기 효율이 좋아져 출력이 증가하나 저속에서 오버랩이 길면 반대로 충전효율이 떨어져 출력이 감소하고 탄화수소(HC)의 발생량이 증가한다.

6) 퍼지 콘트롤 제어

케니스터에 저장된 연료증발가스를 재연소시키기 위한 제어로 ECU 차량의 상태에 따라 포집되어 있는 증발가스를 연소시킨다.

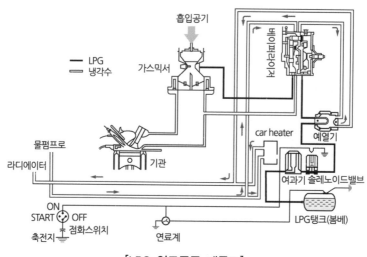

[LPG 연료공급 계통도]

(1) LPG 연료장치 구성 및 기능

1) 봄베[bombe]

연료를 저장하는 고압용 탱크로 기체배출 밸브, 액체배출 밸브, 충전 밸브, 안전 밸브, 과류 방지 밸브, 용적 표시계가 설치되어 있고 액체상태로 유지하기 위한 압력은 7~10kg/cm² 이다.

① 충전 밸브

녹색 핸들 밸브로 연료를 충전할 때 사용한다.

② 기체 배출 밸브

봄베의 기체 LPG 배출 쪽에 설치된 황색 핸들 밸브

③ 액체 배출 밸브

봄베의 액체 LPG 배출 쪽에 설치된 적색 핸들 밸브

④ 과류 방지 밸브[excess flow valve]

배출 밸브 안쪽에 설치되어 배관 등의 손상으로 LPG가 과도하게 흐를 때 닫혀 유출을 방지한다.

2) 액·기상 솔레노이드 밸브[solenoid valve]

냉각수 온도 센서의 신호에 따라 ECU의 제어에 의해 작동하며 냉각수 온도를 기준으로 15℃ 이하에서 기체 솔레노이드 밸브가 15℃ 이상에서는 액체 솔레노이드가 작동하여 LPG를 공급한다.

3) 베이퍼라이저[vaporizer]

고압의 액체상태의 LPG를 감압·기화시켜 공기와 섞이기 좋은 상태로 변환시킨다.

① 1차 감압실

$2 \sim 8 \text{kg/cm}^2$ 의 압력으로 공급된 LPG를 0.3kg/cm^2 로 감압하여 기화시킨다.

② 2차 감압실

1차 감압실에서 보내온 LPG를 대기압에 가깝게 감압시켜 믹서로 공급한다.

4) 믹서[mixer]

베이퍼라이저에서 감압·기화된 LPG가 공기와 섞여 각 실린더로 공급된다.

---

6 LPI 연료장치[liquefied petroleum gas injection]

LPI 연료장치는 봄베에 저장된 액체 LPG를 연료펌프를 구동하여 액체상태를 유지하면서 인젝터를 통해 연료를 공급한다.

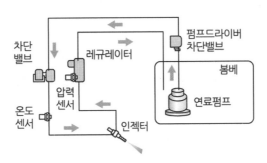

[LPI 연료장치 계통도]

(1) LPI 연료장치 구성 및 기능

① 인터페이스 박스[Interface box]

ECU에서 보내온 신호에 따른 부하를 계산하여 펌프드라이버에 모터 속도에 대한 명령을 내리고 펌프 속도에 따른 인젝터의 작동시간을 결정한다.

② 펌프드라이버[Fuel pump driver]

인터페이스 박스에서 보내온 신호에 따라 모터의 회전속도를 5단계(500rpm, 1000rpm, 1500rpm, 2000rpm, 2800rpm)로 제어한다.

③ 연료펌프[fuel pump]

연료탱크 안에 내장되어 있는 브러시가 없는 BLDC 모터로 액상 LPG를 인젝터로 압송한다.

④ 연료압력 레귤레이터

연료통로 내의 압력을 항상 5bar로 유지시키는 역할을 하며 연료 분사량 보정을 위해 가스압력센서(GPS)와 가스 온도(GTS) 센서 연료차단 솔레노이드가 내장되어 있다.

⑤ 인젝터[injector]

액상의 LPG를 최종적으로 공급하는 기능을 하며 기화 잠열로 인한 수분 빙결을 방지하는 아이싱 팁(icing tip)으로 구성되어 있다.

7 CNG 연료장치[CNG fuel supply system]

압축천연가스(Compressed Natural Gas)와 공기의 혼합가스를 전기적인 불꽃으로 연소시켜 동력을 발생시키는 엔진으로 천연가스가 고압의 기체 상태로 실린더에 공급되기 때문에 열효율이 LPG보다 높다.

(1) CNG 기관의 장점

① 디젤기관과 비교하였을 때 매연이 100% 감소된다.

② 가솔린 기관과 비교하였을 때 이산화탄소[CO_2] 발생량 약 20~30%, 일산화탄소[CO] 발생량 30~50% 감소된다.

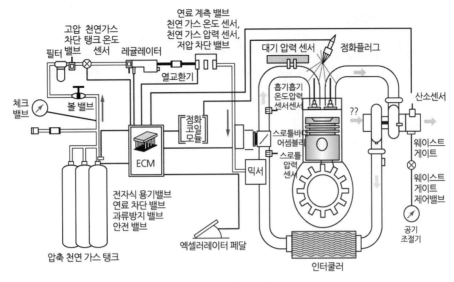

[CNG 연료장치 계통도]

③ 낮은 온도에서의 시동성이 향상되며 옥탄가는 130 정도로 가솔린에 비해 높다.

④ 오존 영향 물질을 70% 이상 감소시킬 수 있다.

⑤ 기관의 작동 소음을 낮출 수 있다.

(2) CNG 연료장치 구성 및 기능

① **연료계측 밸브(fuel metering valve)**

연료계측 밸브는 8개의 작은 인젝터로 구성되어 있으며, 엔진 ECU로부터 구동신호를 받아 기관에서 요구하는 연료량을 흡기다기관에 분사한다.

② **가스압력 센서(GAS, gas pressure sensor)**

압력 변환기구이며, 연료 계측 밸브에 설치되어 있어 분사 직전의 조정된 가스압력을 검출한다.

③ **가스온도 센서(GTS, gas temperature sensor)**

부특성 서미스터를 사용하며, 연료계측 밸브 내에 위치한다. 가스 온도를 계측하여 가스압력 센서의 값을 함께 사용하여 인젝터의 연료농도를 연산한다.

④ **고압차단 밸브**

CNG 탱크와 압력조절 기구 사이에 설치되어 있으며 기관의 가동을 정지시켰을 때 고압 연료라인을 차단한다.

⑤ CNG 탱크 압력센서

조정 전의 가스압력을 측정하는 압력조절기구에 설치된 압력변환 기구이다. 이 센서는 CNG 탱크에 있는 연료 밀도를 산출하기 위해 CNG 탱크 온도 센서와 함께 사용된다.

⑥ CNG 탱크 온도 센서

탱크 속의 연료온도를 측정하기 위해 사용하는 부특성 서미스터이며, 탱크 위에 설치되어 있다.

⑦ 열 교환기구

압력조절기구와 연료계측 밸브 사이에 설치되며 감압할 때 냉각된 가스를 기관의 냉각수로 난기 시킨다.

⑧ 연료온도 조절기구

열교환기구와 연료계측 밸브 사이에 설치되며 가스의 난기온도를 조절하기 위해 냉각수 흐름을 ON, OFF시킨다.

⑨ 압력조절기구

고압차단 밸브와 열 교환기구 사이에 설치되며 CNG 탱크 내의 200bar의 높은 압력의 가스를 기관에 필요한 8bar로 감압시킨다.

---

8 가솔린 직접분사식 연료장치[gasoline direct injection]

GDI 기관은 연소실 내에 가솔린 연료를 고압으로 직접 분사하여 연소시켜 기관의 출력성능 향상, 연료소비율 감소 및 배기가스를 감소시킨다.

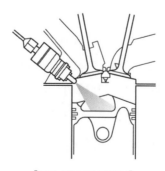

[GDI 연료분사방식]

(1) GDI 기관의 특징

① 연료를 연소실에 직접 분사함으로 연료의 증발 잠열에 의해 흡입되는 공기의 밀도가 높아져 충전효율이 증대된다.
② 기관의 압축비를 높일 수 있으며 희박연소가 가능하므로 연료소비율이 감소된다.
③ 압축과정에서 점화플러그 주변에 연료를 분사하여 성층연소에 의해 시동성이 향상된다.
④ 냉간 시동 시에 배기가스를 저감할 수 있다.
⑤ 연료분사 시점을 흡입 및 압축과정으로 변화시킬 수 있다.

9 디젤 연료장치[diesel fuel injection system]

디젤기관은 실린더 내에 공기만 흡입하여 압축한 상태에서 연료분사펌프에서 가압된 연료가 분사노즐을 통하여 공급되어 연소가 이루어진다.

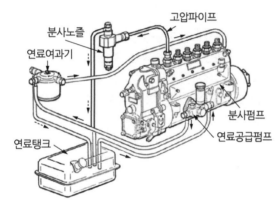

분사노즐 / 고압파이프 / 연료여과기 / 분사펌프 / 연료공급펌프 / 연료탱크

[디젤 연료공급 계통도]

(1) 디젤 연료장치 구성 및 기능

① 연료공급펌프[priming pump]

연료탱크에서 분사펌프로 연료를 공급한다.

② 분사펌프[injection pump]

연료펌프에서 공급된 연료를 가압하여 분사 노즐로 공급하는 기능을 하며 종류에는 독립형, 분배형, 공동형이 있다.

○ 딜리버리 밸브[delivery valve]

규정압력에서 열려 분사노즐로 연료를 공급하고 분사 후 리턴 스프링 장력에 의해 급격히 닫혀 연료의 역류방지와 잔압 유지 및 분사노즐에서의 후적을 방지한다.

○ 조속기[governor]

기관의 회전속도 및 부하에 따라 분사량을 증감시켜 기관의 회전수를 제어한다.

○ 타이머[timer]

기관의 운전조건에 따라 분사 시기를 변화시키기 위한 장치.

플런저의 유효행정
플런저가 상승하면서 연료의 분사노즐로 압송하는 행정이며 유효행정이 클수록 연료 송출량이 많아진다.

⑤ 분사노즐[injection nozzle]

분사펌프에서 보내진 고압의 연료를 미세한 안개모양(무화)으로 연소실에 분사하는 기능을 한다.

1. 분사노즐의 구비조건
　① 무화가 잘 되고 분무입자가 작고 균일할 것
　② 분무가 잘 분산되고 필요한 양을 분사할 것
　③ 분사의 시작과 끝이 확실할 것
　④ 고온 고압의 조건에서 장시간 사용이 가능할 것
　⑤ 후적이 발생하지 않을 것
2. 연료분무의 3대 요건 : 무화도, 관통도, 분포도가 좋을 것
3. 밀폐형 분사노즐의 종류 : 구멍형, 핀들형, 스로틀형

(2) 분사량 불균율

전부하 상태에서 엔진을 규정 속도로 회전시키면서 각 노즐에서 분출되는 분사량을 측정했을 때 평균 분사량에서 ±3%를 벗어나면 분사량을 조정한다.

$$+ \, 불균율 = \frac{최대분사량 - 평균분사량}{평균분사량} \times 100$$

$$- \, 불균율 = \frac{평균분사량 - 최소분사량}{평균분사량} \times 100$$

10 전자제어 디젤 연료장치[common rail direct injection]

디젤 엔진의 단점인 소음과 진동 및 매연 저감과 출력 향상을 위해 전자제어 시스템을 통해 각종 센서들이 보내오는 신호에 따라 기관의 상태를 파악하고 ECU는 인젝터를 제어하여 최적의 분사 시기와 분사량을 제어하는 시스템이다.

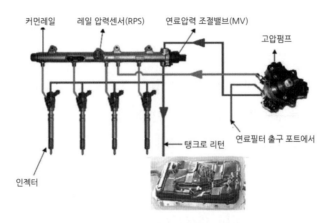

커먼레일 레일 압력센서(RPS) 연료압력 조절밸브(MV) 고압펌프

탱크로 리턴 연료필터 출구 포트에서

인젝터

[전자제어 디젤 연료장치 계통도]

(1) 연료 시스템의 구성 및 기능

① 저압연료펌프

전기식 모터로 고압 펌프에 연료를 압송

② 연료필터

연료 속의 수분이나 이물질을 여과하며 수분감지 센서와 한랭 시 연료의 유동성을 좋게 하기 위한 히팅 코일을 두고 있다.

③ 고압펌프

엔진 캠축에 의해 구동되며 저압 펌프에서 공급된 연료를 고압으로 하여 커먼레일에 송출

④ 커먼레일(어큐뮬레이터)

커먼레일은 고압 펌프에서 공급된 연료가 저장되는 공간으로 고압 연료펌프의 연료이송과 연료 분사로 발생하는 압력변화를 일정하게 유지

⑤ 인젝터[injector]

ECU에 의해 제어되며, 고압의 연료를 연소실에 분사한다.

(2) 입력 요소

① 레일(연료) 압력 센서[RPS : rail pressure sensor]

커먼레일 내의 연료압력을 측정하여 ECU로 입력시키며 ECU는 연료 분사량, 연료 분사 시기를 결정하는 신호로 사용한다.

② 연료 온도 센서[FTS : fuel temperature sensor]

부특성 서미스터로 연료 온도에 따른 연료 분사량 보정 신호로 이용된다.

③ 공기유량 센서[AFS : air flow sensor]

공기량 센서는 핫 필름 방식을 사용하고 있으며 가솔린 기관과는 달리 공기량 센서 주 기능은 EGR 피드백 제어와 부스터 압력 제어용으로 사용된다.

④ 흡기온도 센서[ATS : air temperature sensor]

흡기온도 센서는 부특성 서미스터 방식이 사용되고 있으며 연료량, 분사시기, 시동시 연료량 제어 등에 보정 신호로 사용된다.

⑤ 액셀레이터 포지션 센서 1, 2 [accelerator pedal position sensor]

TPS와 동일한 원리로 작동하며 센서1은 주 센서로 연료 분사량과 분사시기를 결정하는 신호로 이용되며, 센서2는 센서1을 감시하는 센서로 차량의 급출발을 방지하기 위한 센서이다.

⑥ 냉각수온 센서[WTS : water temperature sensor]

냉각수온의 변화에 따라 연료량을 보정하는 신호로 이용되며, 냉각수 온도가 정상작동온도보다 높을 때는 냉각팬 제어신호로 이용된다.

⑦ 크랭크 위치 센서[CKPS : crank shaft position sensor]

마그네틱 인덕티브 방식으로 크랭크축의 각도, 피스톤의 위치, 기관 회전수 등을 감지한다. 피스톤의 위치는 연료 분사 시기를 결정하고, 고장 시에는 기관의 안전을 위하여 기관을 정지시킨다.

⑧ 캠 포지션 센서 [CMPS : cam shaft position sensor]

홀센서 방식으로 캠축에 설치되어 1번 실린더 압축 상사점을 검출하게 되며 연료 분사의 순서를 결정하게 된다. 고장 시에도 기관은 구동될 수 있다.

(3) 출력요소

1) 인젝터 구동 제어

① ECU의 신호를 받아 커먼레일에서 공급되는 연료를 연소실에 직접 분사시킨다.

② 연료 분사는 예비분사와 주 분사, 사후분사의 3단계로 이루어지며, 연료의 압력과 연료 온도에 따라 분사량과 분사 시기를 보정된다.

2) 인젝터 분사

① 예비분사[pilot injection]

주 분사가 이루어지기 전에 미세한 연료를 사전에 분사하여 연소가 잘 이루어지도록 하기 위한 분사로 급격한 압력 상승(노킹)으로 인한 진동과 소음을 감소시키기 위한 목적을 두고 있다.

> 예비분사를 실시하지 않는 경우
> ① 예비분사가 주 분사를 너무 앞지르는 경우
> ② 엔진 회전수가 3200rpm 이상인 경우
> ③ 연료 분사량이 너무 적은 경우
> ④ 주 분사 시 연료량이 충분하지 않은 경우
> ⑤ 연료압력이 최소값(100bar) 이하인 경우
> ⑥ 기관 중단에 오류가 발생한 경우

② 주 분사[main injection]

기관의 출력을 얻기 위한 분사

③ 사후분사[post injection]

배기가스저감을 위한 분사

3) 레일 압력 조정 밸브

ECU는 기관 회전수, 기관 토크, 냉각 수온, 흡기온도, 연료압력에 따른 설정 목표 압력에 맞춰 연료압력을 조절하는 밸브이며, 각종 센서의 입력 신호를 받아 설정 목표 압력에 맞춰 솔레노이드 밸브를 듀티 제어한다.

4) EGR 제어

기관에서 배출되는 가스 중 NOx 배출을 억제하기 위해, 배기가스 일부를 엔진의 흡기 포트로 유입시킨다. ECU는 흡입공기량을 바탕으로 입력되는 각종 센서의 값을 계산하여 실제 EGR 솔레노이드 밸브의 열림량을 듀티 제어한다.

듀티 제어

작동 사이클 중 일정하게 변화하는 전기적 변화를 말한다.

$$+ 듀티(\%) = \frac{ON시간}{ON시간 + OFF시간} \times 100$$

즉, 10% 듀티율은 10만큼 작동하고 90만큼 작동이 멈춘다는 것이다.

V 엔진점화장치 [ignition system]

점화장치는 불꽃착화기관(가솔린, LPG 기관 등) 연소실의 압축된 혼합가스(공기+연료)에 고압의 전기불꽃 방전으로 점화시켜 연소를 일으키는 장치이다.

고압 케이블
점화코일
점화 플러그
ECU
크랭크각 센서

[LDI 방식 점화장치의 구성]

1 배전기방식 점화장치의 구성

1) 점화코일[Ignition coil]

점화코일은 일종의 변압기로 1차 코일에서의 자기유도작용과 2차 코일에서 상호유도작용을 이용하여 고전압을 발생시킨다.

> 1. 전자유도작용
>   ① 자기유도작용[self-induction action]
>   코일에 흐르는 전류를 단속하면 코일에 유도 기전력이 발생되는 작용을 말한다.
>   ② 상호유도작용[mutual induction action]
>   하나의 전기회로에 자력선의 변화가 생겼을 때 그 변화를 방해하려고 다른 전기회로에 기전력이 발생하는 작용을 말한다.
> 2. 고전압을 유도하는 공식
> $$V_2 = \frac{N_2}{N_1} \times V_1$$

여기서, V_2 : 2차 코일의 유도전압

V_1 : 1차 코일의 유도전압

N_1 : 1차 코일의 권수

N_2 : 2차 코일의 권수

3. 점화코일의 권수비

1차 코일과 2차 코일의 권수비는 1:100 정도이다

2) 배전기[distributor]

1차 코일의 전류를 단속하며 2차 코일에서 유도된 고전압을 점화순서에 따라 각 실린더의 점화플러그로 분배한다.

3) 고압 케이블[high tension cable]

점화코일에서 발생한 2차 전압을 배전기의 중심 전극에 연결하고 이를 다시 점화플러그에 전가하는 케이블

4) 점화플러그[Spark plug]

압축된 혼합가스에 전기적인 불꽃을 일으켜 착화 연소시키는 역할을 한다.

① 자기청정 온도

자기청정 온도란 기관의 작동되는 동안에 점화플러그의 전극 온도가 400~600℃ 정도로 유지되는 온도로 전극에 연소생성물을 연소시키는 온도를 말하며 전극 부분의 온도가 400℃ 이하에서는 점화플러그의 소염작용에 의해 실화가 발생하고, 850℃ 이상에서 조기 점화가 발생하는 원인이 된다.

② 열가

점화플러그의 열방산 능력을 수치로 나타낸 값으로 열방산이 잘되는 형식을 냉형 열방산이 늦는 형식을 열형이라 한다.

열가에 따른 점화플러그의 적용

① 냉형 점화플러그(Cool type) : 고속 고압축비 기관에 적합하다.

② 열형 점화플러그(Hot type) : 저속 저압축비 기관에 적합하다.

+전극
세라믹 절연체
육각렌치부
열감소부
전도성 유리실
고정 외부 가스킷
중심전극
접지전극

[점화플러그의 구조]

③ 점화플러그 기호표시

B	P	5	E	S	−11
나사 지름	구조 특징	열가	나사 길이	구조 특징	불꽃 GAP

2 전자배전 점화방식[DLI : distributor less ignition system]

컴퓨터(ECU)는 크랭크 각 센서(ckps) 신호를 기준으로 점화시기를 연산하고 파워 트랜지스터의 베이스 전류를 제어하여 점화 1차 코일의 전류를 단속함으로써 고전압을 발생시킨다.
점화코일 1개로 2개의 실린더에 동시에 배분하는 동시 점화방식과 1개의 코일에 1개의 점화플러그가 장착된 독립점화방식이 있다.

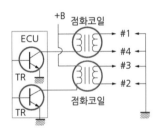

[동시 점화방식 점화회로]

DLI(distributor less ignition system)의 장점
① 배전기가 없어 배전기 캡에서 발생하는 전파잡음이나 로터와 접지전극 사이의 고전압 에너지 손실이 없다.
② 점화 진각 폭의 제한을 받지 않고 내구성이 크다.
③ 고전압 출력을 감소시켜도 방전 유효 에너지 감소가 없다.
④ 전파방해가 없어 다른 전자제어 장치에도 유리하다.

3 점화시기제어[Ignition timing control]

    엔진을 가장 좋은 효율로 작동시키려면 크랭크 각도로써 상사점 후 10~15° 정도에서 최고 폭발압력이 될 수 있도록 혼합기를 점화시켜야 한다.

4 점화장치 고장 시 자동차에서 발생하는 현상

① 시동이 어렵거나 전혀 시동이 되지 않는다.

② 엔진 공회전상태가 불량하거나 시동이 꺼진다.

③ 가속력이 떨어진다.

④ 연료소비율이 증가한다.

Chapter

VI 흡 · 배기장치

흡·배기장치는 기관이 작동할 때 필요한 공기의 공급 및 연소 후 연소가스 배출에 관여하는 장치를 말한다.

1 흡기 및 배기장치[intake & exhaust system]

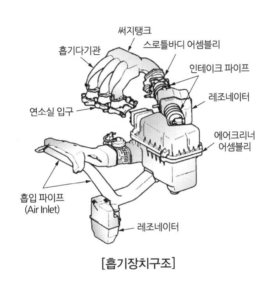

[흡기장치구조]

(1) 흡기장치의 구성 및 기능

1) 공기여과기[air filter]

연소실로 공급되는 공기 속의 이물질을 여과하고 흡입계통에서 발생하는 소음을 제거한다.

2) 스로틀 보디[throttle body]

스로틀 보디는 흡입공기량을 제어하는 기능을 하며 공전 시 회전수를 제어하는 ISC 밸브와 스로틀 밸브 개도를 검출하는 스로틀 위치 센서(throttle position sensor)가 조합되어 있다.

① 공전속도조절[ISA : idle speed control]

기관이 공회전 할 때 스로틀 밸브가 닫혀있는 동안 흡입 공기의 우회 통로를 제어하는 기능을 하며 공회전 속도를 조절뿐만 아니라 운행 중 다양한 제어를 실행한다.

② ECU의 제어

㉠ 공전 rpm 조절 : ECU에 의한 목표 회전수 제어로 최적의 연비 및 정숙성을 실현한다.

㉡ 시동 시 공회전 제어 : 시동 시 냉각 수온에 따라 흡입공기량을 제어하여 rpm을 조절한다.

㉢ 페스트아이들 : 워밍업 시간을 단축하기 위해 냉간 시동 시에는 냉각 수온에 따라 rpm을 상승시킨다.

㉣ 아이들업 : 전기 부하나 자동 변속기의 부하 상태에 따라 rpm을 상승시킨다.

㉤ 대시포트 기능 : 급작스러운 감속 시 스로틀 밸브의 닫힘으로 인한 엔진의 충격을 완화하며, 이때 발생할 수 있는 유해 배기가스를 저감하는 기능을 하기도 한다.

3) 흡기 다기관[intake manifold]

공기나 혼합기를 각 실린더에 균일하게 공급하기 위한 장치이며 공기의 흐름저항을 감소시키기 위해 굴곡을 크게 한다.

1) 가변흡기장치[VIS : variable intake system]
공기의 충전효율을 높이기 위해 저속에서는 흡입통로를 길게 고속에서는 짧게 변화시키는 흡기장치
2) 가변 스월 컨트롤밸브[SCV : swirl control valve]
가변 스월 컨트롤밸브는 흡기관의 포트를 제어하는 밸브로 저속에서는 2개의 포트 중 1개만 개방하여 유속을 증가시켜 스월(소용돌이) 효과를 발생시키고 고속에서는 2개의 포트를 모두 열어 흡입공기의 유입을 원활하게 한다.

(2) 배기장치의 구성 및 기능

1) 배기 다기관[exhaust manifold]

실린더에서 배출되는 배기가스를 효율적으로 배출하기 위해 설치하며 체적효율이 감소하지 않도록 배기저항을 줄이는 구조여야 한다.

2) 촉매컨버터[catalytic converter]

배출가스 속의 유해물질을 산화 환원시키는 배기가스 정화장치

3) 소음기[muffler]

폭발행정에서 발생하는 소음을 저감시키는 장치

(3) 자동차에서 발생하는 유해가스 및 저감장치

1) 자동차에서 발생하는 유해가스

① 연료증발가스

연료탱크 내의 가솔린이 증발하여 발생하며 주성분은 탄화수소(HC)이다

② 블로바이가스

피스톤과 실린더 사이에서 크랭크 케이스로 누출되는 가스로 70~95%가 탄화수소이고 나머지는 연소가스 및 부분적으로 산화된 가스이다.

③ 배기가스

연료가 실린더 내에서 연소된 후 배기 파이프로 배출되는 가스로 성분은 H_2O, CO, HC, NO_x, 납 산화물, 탄소 입자 등이다.

2) 유해 배출가스의 영향

① 일산화탄소[CO]

혈액 속의 헤모글로빈을 응고시켜 산소운반을 저해한다.

② 탄화수소[HC]

농도가 높으며 점막을 자극을 자극하고 미각 기능을 저하시키며 블로바이가스와 연료증발 가스에도 포함되어 있다.

③ 질소산화물[NOx]

공기 중의 질소가 연소과정 중에 산화되어 발생하며 광학 스모그의 주된 원인이다.

3) 공연비에 따른 유해배출가스 배출특성

혼합비가 농후할 때 일산화탄소(CO)와 탄화수소(HC)가 증가하고 희박할 때에는 질소산화물(NO_X)가 증가한다.

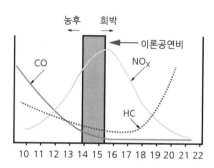

[공연비와 배출가스 발생관계]

4) 배출가스저감 장치

① 배기가스 재순환장치[Exhaust Gas Recirculation]

배출가스 재순환장치[EGR]는 배기가스를 기관 출력저하가 최소화되는 범위에서 연소실로 공급하여 연소온도를 낮춤으로써 질소산화물[NO_X]의 발생을 저감시킨다.

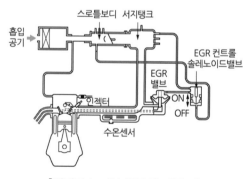

[배기가스 재순환장치 계통도]

EGR량의 계산

$$EGR율 = \frac{EGR량}{흡입공기량 + EGR량} \times 100(\%)$$

② 연료증발가스 정화장치

   캐니스터[케이스 내부에 활성탄을 충진]에 연료증발가스[HC]를 흡착한 후 ECU의
   제어에 의해 PCSV[purge control solenoid valve] 밸브를 작동시켜 연소 후 배출
   시킨다.

③ 블로바이가스 정화장치

   블로바이가스는 크랭크케이스 속의 미연소가스로 주성분은 탄화수소[HC]이며 PCV
   밸브를 통하여 재연소 후 배출된다.

④ 배기가스 정화장치

   삼원촉매[catalytic converter]장치는 배
   출가스 속의 CO[일산화탄소], HC[탄화수
   소], NO$_x$[질소산화물] 성분을 산화·환원시
   켜 유해배출가스를 정화시키는 장치이며
   촉매로 Pt[백금], Rh[로듐], Pd[팔라듐]이
   사용된다.

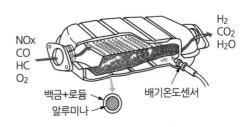

[촉매 컨버터 구조]

(4) 대기환경보존법에 의한 자동차배출가스 허용기준

대기환경보존법은 환경 대기오염으로 인한 국민 건강이나 환경상의 위해를 예방하고, 대기
환경을 적정하게 관리하고 보전함으로써 모든 국민의 건강과 쾌적한 환경에서 생활할 수 있게
하는 것을 목적으로 제정된 법률이다.

1) 가솔린 자동차의 배출가스 허용기준

차종	적용기간	CO	HC
가솔린 승용자동차	1988.1.1.~2000.12.31	1.2% 이하	220ppm 이하
	2001.1.1~2005.12.31	1.2% 이하	220ppm 이하
	2006.1.1. 이후	1.0% 이하	120ppm 이하

2) 가솔린 자동차의 배출가스 측정방법

① 측정기기의 가스 0점 조정 및 채취관(프로브)의 누설상태 등을 점검하여 이상 유무를
   확인한다.
② 엔진을 난기 운전하여 워밍업 후 공회전 상태를 유지시키고 각종 전기 장치를 OFF
   한다.

③ 테스터기에 전원을 연결 후 작동 스위치를 ON시켜 워밍업시킨다.

④ 엔진이 공회전 상태에서 채취관(프로브)을 배기구에 30cm 이상 삽입한다.

⑤ 측정 버튼을 누르고 10초 이상 경과 후 측정 지시 값이 안정화되면 배출가스 농도를 확인한다.

⑥ 판독이 끝나면 채취관(프로브)을 배기구로부터 분리시키고 3분 이상 테스터기의 펌프를 공전시킨 후 다음 측정을 준비한다.

3) 디젤 자동차의 배출가스 허용기준

차총	적용기간	광투과식	여지반사식
경자동차 및 승용자동차	2001.1.1~2003.12.31	45% 이하	30% 이하
	2004.1.1~2007.12.31	40% 이하	25% 이하
	2008.1.1~2016.08.31	20% 이하	10% 이하
	2016.9.1. 이후	10% 이하	

※ 과급기 장착 차량은 5% 가산

4) 디젤 무부하 급가속 매연(광학식) 검사방법

① 매연 검사 기기의 광학 렌즈를 깨끗이 닦고 시험기의 전원을 ON 한다.

② 매연 검사 기기의 "0"점을 조정한다.

③ 엔진을 시동하여 워밍업시킨 다음 변속기 중립인 상태(공회전상태)로 한다.

④ 채취관(프로브)을 배기구에 배기관 벽면으로부터 5mm 이상 떨어뜨려 설치하고 20cm 정도의 깊이로 삽입한다.

⑤ 가속 페달에 발을 올려놓고 시험기의 시작 버튼을 누름과 동시에 기관을 최고 회전속도에 도달할 때까지 급속히 밟아 최고 회전속도에 도달시켜 배출가스를 측정한다. 이와 같은 방법으로 3회 연속 측정하여 산술평균값을 측정값으로 한다.

2 과급기[turbo charger]

많은 공기를 연소실로 공급하기 위한 장치로 공기를 가압하여 강제적으로 연소실로 공급하여 기관의 출력을 높인다.

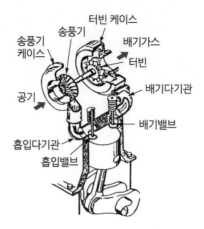

[배기터빈식 과급기의 구조]

(1) 과급기의 효과

① 기관의 출력이 35~45% 정도 증대된다.
② 체적효율 및 평균 유효압력이 증대된다.
③ 연료소비율이 감소하고, 회전력이 증대된다.
④ 고지대(산소량이 줄고 공기밀도가 낮아진다.)에서 엔진 출력이 동일하게 발생한다.
⑤ 동일배기량 자동차에서 과급기를 장착한 자동차의 출력 더 향상된다.

(2) 과급기의 종류

① 기계구동방식[수퍼차저]

엔진의 구동력을 이용하여 터빈을 회전시키며 비교적 소형 경량이고, 기계 효율이 좋다.

② 배기터빈방식[터보차저]

배기가스의 압력을 이용하여 터빈을 회전시키며 흡입된 공기는 디퓨저(속도 에너지를 압력에너지로 변환시키는 장치)로 들어간다.

> 인터쿨러[intercooler]
> 과급기로 공기를 가압하면 공기의 온도가 상승하여 밀도저하로 인해 충전효율이 저하된다.
> 인터쿨러는 공기의 온도를 낮춰 공기의 밀도를 증가시켜 충전효율을 향상시킨다.

핵심기출문제

01 자동차 기관의 기본 사이클이 아닌 것은?

① 역 브레이튼 사이클

② 정적 사이클

③ 정압 사이클

④ 복합 사이클

해설 자동차의 기본 사이클
① 오토사이클(정적 사이클) : 가솔린기관의 기본 사이클
② 디젤사이클(정압 사이클) : 저·중속 디젤기관의 기본 사이클
③ 사바테사이클(복합 사이클) : 고속 디젤기관의 기본 사이클

02 스톤의 평균속도를 올리지 않고 회전수를 높일 수 있으며 단위체적당 출력을 크게 할 수 있는 기관은?

① 장행정 기관   ② 정방형 기관

③ 단행정 기관   ④ 고속형 기관

해설 단행정 기관의 특징
① 피스톤 평균속도를 높이지 않고 회전수를 높일 수 있다.
② 단위 실린더 체적당 출력이 크다.
③ 밸브 지름을 크게 할 수 있어 흡입효율을 높일 수 있다.
④ 기관의 높이가 낮아진다.
⑤ 피스톤이 과열하기 쉽고 기관 베어링을 크게 해야 한다.
⑥ 회전속도가 증가하면 관성력의 불평형으로 회전 부분의 진동이 커진다.
⑦ 기관의 길이나 너비가 커진다.

03 연기관에서 언더스퀘어 엔진은 어느 것인가?

① 행정 / 실린더 내경 = 1

② 행정 / 실린더 내경 〈 1

③ 행정 / 실린더 내경 〉 1

④ 행정 / 실린더 내경 ≦ 1

해설
1) 장행정 기관[under square engine]
피스톤 행정(L)이 실린더 내경(D)보다 큰 형식이다. 즉 L/D〉1이며 큰 회전력이 발생한다.
2) 정방행정 기관[square engine]
피스톤 행정(L)과 실린더 내경(D)의 크기가 같은 형식이다. 즉 L/D=1이다.
3) 단행정 기관[over square engine]
피스톤 행정(L)이 실린더 내경(D) 보다 작은 형식이다. 즉 L/D〈1로 피스톤 평균속도를 올리지 않고도 회전속도를 높일 수 있다.

04 4행정 기관과 비교한 2행정 기관(2stroke engine)의 장점은?

① 각 행정의 작용이 확실하여 효율이 좋다.

② 배기량이 같을 때 발생 동력이 크다.

③ 연료 소비율이 적다.

④ 윤활유 소비량이 적다.

해설 4행정 기관과 비교한 2행정 기관의 장점

정답 1 ①   2 ③   3 ③   4 ②

① 4행정 기관의 1.6~1.7배의 출력을 얻는다.
② 회전력의 변동이 적다.
③ 마력 당 중량이 적고 값이 싸다.
④ 배기량이 같을 때 발생 동력이 크다.

05 가솔린기관에서 체적효율을 향상시키기 위한 방법으로 틀린 것은?

① 흡기온도의 상승을 억제한다.
② 흡기저항을 감소시킨다.
③ 배기저항을 감소시킨다.
④ 밸브 수를 줄인다.

해설 적효율을 높이기 위한 방법
· 흡입통로의 곡률 반지름을 크게 한다.
· 밸브헤드 지름을 크게 한다.
· 밸브 수를 늘린다.
· 흡입공기의 온도를 낮춘다.
· 과급기를 장착한다.

06 기관의 체적효율이 떨어지는 원인과 관계 있는 것은?

① 흡입공기가 열을 받았을 때
② 과급기를 설치할 때
③ 흡입 공기를 냉각할 때
④ 배기밸브보다 흡기밸브가 클 때

해설 흡입공기가 열을 받으면 공기의 체적이 증가하고 밀도가 낮아져 체적효율이 저하된다.

07 엔진의 출력성능을 향상시키기 위하여 제동평균 유효압력을 증대시키는 방법을 사용하고 있다. 이중 틀린 것은?

① 배기밸브 직후 압력인 배압을 낮게 하여 잔류 가스량을 감소시킨다.

② 흡·배기 때의 유동저항을 저감시킨다.
③ 흡기온도를 흡기구의 배치 등을 고려하여 가급적 낮게 한다.
④ 흡기압력을 낮추어서 흡기의 비중량을 작게 한다.

해설 엔진 출력 성능을 향상시키는 방법 중 하나로 과급장치를 사용하여 흡기압력을 높여 공기의 비중량을 증가시켜 제동평균 유효압력을 증대시키는 방법이 있다.

08 차량용 엔진의 엔진성능에 영향을 미치는 여러 인자에 대한 설명으로 옳은 것은?

① 흡입효율 체적효율 충전효율이 있다.
② 압축비는 기관 성능에 영향을 미치지 못한다.
③ 점화시기는 기관의 특성에 양향을 미치지 못한다.
④ 냉각수온도 마찰은 제외된다.

해설 엔진성능에 영향을 미치는 요인으로는 흡입효율, 체적효율, 충전효율, 압축비, 점화시기, 기관의 작동온도, 엔진의 회전수 등이 있다.

09 연료의 연소에 의해서 얻은 전 열량과 실제의 동력으로 바뀐 유효한 일을 한 열량의 비를 무엇이라 하는가?

① 열감정
② 열효율
③ 기계효율
④ 평균유효압력

10 가솔린 기관에서 고속회전 시 토크가 낮아지는 원인으로 가장 적합한 것은?

① 체적효율이 낮아지기 때문이다.

② 화염전파 속도가 상승하기 때문이다.

③ 공연비가 이론공연비에 근접하기 때문이다.

④ 점화시기가 빨라지기 때문이다.

해설 가솔린기관에서 고속회전 시 토크가 낮아지는 원인은 공기의 유속저항 증가로 인해 체적효율이 낮아지고 마찰손실이 커지기 때문이다.

11 엔진 실린더 내부에서 실제로 발생한 마력으로 혼합기가 연소 시 발생하는 폭발압력을 측정한 마력은?

① 지시마력   ② 경제마력

③ 정미마력   ④ 정격마력

해설 엔진에서 발생된 마력

① 지시마력[indicated horsepower]
실린더 내에 공급된 연료가 연소하여 발생된 압력과 피스톤 왕복운동으로 변화된 체적관계를 지압계로 측정하여 지압선도에서 계산된 마력으로 실제 실린더 내부에서 발생한 마력을 말한다.

② 제동마력(정미마력)[brake horsepower]
실린더 내에서 연료가 연소되어 발생한 열에너지가 마찰에 의해 손실된 마력을 제외하고 크랭크축에서 실제 사용될 수 있는 마력을 말한다.

12 가솔린기관과 비교할 때 디젤기관의 장점이 아닌 것은?

① 부분부하영역에서 연료소비율이 낮다.

② 넓은 회전속도 범위에 걸쳐 회전 토크가 크다.

③ 질소산화물과 매연이 조금 배출된다.

④ 열효율이 높다.

해설 디젤기관의 장점

① 열효율이 높고 연료소비율이 적다.
② 넓은 회전속도 범위에 걸쳐 회전 토크가 크다.
③ 대형 기관제작이 가능하다.
④ 인화점이 높은 경유를 사용하므로 취급이 용이하다.
⑤ 일산화탄소와 탄화수소 배출이 적다.

13 기관의 동력을 측정할 수 있는 장비는?

① 멀티미터   ② 볼트미터

③ 타코미터   ④ 다이나모미터

해설 다이나모미터[dynamometer]
엔진에 의해 발생되는 동력을 측정하는 장치

14 실린더의 지름이 100mm, 행정이 100mm인 1기통 기관의 배기량은?

① 78.5cc   ② 785cc

③ 1000cc   ④ 1273cc

해설

$$V = \frac{\pi \times D^2}{4} \times L$$

여기서, V: 총배기량(cc)
D: 실린더내경(cm)
L: 피스톤행정(cm)

$$V = \frac{\pi \times 10^2}{4} \times 10$$

$$= 785.39cc$$

15 실린더 안지름 80㎜, 행정이 70㎜ 인 4실린더 4행정 기관에서 회전수가 2,000rpm 이라면 분당 총 배기량은 약 몇 ℓ 인가?

① 약 1600　　② 약 1942

③ 약 1500　　④ 약 1407

해설

$$V = \frac{\pi \times D^2}{4} \times L \times Z$$

여기서,　V: 총배기량(cc)
D: 실린더내경(cm)
L: 피스톤행정(cm)
Z: 실린더수

$$V = \frac{\pi \times 10^2}{4} \times 10 \times 4$$

$$= 1407.43cc$$

16 실린더 연소실 체적이 50cc, 행정체적이 350cc이면 이 기관의 압축비는?

① 2 : 1　　② 4 : 1

③ 6 : 1　　④ 8 : 1

해설

$$\epsilon = \frac{V_c + V_s}{V_c}$$

여기서, ϵ : 압축비
V_c : 연소실 체적
V_s : 행정 체적

$$\epsilon = \frac{50 + 350}{50}$$

$$= 8$$

17 실린더 내경이 50㎜ 행정이 100㎜인 4실린더 기관의 압축비가 11일 때 연소실 체적은?

① 약 40.1cc　　② 약 30.1cc

③ 약 15.6cc　　④ 약 19.6cc

해설

$$V_c = \frac{V_s}{\epsilon - 1}$$

여기서, V_c : 연소실체적(cc)
V_s : 행정체적(cc)
ϵ : 압축비

$$V_c = \frac{(\frac{\pi \times 5^2}{4}) \times 10}{11 - 1}$$

$$= 19.63cc$$

18 연소실 체적이 40cc이고 압축비가 9 : 1인 기관의 행정체적은?

① 280cc　　② 300cc

③ 320cc　　④ 360cc

해설

$$V_s = V_c \times (\epsilon - 1)$$

여기서, V_s : 행정체적
V_c : 연소실체적
ϵ : 압축비

$$V_s = 40 \times 8$$
$$= 320cc$$

19 피스톤 행정이 84㎜ 기관의 회전수가 3000rpm인 4행정 사이클 기관의 피스톤 평균속도는 얼마인가?

① 4.2m/s　　② 8.4m/s

③ 9.4m/s　　④ 10.4m/s

해설 $S = \frac{2 \cdot N \cdot L}{60}$

여기서, S: 피스톤평균속도(m/s)
N: 기관의 회전수(rpm)
L: 피스톤행정$(㎜)$

$$S = \frac{2 \times 84 \times 3000}{60 \times 1000}$$
$$= 8.4m/s$$

정답　**15** ④　**16** ④　**17** ④　**18** ③　**19** ②

20 4행정 디젤기관에서 실린더 내경 100mm 행정 127mm, 회전수 1200rpm, 도시평균 유효압력 7kgf/cm² 실린더 수가 6이라면 도시마력(PS)은?

① 약 49　　　　② 약 56

③ 약 80　　　　④ 약 112

해설

$$IHP = \frac{Pmi \times A \times L \times N \times Z}{75 \times 60 \times 2}$$

여기서, IHP : 지시마력
Pmi : 지시평균유효압력(kgf/cm^2)
A : 실린더단면적(cm^2)
L : 피스톤행정(mm)
N : 기관의 회전수(rpm)
Z : 실린더수

$$IHP = \frac{7 \times (\frac{\pi \times 100^2}{4} \times 127) \times 1200 \times 6}{75 \times 60 \times 2 \times 100}$$
$$= 55.82 PS$$

21 기관의 회전력이 71.6 kgf—m에서 200ps 의 축 출력을 냈다면 이 기관의 회전속도 는?

① 1000rpm　　　② 1500rpm

③ 2000rpm　　　④ 2500rpm

해설

$$BHP = \frac{T \times N}{716}$$

여기서, BHP : 제동마력(PS)
T : 회전력$(kgf \cdot m)$
N : 기관회전수(rpm)

$$N = \frac{200 \times 716}{71.6}$$
$$= 2000 rpm$$

22 피스톤링 1개의 마찰력이 0.25kgf인 경우 4실린더 기관에서 피스톤 1개당 링의 수 가 4개라면 손실마력(PS)은?

(단, 피스톤의 평균속도는 12m/s 임)

① 0.64PS　　　② 0.8PS

③ 1PS　　　　④ 1.2PS

해설

$$FHP = \frac{w \times \mu \times s}{75}$$

여기서, FHP : 마찰손실마력(PS)
w : 링1개당 마찰력(kgf)
μ : 마찰계수
s : 피스톤평균속도(m/s)

$$FHP = \frac{0.25 \times 4 \times 4 \times 12}{75}$$
$$= 0.64 PS$$

23 어느 가솔린 기관의 제동 연료 소비율이 250g/psh이다. 제동 열효율은 약 몇 % 인가?

(단, 연료의 저위발열량은 10,500kcal /kg이다.)

① 12.5　　　　② 24.1

③ 36.2　　　　④ 48.3

해설

$$\eta_e = \frac{632.3}{b_e \times H_l} \times 100$$

여기서, η_e : 열효율$(\%)$
b_e : 연료소비율(kg/psh)
H_l : 연료의 저위발열량$(kcal/kg)$

$$\eta_e = \frac{632.3}{0.25 \times 10500} \times 100$$
$$= 24.08$$

정답　**20** ②　**21** ③　**22** ①　**23** ②

24 지시마력이 50PS이고, 제동마력이 40PS 일 때 기계효율은?

① 70% ② 80%

③ 125% ④ 200%

해설

$$\eta_m = \frac{BHP}{IHP} \times 100$$

여기서, η_m : 기계효율(%)
BHP: 제동마력(ps)
IHP: 지시마력(ps)

$$\eta_m = \frac{40}{50} \times 100$$
$$= 80\%$$

25 기관의 최고출력이 1.3PS이고, 총 배기량 이 50cc, 회전수가 5000rpm일 때 리터 마력(PS/L)은?

① 56 ② 46

③ 36 ④ 26

해설

$$K_l = \frac{BHP}{V}$$

여기서, K_l : 리터마력(PS/L)
BHP: 제동마력(PS)
V: 배기량(cc)

$$K_l = \frac{1.3 \times 1000}{50}$$
$$= 26(PS/L)$$

26 평균유효압력이 4kgf/㎠, 행정 체적이 300cc인 2행정 사이클 단기통 기관에서 1회의 폭발로 몇 kgf·m의 일을 하는가?

① 6 ② 8

③ 10 ④ 12

해설

$$W = P \times V$$

여기서, W: 일($kgf·$)
P: 평균유효압력($kgf/㎠$)
V: 배기량(cc)

$$W = 4 \times 300$$
$$= 12kgf·m$$

27 압축비가 8인 오토사이클의 이론효율은 몇 % 인가? (단, 비열비는 1.40이다)

① 약 45.4 ② 약 56.5

③ 약 65.6 ④ 약 72.7

해설

$$\eta_o = 1 - \left(\frac{1}{\epsilon}\right)^{k-1}$$

여기서, η_o : 이론열효율
ϵ : 압축비
κ : 비열비

$$\eta_o = 1 - \left(\frac{1}{8}\right)^{1.4-1}$$
$$= 56.5\%$$

28 기관의 열효율을 측정하였더니 배기 및 복사에 의한 손실이 35%, 냉각수에 의한 손실이 35%, 기계효율이 80%라면 제동 열효율은?

① 35% ② 30%

③ 28% ④ 24%

해설

η_e(제동열효율) = 기계효율×지시열효율
η_i(지시열효율) = 100−(배기손실＋냉각손실)
$\qquad = 100 - (35+35) = 30$

따라서, $\eta_e = \frac{80 \times 30}{100}$
$\qquad\qquad = 24\%$

2 엔진 본체

1 실린더헤드

01 소형 승용차 기관의 실린더헤드를 알루미늄 합금으로 제작하는 이유는?

① 가볍고 열전달이 좋기 때문에

② 부식성이 좋기 때문에

③ 주철에 비해 열팽창계수가 작기 때문에

④ 연소실 온도를 높여 체적효율을 낮출 수 있기 때문에

해설 알루미늄 합금 실린더헤드의 특징
① 무게가 가볍고 열전도율이 높다.
② 압축비를 높일 수 있다.
③ 조기 점화의 원인이 되는 돌출부가 잘 생기지 않는다.

02 실린더헤드를 떼어낼 때 볼트를 바르게 푸는 방법은?

① 중앙에서 바깥을 향하여 대각선으로 푼다.

② 풀기 쉬운 곳부터 푼다.

③ 바깥에서 안쪽으로 향하여 대각선으로 푼다.

④ 실린더 보어를 먼저 제거하고 실린더헤드를 떼어낸다.

해설 헤드를 떼어낼 때 헤드볼트는 바깥쪽에 중앙을 향하여 대각선으로 풀고 조일 때는 중앙에서 바깥쪽으로 조이며 마지막에 토크랜치를 사용하여 균일한 토크로 체결한다.

03 기관의 실린더헤드 볼트를 규정 토크로 조이지 않았을 경우에 발생되는 현상과 거리가 먼 것은?

① 냉각수가 실린더에 유입된다.

② 압축압력이 낮아질 수 있다.

③ 엔진오일이 냉각수와 섞인다.

④ 압력저하로 인한 피스톤이 과열한다.

해설 실린더헤드 볼트를 규정 토크로 체결하지 않았을 경우 압축 및 폭발압력의 누설, 냉각수의 실린더유입, 엔진오일과 냉각수 섞임, 연료소비율이 증가된다.

04 기관 연소실 설계 시 고려할 사항으로 틀린 것은?

① 화염전파에 요하는 시간을 가능한 한 짧게 한다.

② 가열되기 쉬운 돌출부를 두지 않는다.

③ 연소실의 표면적이 최대가 되게 한다.

④ 압축행정에서 혼합기에 와류를 일으키게 한다.

정답 1 ① 2 ③ 3 ④ 4 ③

해설 기관연소실 설계 시 고려할 사항
① 화염전파거리와 연소시간이 짧을 것
② 가열되기 쉬운 돌출부가 없을 것
③ 연소실의 표면적이 최소화 되게 할 것
④ 압축행정에서 혼합기에 와류를 일으키는 구조일 것
⑤ 충진 효율과 배기 효율을 높이는 구조일 것
⑥ 엔진 출력과 효율을 높일 수 있는 구조일 것

5 디젤 연소실의 구비조건 중 틀린 것은?

① 연소시간이 짧을 것
② 열효율이 높을 것
③ 평균유효압력이 낮을 것
④ 노크가 적을 것

해설 디젤기관 연소실의 구비조건
① 연소시간이 짧을 것
② 열효율이 높을 것
③ 기관 출력과 효율을 높일 수 있을 것
④ 디젤 노크가 적을 것

6 디젤기관의 연소실 형식 중 연소실 표면적이 작아 냉각손실이 작은 특징이 있고 시동성이 양호한 형식은?

① 직접분사실식   ② 예연소실식
③ 와류실식   ④ 공기실식

해설 디젤기관 연소실의 종류
1) 단실식
① 직접분사실식
• 연소실의 구조가 간단하여 열효율이 높고 연료소비율이 낮다.
• 연소실 표면적이 적어 냉각손실이 적다.
• 냉간 시동이 용이하다.
2) 복실식
① 예연소실식
• 연료압력이 낮아 연료장치의 내구성이 크다.
• 연료의 성분(세탄가)에 영향이 적다.

• 디젤 노크가 적고 운전이 정숙하다.
② 와류실식
• 엔진의 회전속도와 평균 유효압력을 높일 수 있다.
• 회전속도 범위가 넓고 운전성이 정숙하다.
• 연료소비율이 낮다.
③ 공기실식
자동차용 기관에 적합하지 않다.

2 **실린더 블록**

7 기관의 실린더 마멸량이란?

① 실린더 안지름의 최대 마멸량
② 실린더 안지름의 최대 마멸량과 최소 마멸량의 차이 값
③ 실린더 안지름의 최소 마멸량
④ 실린더 안지름의 최대 마멸량과 최소 마멸량의 평균값

해설 실린더 마멸량은 실린더 안지름의 최대 마멸량과 최소 마멸량의 차이 값이다.

8 실린더 벽이 마멸되었을 때 나타나는 현상 중 틀린 것은?

① 엔진오일의 희석 및 마모
② 피스톤 슬랩 현상 발생
③ 압축압력 저하 및 블로바이 과다 발생
④ 연료소모 저하 및 엔진 출력저하

해설 실린더 벽이 마멸되었을 때 나타나는 현상
① 압축 및 폭발압력의 누설에 의한 출력저하
② 블로바이 과다 발생
③ 연료와 윤활유의 희석
④ 연료소비율 증가

09 실린더의 윗부분이 아래부분보다 마멸이 큰 이유는?

① 오일이 상단까지 밀어주지 못하기 때문이다.

② 냉각의 영향을 받기 때문이다.

③ 피스톤링의 호흡작용이 있기 때문이다.

④ 압력이 적게 작용하기 때문이다.

해설 실린더의 윗부분이 아랫부분보다 마멸이 큰 이유는 피스톤링의 호흡작용이 있기 때문이다.

10 실린더 블록이나 헤드의 평면도 측정에 알맞은 게이지는?

① 마이크로미터

② 다이얼게이지

③ 버니어 캘리퍼스

④ 직각자와 필러 게이지

11 피스톤 간극이 크면 나타나는 현상이 아닌 것은?

① 블로바이가 발생한다.

② 압축압력이 상승한다.

③ 피스톤 슬랩이 발생한다.

④ 기관의 기동이 어려워진다.

해설 피스톤 간극이 클 때 나타나는 현상
① 피스톤 슬랩이 발생한다.
② 블로바이가 발생한다.
③ 연료와 윤활유의 희석
④ 연료소비율 증가
⑤ 압축 및 폭발압력이 누설된다.
⑥ 기관의 기동이 어려워진다.

12 규정 값이 내경 78㎜인 실린더를 실린더 보어 게이지로 측정한 결과 0.35㎜가 마모되었다. 실린더 내경을 얼마로 수정해야 하는가?

① 실린더 내경을 78.35㎜로 수정한다.

② 실린더 내경을 78.50㎜로 수정한다.

③ 실린더 내경을 78.75㎜로 수정한다.

④ 실린더 내경을 78.90㎜로 수정한다.

해설 실린더 보링(cylinder boring)
일체식 실린더가 마멸 한계 이상으로 마모되었을 때 보링 머신으로 피스톤 오버사이즈에 맞추어 진원으로 절삭하는 작업을 실린더 보링이라 한다.
① 피스톤 오버사이즈는 0.25㎜씩 증가하여 1.50㎜까지 6단계로 되어있다.
② 보링 치수 계산
최대 마멸량 + 진원 절삭값(0.2㎜)
= 78.32 + 0.2 = 78.52이므로
피스톤 오버사이즈에 맞춰 78.75㎜로 수정한다.

13 실린더와 피스톤 사이의 틈새로 가스가 누출되어 크랭크실로 유입된 가스를 연소실로 유도하여 재연소시키는 배출가스 정화장치는?

① 촉매변환기

② 배기가스 재순환 장치

③ 연료 증발가스 배출 억제장치

④ 블로바이가스 환원장치

해설 PCV 밸브(positive crankcase ventilation valve)
흡기다기관의 부압에 의해 작동하며 크랭크실로 유입된 가스를 연소실로 유도하여 재연소시킨다.

14 기관의 실린더 직경을 측정할 때 사용되는 측정기기는?

① 간극게이지

② 버니어 캘리퍼스

③ 다이얼게이지

④ 내측용 마이크로미터

해설 실린더 직경(내경)을 측정할 수 있는 측정기기에는 실린더보어 게이지, 텔레스코핑 게이지와 외측 마이크로미터, 내측용 마이크로미터 등이 있다.

15 엔진을 보링한 절삭면을 연마하는 기계로 적당한 것은?

① 보링머신　　② 호닝머신

③ 리머　　　　④ 평면연삭기

해설 호닝머신은 실린더 절삭면의 보링머신에 의한 바이트 자국을 없애기 위한 정밀연마기기이다.

3　피스톤

16 피스톤 재료의 요구 특성으로 틀린 것은?

① 무게가 가벼워야 한다.

② 고온 강도가 높아야 한다.

③ 내마모성이 좋아야 한다.

④ 열팽창계수가 커야 한다.

해설 피스톤의 구비조건
① 고온·고압에 견딜 수 있는 강성이 있을 것
② 열전도성이 클 것
③ 열팽창률이 적을 것
④ 무게가 가벼울 것
⑤ 내마모성이 좋을 것
⑥ 피스톤 상호간 무게 차이가 적을 것

17 피스톤링의 3대 작용으로 틀린 것은?

① 와류작용

② 기밀작용

③ 오일제어작용

④ 열전도작용

해설 피스톤링의 3대 작용은 밀봉(기밀)작용, 냉각(열전도)작용, 오일제어 작용이다.

18 피스톤 핀의 고정방법에 속하지 않는 것은?

① 고정식　　　　② 반부동식

③ 전부동식　　　④ 3/4부동식

해설 피스톤 핀의 고정방법에는 고정식, 반부동식, 전부동식이 있다.

19 기관정비 작업 시 피스톤링의 이음 간극을 측정할 때 측정 도구로 알맞은 것은?

① 마이크로미터　　② 버니어캘리퍼스

③ 시크니스게이지　④ 다이얼게이지

4　크랭크축

20 다음 중 크랭크축의 구조에 대한 명칭이 아닌 것은?

① 핀 저널　　　② 크랭크 암

③ 메인저널　　　④ 플라이 휠

---

21 크랭크축이 회전 중 받는 힘이 아닌 것은?

① 휨(bending)

② 비틀림(torsion)

③ 관통(penetration)

④ 전단(shearing)

22 크랭크축의 점검 부위에 해당되지 않는 것은?

① 축과 베어링 사이의 간극

② 축의 축방향 흔들림

③ 크랭크축의 중량

④ 크랭크축의 굽힘

해설 크랭크축의 점검사항에는 축과 베어링 사이의 간극, 축의 축방향 흔들림, 크랭크축의 휨, 크랭크 핀 및 메인저널의 마멸량을 점검한다.

23 기관에서 크랭크축의 휨 측정 시 가장 적합한 것은?

① 스프링 저울과 V블록

② 버니어 캘리퍼스와 곧은자

③ 마이크로미터와 다이얼게이지

④ 다이얼게이지와 V블록

해설 크랭크축의 휨을 점검할 때 축을 정반위 V 블록에 올려놓고 다이얼게이지를 크랭크축과 직각이 되게 설치하여 휨을 측정하며 휨 값은 게이지 바늘이 움직인 값의 1/2이다.

24 자동차 기관의 크랭크축 베어링에 대한 구비조건으로 틀린 것은?

① 하중 부담 능력이 있을 것

② 매입성이 있을 것

③ 내식성이 있을 것

④ 내 피로성이 작을 것

해설 크랭크축 베어링의 구비조건
① 폭발압력에 견딜 수 있는 하중 부담 능력이 있을 것
② 매입성이 있고 피로에 견디는 내 피로성이 클 것
③ 내부식성 및 내마멸성이 있을 것
④ 고온 강도가 크고 길들임 성능이 좋을 것
⑤ 마찰저항이 적을 것

25 크랭크축 메인 저널 베어링 마모를 점검하는 방법은?

① 필러 게이지 방법

② 심(seam) 방법

③ 직각자 방법

④ 플라스틱 게이지 방법

26 베어링이 하우징 내에서 움직이지 않게 하기 위하여 베어링의 바깥 둘레를 하우징의 둘레보다 조금 크게 하여 차이를 두는 것은?

① 베어링 크러시

② 베어링 스프레드

③ 베어링 돌기

④ 베어링 어셈블리

베어링 크러시와 스프레드	
베어링 크러시	베어링 바깥 둘레와 하우징 둘레와의 차이를 말하며 하우징 안에서 움직이지 않도록 하여 열전도성을 좋게 한다.
베어링 스프레드	베어링 하우징의 지름과 베어링을 끼우지 않았을 때 베어링 바깥쪽 지름과의 차이를 말하며 베어링의 밀착을 좋게 하고 조립 시 크러시에 의해 베어링이 찌그러지는 것을 방지한다.

27 4행정 기통 가솔린 기관에서 점화순서가 1- 3-4-2일 때 1번 실린더가 흡입행정을 한다면 다음 중 맞는 것은?

① 3번 실린더는 압축행정을 한다.

② 4번 실린더는 동력행정을 한다.

③ 2번 실린더는 흡기행정을 한다.

④ 2번 실린더는 배기행정을 한다.

해설 점화순서에 따른 기통별 행정을 확인할 때 행정은 시계방향 점화순서는 반시계방향으로 하여 확인한다.

[4실린터 엔진점화순서와 행정]

28 기관의 회전속도가 4500rpm 연소지연시간은 1/500초라고 하면 연소 지연시간 동안에 크랭크축 회전각도는?

① 45도　　　② 50도

③ 52도　　　④ 54도

해설 연소지연시간의 크랭크축 회전각도
$$= 6 \times R \times T$$
$$= 6 \times 4500 \times \frac{1}{500}$$
$$= 54°$$

---

5 밸브기구

29 캠축과 크랭크축의 타이밍 전동 방식이 아닌 것은?

① 유압 전동방식　　② 기어 전동방식

③ 벨트 전동방식　　④ 체인 전동방식

해설 타이밍 전동방식에는 기어구동방식, 벨트구동방식, 체인구동방식이 있다.

30 고속회전을 목적으로 하는 기관에서 흡기 밸브와 배기밸브 중 어느 것이 더 크게 만들어져 있는가?

① 흡기밸브　　② 배기밸브

③ 동일하다　　④ 1번 배기밸브

해설 기관의 충전효율을 높이기 위해 흡기밸브의 지름을 더 크게 하거나 2개의 밸브를 설치한다.

31 밸브 스프링의 서징현상에 대한 설명으로 옳은 것은?

① 밸브가 열릴 때 천천히 열리는 현상

② 흡·배기밸브가 동시에 열리는 현상

③ 밸브가 고속 회전에서 저속으로 변화할 때 스프링의 장력의 차가 생기는 현상

정답　27 ④　28 ④　29 ①　30 ①　31 ④

④ 밸브스프링의 고유 진동수와 캠 회전수의 공명에 의해 밸브스프링이 공진하는 현상

해설 밸브스프링의 서징현상이란 기관이 고속으로 운전될 때 밸브스프링의 고유진동수와 캠 회전속도의 공명에 의해 밸브스프링이 공진하는 현상으로 방지법에는 2중 스프링, 원추형 스프링, 부등피치 스프링을 사용한다.

32 기관의 밸브장치에서 기계식 밸브 리프트에 비해 유압식 밸브 리프트의 장점으로 맞는 것은?

① 구조가 간단하다

② 오일펌프와 상관없다.

③ 밸브 간극 조정이 필요 없다.

④ 워밍업 전에만 밸브 간극 조정이 필요하다.

해설 유압식 밸브 리프트의 특징

① 기관온도와 관계없이 밸브 간극이 항상 "0" 으로 유지되어 점검·조정이 필요 없다.

② 밸브 개폐 시기가 정확하고 작동이 정숙하다.

③ 오일이 완충작용을 하므로 밸브 기구의 내구성이 좋다.

④ 밸브 기구의 구조가 복잡하고 윤활장치가 고장나면 기관이 정지된다.

33 기관에서 밸브시트의 침하로 인한 현상이 아닌 것은?

① 밸브 스프링의 장력이 커짐

② 가스의 저항이 커짐

③ 밸브 닫힘이 완전하지 못함

④ 블로바이 현상이 일어남

해설 밸브시트가 침하되면 밸브 스프링 장력이 약화되어

밸브의 밀착 불량으로 가스의 유동저항이 커지고 압력의 누설 및 블로바이 현상이 발생할 수 있다.

34 유압식 밸브 리프터의 유압은 어떤 유압을 이용하는가?

① 흡기다기관의 진공압을 이용한다.

② 배기다기관의 배기압을 이용한다.

③ 별도의 유압장치를 사용한다.

④ 윤활장치의 유압을 이용한다.

해설 유압식 밸브 리프터(hydraulic lifter)
유압식 밸브 리프터는 윤활장치의 유압을 이용하여 기관의 온도와 관계없이 밸브 간극을 항상 "0" 로 유지시킨다.

35 가스 흐름의 관성을 유효하게 이용하기 위하여 흡·배기 밸브를 동시에 열어주는 작용을 무엇이라 하는가?

① 블로다운(blow-down)

② 블로바이(blow-by)

③ 밸브바운드(valve bound)

④ 밸브오버랩(valve overlap)

해설 밸브오버랩(valve overlap)
가스의 흡·배기 효율을 증대시키기 위하여 상사점 부근에서 흡·배기 밸브가 동시에 열려있는 기간을 말하며 밸브오버랩은 저속에서는 작게 고속에서는 크게 한다.

36 밸브 스프링의 점검 항목 및 점검 기준으로 틀린 것은?

① 장력 : 스프링 장력의 감소는 기준값의 10% 이내일 것

② 자유고 : 자유고의 낮아짐 변화량은 3%

이내일 것

③ 직각도 : 직각도는 자유 높이 100mm 당 3mm 이내일 것

④ 접촉면의 상태는 2/3 이상 수평일 것

해설

점검사항	사용한계
스프링 장력	표준장력의 15% 이내
스프링 자유고	표준높이의 3% 이내
스프링 직각도	자유높이 100mm당 3mm이내
스프링 접촉면	2/3 이상 수평일 것

37 4행정 기관의 밸브 개폐 시기가 다음과 같다. 흡기행정기간과 밸브 오버랩은 각각 몇 도인가?

- 흡기밸브 열림 : 상사점 전 18°
- 흡기밸브 닫힘 : 하사점 후 48°
- 배기밸브 열림 : 하사점 전 48°
- 배기밸브 닫힘 : 상사점 후 13°

① 흡기행정기간 : 246°, 밸브오버랩 : 18°
② 흡기행정기간 : 241°, 밸브오버랩 : 18°
③ 흡기행정기간 : 180°, 밸브오버랩 : 31°
④ 흡기행정기간 : 246°, 밸브오버랩 : 31°

해설 ① 흡기행정기간
상사점 전 18° + 180° + 하사점 후 48° = 246°
② 밸브오버랩
상사점 전 흡기밸브 열림 각
18° + 상사점 후 배기밸브 닫힘 각 13° = 31°

38 블로다운(blow down) 현상에 대한 설명으로 옳은 것은?

① 밸브와 밸브시트 사이에서의 가스 누출

현상

② 압축행정 시 피스톤과 실린더 사이에서 공기가 누출되는 현상

③ 피스톤이 상사점 근방에서 흡·배기밸브가 동시에 열려 배기 잔류가스를 배출시키는 현상

④ 배기행정 초기에 배기밸브가 열려 배기가스 자체의 압력에 의하여 배기가스가 배출되는 현상

6 성능점검

39 기관의 압축압력 측정시험 방법에 대한 설명으로 틀린 것은?

① 기관을 정상작동 온도로 한다.
② 점화플러그를 전부 뺀다.
③ 엔진오일을 넣고도 측정한다.
④ 기관회전을 1000rpm으로 한다.

해설 기관의 압축압력시험 방법
① 축전지의 충전상태를 확인한다.
② 기관을 가동하여 워밍업을 시켜 정상작동온도가 되도록 한다.
③ 모든 실린더의 점화플러그를 탈거한다.
④ 연료장치 및 점화장치가 작동되지 않도록 한다.
⑤ 공기청정기 및 구동 벨트를 탈거한다.
⑥ 스로틀 밸브를 완전히 개방시키고 기관을 크랭킹(회전수 250~350rpm) 하며 압축압력을 측정한다.

40 압축압력 시험에서 압축압력이 떨어지는 요인으로 가장 거리가 먼 것은?

① 헤드개스킷 소손
② 피스톤링 마모

정답 37 ④ 38 ④ 39 ④ 40 ④

③ 밸브시트 마모

④ 밸브가이드 고무 마모

압축압력시험 결과분석

압축압력이 떨어졌을 때는 밸브 불량, 실린더 마멸, 피스톤링, 헤드개스킷 등의 상태를 판정하기 위하여 연소실에 기관 오일을 10cc 정도 넣고 약 1분 후 다시 압축압력을 측정하는 습식 시험을 실시한다.

1) 습식시험에도 압력이 상승하지 않을 때는 밸브의 파손 및 밀착 불량 또는 실린더헤드의 변형을 확인한다.

2) 습식시험에서 뚜렷하게 압력이 상승하면 실린더의 마멸 및 피스톤링의 상태를 확인한다.

3) 인접한 실린더가 비슷하게 압력이 낮으면 헤드개스킷의 손상을 확인한다.

41 흡기다기관의 진공시험 결과 진공계의 바늘이 20~40cmhg 사이에서 정지되었다면 가장 올바른 분석은?

① 엔진이 정상일 때

② 피스톤링이 마멸되었을 때

③ 밸브가 소손되었을 때

④ 밸브 타이밍이 맞지 않을 때

흡기다기관 진공도시험

기관의 진공압력시험은 기관을 시동하여 공회전시키며 측정하는 방법으로 정상일 때에는 진공계의 바늘이 45~55cmhg 사이에 정지하거나 조금씩 움직인다.

바늘이 20~40cmhg 사이에 정지하였다면 밸브 타이밍(개폐시기)을 확인한다.

42 기관에 이상이 있을 때 또는 기관의 성능이 현저하게 저하되었을 때 분해 수리의 여부를 결정하기 위한 적합한 시험은?

① 캠각시험   ② CO가스 측정

③ 압축압력시험   ④ 코일의 용량시험

압축압력시험의 정상값은 규정압력의 ±10% 이내이며 기관의 해체 정비시기 기준은 다음과 같다.

① 압축압력이 규정압력의 70% 이하인 경우

② 연료소비율이 규정값의 60% 이상인 경우

③ 윤활유 소비율이 규정값의 50% 이상인 경우

41 ④   42 ③

3 윤활장치

01 기관에 사용하는 윤활유의 기능이 아닌 것은?

① 마멸작용　　② 기밀작용

③ 냉각작용　　④ 방청작용

해설 윤활유의 작용
① 밀봉작용(기밀유지작용)
② 냉각작용(열전도작용)
③ 감마작용(마멸방지작용)
④ 응력분산작용(충격완화작용)
⑤ 방청작용(부식방지작용)
⑥ 세척작용(청정작용)

02 윤활유 특성에서 요구되는 사항으로 틀린 것은?

① 점도지수가 적당할 것

② 산화 안정성이 좋을 것

③ 발화점이 낮을 것

④ 기포 발생이 적을 것

해설 윤활유의 구비조건
① 점도가 적당하고 점도지수가 커 온도와 점도와의 관계가 적당할 것
② 산화 안정성이 좋을 것
③ 인화점 및 자연발화점이 높을 것
④ 기포 발생이 적을 것

03 기관의 윤활유 점도지수(viscosity index) 또는 점도에 대한 설명으로 틀린 것은?

① 온도변화에 의한 점도가 적을 경우 점도지수가 높다.

② 추운 지방에서는 점도가 큰 것일수록 좋다.

③ 점도지수는 온도변화에 대한 점도의 변화 정도를 표시한 것이다.

④ 점도란 윤활유의 끈적끈적한 정도를 나타내는 척도이다.

해설 점도지수란 온도변화에 따른 점도의 변화를 수치화한 것을 말하며 점도지수가 높을수록 온도변화에 따른 점도 변화가 적다. 온도가 낮아지면 점도는 올라가 유동성이 떨어지므로 추운 지방일수록 점도가 낮아야 한다.

04 그림과 같이 오일펌프에 의해 압송되는 윤활유가 모두 여과기를 통과한 다음 윤활부로 공급되는 방식은?

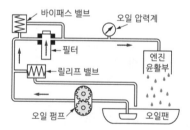

① 샨트식　　② 자력식

③ 분류식　　④ 전류식

해설 윤활유의 여과방식에는 전류식, 분류식, 샨트식이 있으며 특징은 다음과 같다.

① 전류식 : 오일펌프에서 공급된 오일 전부를 여과하여 윤활부로 보내는 형식

② 분류식 : 오일펌프에서 공급된 오일 일부를 여과하여 오일팬으로 보내고 여과되지 않은 오일을 윤활부로 보내는 형식

③ 샨트식 : 오일펌프에서 공급된 오일 일부를 여과하여 여과되지 않은 오일과 함께 윤활부로 보내는 형식

05 윤활장치 내의 압력이 지나치게 올라가는 것을 방지하여 회로 내의 유압을 일정하게 유지하는 기능을 하는 것은?

① 오일펌프   ② 유압조절기

③ 오일여과기   ④ 오일냉각기

06 엔진오일의 유압이 낮아지는 원인으로 틀린 것은?

① 베어링의 오일 간극이 크다.

② 유압조절밸브의 스프링 장력이 크다.

③ 오일 팬 내의 윤활유 양이 적다.

④ 윤활유 공급 라인에 공기가 유입되었다.

[해설] 윤활장치의 유압이 낮아지는 원인
① 기관 내 윤활유량이 부족하다.
② 오일의 점도가 낮아졌다.
③ 크랭크 축 오일 간극이 크다.
④ 유압조절밸브의 스프링 장력이 약화되었다.
⑤ 유압회로 내 공기가 유입되었다.

07 윤활유 소비증대의 원인으로 가장 적합한 것은?

① 비산과 누설   ② 비산과 압력

③ 희석과 혼합   ④ 연소와 누설

08 윤활유가 연소실에 올라와서 연소 될 때 색으로 가장 적합한 것은?

① 백색   ② 청색

③ 흑색   ④ 적색

[해설] 윤활유가 연소실에 유입되어 연소되면 배기관에서 백색 연기가 배출된다.

09 기관 오일의 보충 또는 교환 시 가장 주의할 점으로 옳은 것은?

① 점도가 다른 것은 서로 섞어서 사용하지 않는다.

② 될 수 있는 한 많이 주유한다.

③ 소량의 물이 섞여도 무방하다.

④ 제조회사에 관계없이 보충한다.

[해설] 기관 오일의 보충 또는 교환 시 주의사항
① 점도가 다른 것은 서로 섞어 사용하지 않는다.
② 동일제조사의 오일을 주유한다.
③ 정비 제원에 맞게 오일량을 주유한다.
④ 수분이나 이물질이 혼입되지 않도록 주의한다.

10 엔진에서 엔진오일 점검 시 틀린 것은?

① 계절 및 기관에 알맞은 엔진오일을 사용한다.

② 기관을 수평상태에서 한다.

③ 오일량을 점검할 때는 시동이 걸린 상태에서 한다.

④ 오일은 정기적으로 점검, 교환한다.

[해설] 엔진오일 점검은 기관이 정지된 상태에서 실시한다.

[정답] 5 ②   6 ②   7 ④   8 ①   9 ④   10 ③

11 일반적인 엔진오일의 양부 판단 방법이다. 틀린 것은?

① 오일의 색깔이 우유색에 가까운 것은 냉각수가 혼입되어 있는 것이다.

② 오일의 색깔이 회색에 가까운 것은 가솔린이 혼입되어 있는 것이다.

③ 종이에 오일을 떨어뜨려 금속분말이나 카본의 유무를 조사하고 많이 혼입된 것은 교환한다.

④ 오일의 색깔이 검은색에 가까운 것은 장시간 사용했기 때문이다.

해설 | 오일의 색깔이 회색에 가까운 이유는 사용 중인 오일에 냉각수가 혼입된 것이다.

01 수냉식 냉각장치의 장·단점에 대한 설명으로 틀린 것은?

① 공랭식보다 소음이 크다.

② 공랭식보다 보수 및 취급이 복잡하다.

③ 실린더 주위를 균일하게 냉각시켜 공랭식보다 냉각 효과가 좋다.

④ 실린더 주위를 저온으로 유지시키므로 공랭식보다 체적 효율이 좋다.

02 전자제어 엔진에서 전동 팬 작동에 관한 내용으로 가장 부적합한 것은?

① 전동 팬의 작동은 엔진의 수온센서에 의해 작동한다.

② 전동 팬은 릴레이를 통하여 작동된다.

③ 전동 팬 고장 시 역회전이 될 수 있다.

④ 전동 팬 고장 시 블로어 모터로 기관을 냉각시킬 수 있다.

해설 | 블로어 모터[blower motor]
차실 내의 공기를 순환시키는 송풍기

03 다음은 라디에이터의 구비조건이다. 관계없는 것은?

① 단위 면적당 방열량이 클 것

② 공기의 흐름 저항이 클 것

③ 냉각수의 유동이 용이할 것

④ 가볍고 적으며 강도가 클 것

해설 | 라디에이터의 구비조건
① 단위 면적당 방열량이 클 것
② 공기의 흐름 저항이 작을 것
③ 냉각수의 흐름 저항이 적어 냉각수의 유동이 용이할 것
④ 가볍고 적으며 강도가 클 것

04 엔진은 과열하지 않고 있는데 방열기 내에 기포가 생긴다. 그 원인으로 다음 중 가장 적합한 것은?

① 서모스탯 기능 불량

② 실린더헤드 개스킷의 불량

③ 크랭크케이스에 압축 누설

④ 냉각수량 과다

해설 | 엔진은 과열하지 않는데 방열기 내에 기포가 생기는 원인으로는 실린더헤드 개스킷의 소손에 의해 물통로 쪽으로 압력이 누설되고 있는 경우이다.

05 사용 중인 중고 자동차에 냉각수(부동액)를 넣었더니 14L가 주입되었다. 신품 라디에이터에는 16L의 냉각수가 주입된다면 라디에이터 코어 막힘은 얼마인가?

① 12.5%　② 25%

③ 30%　④ 22.5%

정답　1 ①　2 ④　3 ②　4 ②　5 ①

$$코어막힘률 = \frac{신품의\ 용량 - 구품의\ 용량}{신품의\ 용량} \times 100$$

$$= \frac{16 - 14}{16} \times 100$$

$$= 12.5\%$$

06 부동액의 세기는 무엇으로 측정하는가?

① 마이크로미터   ② 비중계

③ 온도계   ④ 압력 게이지

07 기관이 과열되는 원인으로 가장 거리가 먼 것은?

① 서모스탯이 열림 상태로 고착

② 냉각수 부족

③ 냉각팬 작동 불량

④ 라디에이터의 막힘

기관의 과열 원인
① 냉각수 부족
② 수온조절기가 닫혀서 고장 났거나 열리는 온도가 너무 높을 때
③ 라디에이터 코어가 과도하게 막혔을 때
④ 팬벨트의 장력이 약해졌거나 이완되었을 때
⑤ 라디에이터 전동 팬 고장
⑥ 물 펌프의 고장
⑦ 냉각수 통로에 물때가 많이 퇴적되거나 막혔을 때

08 압력식 라디에이터 캡을 사용함으로써 얻어지는 장점과 거리가 먼 것은?

① 비등점을 올려 냉각 효율을 높일 수 있다.

② 라디에이터를 소형화 할 수 있다.

③ 라디에이터의 무게를 크게 할 수 있다.

④ 냉각장치 내의 압력을 높일 수 있다.

압력식 캡은 냉각수의 비등점을 올려 냉각 효율을 증대시키므로 라디에이터의 크기를 소형화하여 무게를 줄일 수 있다.

09 부동액 성분의 하나로 비등점이 197.2℃ 응고점 -50℃인 불연성 포화액인 물질은?

① 에틸렌글리콜   ② 메탄올

③ 글리세린   ④ 변성 알코올

에틸렌글리콜의 특징
① 비등점이 197.2℃ 응고점 최고 -50℃이다.
② 냄새가 없고 휘발하지 않으며 불연성이다.
③ 도료를 침식시키지 않으며 기관 내부에 누출되면 교질 상태의 침전물이 생긴다.
④ 금속 부식성이 있으며 팽창계수가 크다.

10 자동차 엔진의 냉각장치에 대한 설명 중 적절하지 않은 것은?

① 강제 순환식이 많이 사용된다.

② 냉각장치 내부에 물때가 많으면 과열의 원인이 된다.

③ 서모스탯에 의해 냉각수의 흐름이 제어된다.

④ 엔진과열 시에는 즉시 라디에이터 캡을 열고 냉각수를 보급하여야 한다.

압력 캡에 의해 냉각회로 내의 압력이 높아져 있어 위험하므로 엔진과열 시 엔진 시동을 정지하여 엔진을 냉각시킨 후 라디에이터 캡을 열어야 한다.

정답 6 ② 7 ① 8 ③ 9 ① 10 ④

01 자동차용 기관의 연료가 갖추어야 할 특성이 아닌 것은?

① 단위 중량 또는 단위체적당의 발열량이 클 것
② 상온에서 기화가 용이할 것
③ 점도가 클 것
④ 저장 및 취급이 용이할 것

해설 자동차용 연료의 구비조건
① 단위중량 또는 단위체적당 발열량이 클 것
② 온도에 관계없이 유동성이 좋을 것
③ 상온에서 기화가 용이할 것
④ 연소 후 유해 화합물을 남기지 말 것
⑤ 연소속도가 빠를 것
⑥ 저장 및 취급이 용이할 것

02 가솔린 옥탄가를 측정하기 위한 가변 압축비 기관은?

① 카르노 기관
② CFR 기관
③ 린번기관
④ 오토사이클 기관

해설 CFR 기관은 연료의 옥탄가를 측정하기 위하여 압축비를 변화시킬 수 있는 기관으로 연료를 넣고 기관을 운전하면서 압축비를 증가시켜 노크가 발생되는 시점에 기관을 정지시킨다.

03 가솔린의 조성 비율(체적)이 이소옥탄 80, 노멀헵탄 20인 경우 옥탄가는?

① 20
② 40
③ 60
④ 80

해설 옥탄가 $= \dfrac{\text{이소옥탄}}{\text{이소옥탄} + \text{노멀헵탄}} \times 100$

$= \dfrac{80}{80 + 20} \times 100$

$= 80$

즉, 이소옥탄의 비율이 옥탄가이다.

04 가솔린의 주요 화합물로 맞는 것은?

① 탄소와 수소
② 수소와 질소
③ 탄소와 산소
④ 수소와 산소

05 노킹이 기관에 미치는 영향 설명으로 틀린 것은?

① 기관 주요 각부의 응력이 감소한다.
② 기관의 열효율이 저하한다.
③ 실린더가 과열한다.
④ 출력이 저하한다.

해설 가솔린 기관의 노킹이 기관에 미치는 영향
① 기관 주요 각부의 응력이 증가한다.
② 급격한 연소에 의한 진동과 노킹 음이 발생한다.
③ 기관이 과열한다.

정답 1 ③   2 ②   3 ④   4 ①   5 ①

④ 평균유효압력이 낮아져 출력이 감소한다.

06 가솔린 기관의 노킹(knocking)을 방지하기 위한 방법이 아닌 것은?

① 화염전파속도를 빠르게 한다.
② 냉각수 온도를 낮춘다.
③ 옥탄가가 높은 연료를 사용한다.
④ 간접연료 분사방식 채택

해설 가솔린 기관의 노킹방지 방법
① 옥탄가가 높은 가솔린을 사용한다.
② 냉각수 및 흡입공기온도를 낮춘다.
③ 화염전파거리를 짧게 한다.
④ 연소실의 카본을 제거한다.
⑤ 혼합기에 와류를 발생시킨다.
⑥ 점화 시기를 지각시킨다.

07 다음 중 최적의 공연비를 바르게 나타낸 것은?

① 희박한 공연비
② 농후한 공연비
③ 이론적으로 완전연소가 가능한 공연비
④ 공전 시 연소 가능 범위의 연비

해설 이론공연비란 완전연소가 가능한 공기와 연료의 혼합비율을 말하며 가솔린 기관의 이론공연비는 14.7:1이다.

08 기관에서 공기 과잉률이란?

① 이론공연비
② 실제공연비
③ 공기흡입량÷연료소비량
④ 실제공연비÷이론공연비

해설 공기과잉률$(\lambda) = \dfrac{\text{실제흡입공기량}}{\text{이론공기량}}$

09 디젤기관 연료의 구비조건으로 부적당한 것은?

① 착화온도가 높아야 한다.
② 기화성이 적어야 한다.
③ 발열량이 커야 한다.
④ 점도가 적당해야 한다

해설 경유의 구비조건
① 자연발화온도(착화온도)가 낮을 것
② 세탄가가 높고, 발열량이 클 것
③ 점도가 적당하고 점도지수가 클 것
④ 황(S) 함유량이 적고 고형의 미립물이나 유해성분이 없을 것

10 연료는 그 온도가 높아지면 외부로부터 불꽃을 가까이 하지 않아도 발화하여 연소된다. 이때의 최저온도를 무엇이라 하는가?

① 인화점
② 착화점
③ 연소점
④ 응고점

해설 인화점과 착화점
① 인화점: 점화원에 의해 불이 붙는 최저온도
② 착화점: 점화원 없이 스스로 불이 붙는 최저온도

11 다음에서 설명하는 디젤기관의 연소과정은?

분사노즐에서 연료가 분사되어 연소를 일으킬 때까지의 기간이며 이 기간이 길어지면 노크가 발생한다.

① 착화지연기간

② 화염전파기간

③ 직접연소기간

④ 후기연소기간

12 디젤 노크의 방지대책으로 가장 거리가 먼 것은?

① 세탄가가 높은 연료를 사용한다.

② 실린더 벽의 온도를 높게 한다.

③ 흡입공기 온도를 낮게 유지한다.

④ 압축비를 높게 한다.

해설 디젤기관의 노크방지대책

① 세탄가가 높은 연료를 사용한다.

② 압축압력 및 실린더 벽의 온도를 높인다.

③ 착화지연기간을 짧게 한다.

④ 분사초기 연료 분사량을 적게 한다.

⑤ 흡입공기 온도를 높게 한다.

01 가솔린 기관의 전자제어 연료 분사 장치를 구성하는 부품이 아닌 것은?

① 연료압력조절기
② 인젝터
③ 웨스게이트밸브
④ ECU

해설

연료필터 연료펌프 연료펌프
          분배 파이프
                              연료 압력
                              조절기
                    흡기 다기관

전자제어 연료장치의 구성

02 연료 펌프라인에 고압이 걸릴 경우 연료의 누출이나 연료 배관이 파손되는 것을 방지하는 것은?

① 사일런서(silencer)
② 체크밸브(check valve)
③ 안전밸브(relief valve)
④ 축압기(accumulator)

해설 릴리브 밸브(relief valve)
회로 내의 압력을 제한하기 위한 밸브로 특정 압력 이상에서 열려 압력이 과도하게 상승하는 것을 제한하여 회로와 펌프의 파손 및 과부하를 방지한다.

03 연료파이프나 연료펌프에서 가솔린이 증발해서 일으키는 현상은?

① 엔진록   ② 연료록
③ 베이퍼록   ④ 앤티록

해설 베이퍼록(vapor lock)
연료분사장치 또는 연료 배관 등에서 연료가 증발하여 기포에 의해 연료공급이 불량해지는 현상

04 가솔린 기관의 연료펌프에서 체크밸브의 역할이 아닌 것은?

① 연료라인 내의 잔압을 유지한다.
② 기관 고온 시 연료의 베이퍼록을 방지한다.
③ 연료의 맥동을 흡수한다.
④ 연료의 역류를 방지한다.

해설 체크밸브(check valve)의 기능
① 연료의 역류를 방지
② 연료의 잔압 유지
③ 연료의 베이퍼록 방지

05 전자제어 가솔린 기관의 진공식 연료압력 조절기에 대한 설명으로 옳은 것은?

① 공전 시 진공호스를 빼면 연료압력은 낮아지고 다시 꼽으면 높아진다.
② 급가속 순간 흡기다기관의 진공은 대기압에 가까워 연료압력은 낮아진다.

정답   1 ③   2 ③   3 ③   4 ③   5 ③

③ 흡기관의 절대압력과 연료 분배관의 압력차를 항상 일정하게 유지시킨다.

④ 대기압이 변화하면 흡기관의 절대압력과 연료 분배관의 압력차도 같이 변화한다.

해설 연료압력조절기(fuel pressure regulator)
흡기다기관의 부압을 이용하여 연료계통 내의 압력을 일정하게 조절해주는 기능을 한다.

06 기화기식과 비교한 전자제어 가솔린 연료 분사장치의 장점으로 틀린 것은?

① 고출력 및 혼합비 제어에 유리하다.

② 연료소비율이 낮다.

③ 부하변동에 따라 신속하게 응답한다.

④ 적절한 혼합비 공급으로 유해 배출가스가 증가된다.

해설 전자제어 연료분사장치에서 ECU는 각종 센서의 입력 신호를 연산하여 최적의 공연비(이론공연비 14.7:1) 상태를 유지할 수 있도록 연료분사를 제어하여 유해 배출가스를 저감시킨다.

07 SPI(single point injection) 방식의 연료분사 장치에서 인젝터가 설치되는 가장 적절한 위치는?

① 흡입밸브의 앞쪽

② 연소실 중앙

③ 서지탱크(surge tank)

④ 스로틀 밸브(throttle valve) 전(前)

해설 SPI(single point injection) 방식을 TBI (throttle body injection)이라고도 하며 인젝터는 스로틀밸브 전(前)에 설치되어 ECU의 신호에 의해 제어되는 전자제어 연료분사방식이다.

08 다음 중 가솔린 분사방법으로 기관의 각 실린더마다 독립적으로 분사하는 방식은?

① 듀얼 포인트 인젝션

② 싱글 포인트 인젝션

③ 연속 포인트 인젝션

④ 멀티 포인트 인젝션

해설 MPI(Multi point injection) 방식을 다점 분사방식이라고도 하며 인젝터는 각 실린더 흡기밸브 전(前)에 설치하고 ECU의 제어에 의해 실린더에 연료를 공급한다.

09 다음 중 기화기식과 비교한 MPI 연료분사 방식의 특징으로 잘못된 것은?

① 저속 또는 고속에서 토크 영역의 변화가 가능하다.

② 온·냉 시에도 최적의 성능을 보장한다.

③ 설계 시 체적효율의 최적화에 집중하여 흡기다기관 설계가 가능하다.

④ 월 웨팅(wall wetting)에 따른 냉시동 특성은 큰 효과가 없다.

해설 MPI(Multi point injection) 방식의 특징
① 월 웨팅(wall wetting)에 따른 냉시동 특성의 효과가 크다.
② 저속 또는 고속에서 토크 영역의 변화가 가능하다.
③ 기관온도가 온·냉간 상태에도 최적의 성능을 보장한다.
④ 설계 시 체적효율의 최적화에 집중하여 흡기다기관 설계가 가능하다.

10 기계식 연료분사장치에 비해 전자식 연료분사장치의 특징 중 거리가 먼 것은?

① 관성질량이 커서 응답성이 향상된다.

② 연료소비율이 감소한다.

③ 배기가스 유해 물질배출이 감소된다.

④ 구조가 복잡하고 값이 비싸다.

해설 전자제어 연료분사장치의 특징

① 기관의 운전상태에 가장 적절한 혼합기를 각 실린더에 균일하게 공급한다.

② 유해 배기가스의 배출이 감소한다.

③ 연료소비율이 낮고 기관의 냉간 시동성이 향상된다.

④ 공기흐름에 따른 관성질량이 작아 응답성 및 주행성이 향상된다.

⑤ 기관출력이 향상된다.

⑥ 흡입계통의 공기누설이 엔진에 큰 영향을 준다.

⑦ 전자부품의 사용으로 구조가 복잡하고 값이 비싸다.

11 전자제어 기관의 연료분사 제어방식 중 점화순서에 따라 순차적으로 분사되는 방식은?

① 동시분사방식   ② 그룹분사방식

③ 독립분사방식   ④ 간헐분사방식

해설 전자제어 연료장치의 연료분사방식

① 동기분사(순차분사, 독립분사)
CKPS(크랭크 각) 센서의 신호에 따라 점화순서에 맞춰 순차적으로 분사하는 방식

② 그룹 분사
인젝터 수의 1/2씩 짝을 지어 분사하는 방식

③ 동시분사(비동기분사)
모든 실린더에 연료를 동시에 분사시키는 방식으로 요구 분사량을 크랭크 축 1바퀴에 50%씩 2번에 나누어 분사하는 방식

12 인젝터의 분사량을 제어하는 방법으로 맞는 것은?

① 솔레노이드 코일에 흐르는 전류의 통전 시간으로 조절한다.

② 솔레노이드 코일에 흐르는 전압의 시간으로 조절한다.

③ 연료압력의 변화를 주면서 조절한다.

④ 분사구의 면적으로 조절한다.

해설 전자제어 가솔린 기관의 기본 분사량은 공기유량센서(AFS)와 크랭크각 센서(CKPS) 신호에 의해 결정되며 ECU는 인젝터 코일에 흐르는 전류의 통전시간으로 연료분사량을 제어한다.

13 전자제어 가솔린 기관의 인젝터 분사시간에 대한 설명으로 틀린 것은?

① 급가속 시 순간적으로 분사시간이 길어진다.

② 축전지 전압이 낮으면 무효 분사시간이 길어진다.

③ 급감속 시 경우에 따라 연료공급이 차단된다.

④ 산소센서의 전압이 높으면 분사시간이 길어진다.

해설 지르코니아 산소센서의 전압이 높으면 혼합기가 농후한 경우이며 이때 ECU는 통전시간(분사시간)을 줄인다.

7 디젤기관 연료장치

01 디젤기관의 분사량 제어 기구에서 분사량을 제어하기까지의 운동 전달순서로 맞는 것은?

① 가속페달(거버너) → 제어래크 → 제어슬리브 → 플런저 → 제어피니언

② 가속페달(거버너) → 제어래크 → 제어피니언 → 제어슬리브 → 플런저

③ 가속페달(거버너) → 플런저 → 제어피니언 → 제어슬리브 → 제어래크

④ 가속페달(거버너) → 제어슬리브 → 제어피니언 → 제어래크 → 플런저

해설 기계식 분사펌프의 분사량 제어 순서
가속페달(거버너) → 제어래크 → 제어피니언 → 제어슬리브 → 플런저

02 디젤기관에서 연료분사 펌프의 조속기는 어떤 작용을 하는가?

① 분사시기 조정
② 분사량 조정
③ 분사압력 조정
④ 착화성 조정

해설 조속기(governor)
조속기는 기관의 회전속도 및 부하의 변동에 따라서 자동적으로 제어래크를 움직여 분사량을 조정하는 장치이다.

03 디젤기관에서 딜리버리 밸브 작용에 대한 설명으로 틀린 것은?

① 연료의 역류를 방지한다.
② 고압파이프 안의 잔압을 유지한다.
③ 분사압력을 조절하는 밸브이다.
④ 연료분사 시 후적을 방지한다.

해설 딜리버리 밸브(delivery valve)
딜리버리 밸브는 분사 후 배럴 내의 연료압력이 급격히 낮아지면 신속히 닫혀 연료의 역류 및 분사노즐의 후적을 방지하고 분사 파이프 내에 잔압을 유지한다.

04 디젤 엔진에서 연료공급펌프 중 프라이밍 펌프의 기능은?

① 기관이 작동하고 있을 때 펌프에 연료를 공급한다.
② 기관이 정지되고 있을 때 수동으로 연료를 공급한다.
③ 기관이 고속운전을 하고 있을 때 분사펌프의 기능을 돕는다.
④ 기관이 가동하고 있을 때 분사펌프에 있는 연료를 빼내는 데 사용한다.

해설 프라이밍 펌프(priming pump)
연료공급계통의 공기빼기 작업 및 공급 펌프를 수동으로 작동시켜 연료탱크의 연료를 분사펌프까지 공급하는 역할을 한다.

정답 1 ② 2 ② 3 ③ 4 ②

05 디젤 엔진에서 플런저의 유효행정을 크게 하였을 때 일어나는 것은?

① 송출압력이 커진다.

② 송출압력이 적어진다.

③ 연료송출량이 많아진다.

④ 연료송출량이 적어진다.

해설 플런저의 유효행정은 연료를 압송하는 행정으로 유효행정에 따라 송출량이 결정되며 유효행정을 크게 하면 송출량이 많아진다.

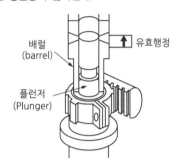

배럴
(barrel)

유효행정

플런저
(Plunger)

06 디젤기관의 연료 분무형성과 관계있는 것은?

① 관통력과 무화 ② 직진성과 노크

③ 착화성과 무화 ④ 분포성과 직진성

해설 연료 분무의 3대 요건
① 무화도: 연료의 미립화가 좋아야 한다.
② 관통도: 압축압력을 이기고 분사되어야 한다.
③ 분포도: 연소실 구석구석에 분산되어야 한다.

07 디젤기관의 분사노즐에 관한 설명으로 옳은 것은?

① 분사개시 압력이 낮으면 연소실 내에 카본 퇴적이 생기기 쉽다.

② 직접분사실식의 분사개시 압력은 일반

적으로 100~120kgf/㎠이다.

③ 연료공급펌프의 송유압력이 저하하면 연료분사압력이 저하한다.

④ 분사개시 압력이 높으면 노즐의 후적이 생기기 쉽다.

해설 분사개시압력이 낮으면 연료의 미립화 및 분포도가 불량해져 불완전연소에 의해 연소실에 카본이 퇴적되기 쉽다.

08 디젤기관의 분사노즐에 대한 시험항목이 아닌 것은?

① 연료의 분사량   ② 연료의 분사각도

③ 연료의 분무상태 ④ 연료의 분사압력

해설 분사노즐의 시험항목
① 분사압력(연료분사 개시압력)
② 연료의 분사각도
③ 연료의 분무상태(후적발생 여부)

09 각 실린더의 분사량을 측정하였더니 최대 분사량이 66cc이고 최소 분사량이 58cc 이였다. 이때의 평균 분사량이 60cc이면 분사량의 +불균율은 얼마인가?

① 5%   ② 10%

③ 15%   ④ 20%

해설 +불균율

$$= \frac{최대분사량 - 평균분사량}{평균분사량} \times 100$$

$$= \frac{66 - 60}{60} \times 100$$

$$= 10\%$$

10 디젤기관에서 분사시기가 빠를 때 일어나는 현상으로 틀린 것은?

① 배기가스의 색이 흑색이다.

② 노크현상이 일어난다.

③ 배기가스의 색이 백색이 된다.

④ 저속회전이 어려워진다.

해설 분사시기가 빠를 때 일어나는 현상
① 착화지연기간이 길어져 노크가 발생한다.
② 분사압력이 낮아 미립화가 불량하여 불완전연소에 의해 배기가스가 흑색이다.
③ 저속회전이 잘 안 된다.

11 디젤기관에서 전자제어식 고압펌프의 특징이 아닌 것은?

(단, 기존 디젤 엔진의 분사펌프 대비)

① 동력성능의 향상

② 쾌적성의 향상

③ 부가장치가 필요

④ 가속 시 스모그 저감

해설 CRDi 디젤 엔진의 고압펌프는 캠축 또는 타이밍 체인에 의해 구동되며 부가장치가 필요 없다.

12 직접고압 분사방식(CRDi) 디젤 엔진에서 예비분사를 실시하지 않는 경우로 틀린 것은?

① 엔진회전수가 고속인 경우

② 분사량의 보정제어 중인 경우

③ 연료압력이 너무 낮은 경우

④ 예비분사가 주 분사를 너무 앞지르는 경우

해설 커먼레일 디젤 엔진에서 예비분사를 중단하는 요인
① 예비분사가 주 분사를 너무 앞지르는 경우

② 기관 회전속도가 3200rpm 이상인 경우

③ 연료분사량이 적거나 주 분사량이 불충분한 경우

④ 연료압력이 최소값 이하인 경우

13 그림과 같은 커먼레일 인젝터 파형에서 주분사 구간을 가장 알맞게 표시한 것은?

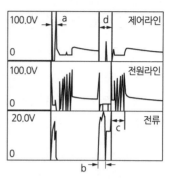

① a　　② b　　③ c　　④ d

8 LPG / LPI 연료장치

01 자동차용 LPG 연료의 특성이 아닌 것은?

① 연소효율이 좋고 엔진이 정숙하다.

② 엔진 수명이 길고 오일의 오염이 적다.

③ 대기오염이 적고 위생적이다.

④ 옥탄가가 낮으므로 연소속도가 빠르다.

> **해설** LPG 연료의 옥탄가는 90~120 정도로 가솔린보다 높아 점화시기를 빠르게 제어한다.

02 LPG 차량에서 LPG를 충전하기 위한 고압용기는?

① 봄베

② 베이퍼라이저

③ 슬로우 컷 솔레노이드

④ 연료 유니온

> **해설** 봄베에는 충전밸브, 액상밸브, 기상밸브 등 수동밸브가 설치되어 있으며 액·기상밸브에는 과류방지밸브를 설치하여 연료라인의 손상 시 LPG가 누출되는 것을 방지한다.

03 LPG기관에서 냉각수 온도 스위치의 신호에 의하여 기체 또는 액체연료를 차단하거나 공급하는 역할을 하는 것은?

① 과류방지밸브

② 유동밸브

③ 안전밸브

④ 액·기상 솔레이드 밸브제어

> **해설**
>
> | ECU의 액·기상 솔레노이드 제어 | |
> | --- | --- |
> | 기상 | 냉각수 온도 15℃ 이하에서 열어 기체 상태의 LPG를 공급하여 시동성을 좋게 한다. |
> | 액상 | 냉각수 온도 15℃ 이상일 때 열어 액체상태의 LPG를 공급하여 에너지 밀도를 높인다. |

04 LPG기관에서 액체 상태의 연료를 기체상태의 연료로 전환시키는 장치는?

① 베이퍼라이저

② 솔레노이드 밸브 유닛

③ 봄베

④ 믹서

> **해설** 베이퍼라이저는 고압의 액체 LPG를 감압·기화시키는 기능을 한다.

정답 1 ④   2 ①   3 ④   4 ①

05 LPI 기관 시스템의 구성품이 아닌 것은?

① 연료온도센서
② 베이퍼라이저
③ 인젝터
④ 연료펌프

해설 LPI(Liqufild Petroleum injection) 시스템은 봄베 속의 액체 LPG를 연료펌프로 송출하여 액체상태의 LPG를 인젝터로 분사하여 연소실로 공급하는 시스템이다.

06 LPI 엔진에서 연료의 부탄과 프로판의 조성비를 결정하는 입력요소로 맞는 것은?

① 크랭크각 센서, 캠각 센서
② 연료온도 센서, 연료압력 센서
③ 공기유량 센서, 흡기온도 센서
④ 산소센서, 냉각수온 센서

해설 LPI 기관에서 가스온도센서와 가스압력센서의 신호에 의해 LPG 성분 비율을 판정하고 LPG 공급량을 보정한다.

9 전자제어 센서

1 전자제어 차량의 컴퓨터(ECU, ECM)에는 크게 입력신호와 출력단으로 구분할 수 있다. 이 중에서 입력신호가 아닌 것은?

① 냉각수 온도 센서(WTS)
② 흡기 온도 센서(ATS)
③ 스로틀 포지션 센서(TPS)
④ 인젝터(injector)

해설 | 전자제어 엔진 다이어그램

입력(정보)	컨트롤	출력(제어)
AFS(공기유량센서)		인젝터분사량제어
WTS(냉각수온센서)		점화시기제어
ATS(흡기온도센서)		공전속도제어
CKPS(크랭크각센서)	E C U	EGR제어
CMPS(캠축각센서)		PCSV제어
TPS(스로틀위치센서)		연료펌프제어
노크센서		노크제어
O2센서		

2 공기량 계측방식 중에서 발열체와 공기 사이의 열전달 현상을 이용한 방식은?

① 열선식 질량 유량 계량방식
② 베인식 체적 유량 계량방식
③ 칼만와류 방식
④ 맵 센서 방식

해설 | 공기유량센서(AFS) 종류와 계측방식

AFS	매스플로 방식	칼만와류식 (체적질량유량 계측)
		베인식 (체적유량 계측)
		핫와이어(필름)식 (질량유량 계측)
	스피드덴시티 방식	맵센서 (흡기다기관의 부압과 대기압과의 차이)

3 가솔린 기관에서 배기가스에 산소량이 많이 잔존하고 있다면 연소실 내의 혼합기는 어떤 상태인가?

① 농후하다.
② 희박하다.
③ 농후하기도 하고 희박하기도 하다.
④ 이론공연비 상태이다.

해설 | 배기가스에 잔존산소량이 많다는 것은 분사된 연료를 산화시키고 남은 것으로 혼합기는 희박한 상태이다.

4 맵 센서 점검 조건에 해당되지 않는 것은?

① 냉각 수온 약 80~90℃ 유지
② 각종 램프 전기 냉각팬 부장품 모두 ON 상태 유지
③ 트랜스 액슬 중립(AT 경우 N 또는 P 위치)유지

정답 1 ④ 2 ① 3 ② 4 ②

④ 스티어링 휠 중립상태 유지

해설 각종 전기장치를 ON할 경우 ECU의 공전속도 조절장치 제어에 의해 맵 센서의 정확한 점검이 되지 않는다.

05 부특성 서미스터를 이용하는 센서는?

① 노크 센서
② 냉각수 온도센서
③ MAP 센서
④ 산소 센서

해설 부특성 서미스터는 온도에 따라 저항값이 변화하는 반도체 소자로 주로 온도를 계측하는 센서에 사용된다.

06 스로틀 밸브의 열림 정도를 감지하는 센서는?

① AFS ② CKPS
③ CMOS ④ TPS

해설 스로틀 포지션 센서는 스로틀 밸브의 열림량을 검출하여 ECU에 입력시키며 ECU는 이 입력값에 따라 자동차의 가속상태를 판단하며 자동변속기 차량에서는 킥다운 실행 및 차속센서신호와 함께 변속 시점을 결정한다.

07 아날로그 신호가 출력되는 센서로 틀린 것은?

① 옵티컬 방식의 크랭크각 센서
② 스로틀 포지션 센서
③ 흡기온도 센서
④ 수온 센서

해설 발광다이오드와 포토다이오드로 구성된 옵티컬 방식의 크랭크각 센서는 디지털 파형이 출력된다.

08 전자제어 연료분사 차량에서 크랭크각 센서의 역할이 아닌 것은?

① 냉각수 온도검출
② 연료의 분사시기 결정
③ 점화시기 결정
④ 피스톤의 위치검출

해설 크랭크각 센서는 크랭크축의 위치를 검출하여 ECU에 입력하고 ECU는 입력값을 연산하여 피스톤 위치를 검출하고 점화시기 및 연료분사시기를 결정한다.

09 다음 중 전자제어 엔진에서 연료분사 피드백(Feed back)에 가장 필요한 센서는?

① 스로틀 포지션 센서
② 대기압 센서
③ 차속 센서
④ 산소(O_2 센서)

해설 산소 센서를 피드백 센서라고도 하며 ECU는 산소 센서의 신호값에 따라 연료분사량을 보정한다.

10 피에조(piezo) 저항을 이용한 센서는?

① 차속 센서
② 매니폴드 압력센서
③ 수온 센서
④ 크랭크각 센서

해설 피에조 소자는 진동(압력)을 받으면 기전력이 발생하는 반도체 소자로 압력을 감지하는 센서에 사용된다.

정답 5 ② 6 ④ 7 ① 8 ① 9 ④ 10 ②

11 냉각수 온도 센서 고장 시 엔진에 미치는 영향으로 틀린 것은?

① 공회전상태가 불안정하게 된다.

② 워밍업 시기에 검은 연기가 배출될 수 있다.

③ 배기가스 중에 CO 및 HC가 증가된다.

④ 냉간시동성이 양호하다.

해설 냉각수 온도센서 고장 시 점화시기 및 연료량 보정이 부정확해지므로 냉간(겨울철) 시동성이 불량해진다.

12 노크(knock)센서에 관한 설명으로 가장 옳은 것은?

① 노킹 발생을 검출하고 이에 대응하여 점화시기를 지연시킨다.

② 노킹 발생을 검출하고 이에 대응하여 점화시기를 진각시킨다.

③ 노킹 발생을 검출하고 이에 대응하여 엔진 회전속도를 올린다.

④ 노킹 발생을 검출하고 이에 대응하여 엔진 회전속도를 내린다.

13 지르코니아 산소센서에 대한 설명으로 맞는 것은?

① 산소센서는 농후한 혼합기가 흡입될 때 0~0.5V의 기전력이 발생한다.

② 산소센서는 흡기 다기관에 부착되어 산소의 농도를 감지한다.

③ 산소센서는 최고 1V의 기전력을 발생한다.

④ 산소센서는 배기가스 중의 산소농도를 감지하여 NO_x를 줄일 목적으로 설치된다.

해설 산소센서는 배기 다기관에 설치되어 배기가스 속의 잔존산소량에 따라 0~1V의 기전력을 발생시키며 농후한 혼합기일 때 1V에 가까운 기전력이 발생되고 공연비 제어를 위해 설치한다.

정답 **11** ④ **12** ① **13** ③

1 하나의 전기회로에 자력선의 변화가 생겼을 때 그 변화를 방해하려고 다른 전기회로에 기전력이 발생되는 현상을 무엇이라 하는가?

① 히스테리시스 작용
② 자기유도작용
③ 상호유도작용
④ 전자유도작용

2 점화코일의 2차 쪽에서 발생되는 불꽃전압의 크기에 영향을 미치는 요소 중 거리가 먼 것은?

① 점화플러그 전극의 형상
② 점화플러그 전극의 간극
③ 기관윤활유 압력
④ 혼합기 압력

3 전자제어 배전점화 방식(DLI : Distributor less ignition)에 사용되는 구성품이 아닌 것은?

① 파워 트랜지스터
② 배전기
③ 점화코일
④ 크랭크각 센서

4 가솔린기관의 점화코일에 대한 설명으로 틀린 것은?

① 1차 코일의 저항보다 2차 코일의 저항이 크다.
② 1차 코일의 굵기보다 2차 코일의 굵기가 가늘다.
③ 1차 코일의 유도전압보다 2차 코일의 유도전압이 낮다.
④ 1차 코일의 권수보다 2차 코일의 권수가 많다.

5 점화코일의 1차 저항을 측정할 때 사용하는 측정기로 옳은 것은?

① 진공시험기
② 압축압력시험기
③ 회로시험기
④ 축전지 용량 시험기

6 자기유도작용과 상호유도작용 원리를 이용한 것은?

① 발전기
② 점화코일
③ 기동 모터
④ 축전지

정답 1 ③ 2 ③ 3 ② 4 ③ 5 ③ 6 ②

7 점화코일에서 고전압을 얻도록 유도하는 공식으로 옳은 것은?

> ① E_1 : 1차 코일에 유도된 전압
> ② E_2 : 2차 코일에 유도된 전압
> ③ N_1 : 1차 코일의 유효권수
> ④ N_2 : 2차 코일의 유효권수

① $E_2 = \dfrac{N_2}{N_1} \times E_1$

② $E_2 = \dfrac{N_1}{N_2} \times E_1$

③ $E_2 = N_1 \times N_2 \times E_1$

④ $E_2 = N_1 + (N_2 \times E_1)$

8 전자제어 점화장치에서 점화시기를 제어하는 순서는?

① 각종 센서 → ECU → 파워 트랜지스터 → 점화코일

② 각종 센서 → ECU → 점화코일 → 파워 트랜지스터

③ 파워 트랜지스터 → 점화코일 → ECU → 각종 센서

④ 파워 트랜지스터 → ECU → 각종 센서 → 점화코일

9 트랜지스터(NPN형)에서 점화코일의 1차 전류는 어느 쪽으로 흐르는가?

① 이미터에서 컬렉터로

② 베이스에서 컬렉터로

③ 컬렉터에서 베이스로

④ 컬렉터에서 이미터로

해설 NPN 트랜지스터는 베이스(B) 전류를 인가하면 컬렉터(C)와 이미터(E)가 통전되어 전류가 흐르게 된다.

트랜지스터 회로

10 트랜지스터식 점화장치는 어떤 작동으로 점화코일의 1차 전압을 단속하는가?

① 증폭작용

② 자기유도작용

③ 스위칭작용

④ 상호유도작용

해설 트랜지스터의 대표적인 작용으로는 스위칭작용, 증폭작용 및 발진작용이 있다.

11 점화장치의 파워 트랜지스터가 비정상 시 발생되는 현상이 아닌 것은?

① 엔진 시동이 어렵다.

② 연료 소모가 많다.

③ 주행 시 가속력이 떨어진다.

④ 크랭킹이 안 된다.

12 점화플러그에서 자기청정온도가 정상보다 높아졌을 때 나타날 수 있는 현상은?

① 실화   ② 후화

③ 조기점화   ④ 역화

해설 점화플러그의 자기청정온도
점화플러그에 퇴적되는 카본 등을 태워 전극의 청정

화를 유지하기 위한 온도를 말하며 일반적으로
400~800℃ 정도이다.

13 공냉 또는 과급기관과 같은 열부하가 큰
기관에 사용되는 점화플러그는?

① 보통형　　　　② 고온형

③ 열형　　　　　④ 냉형

해설 점화플러그의 열값은 열 방산 정도를 나타낸 수치로
열방산이 잘되는 냉형과 열 방산이 늦는 열형이 있으
며 고속 고압축비 기관에는 냉형을 저속 저압축비 기
관에는 열형의 점화플러그를 사용한다.

14 스파크 플러그 표시기호의 한 예이다. 열
가를 나타내는 것은?

B P 6 E S

① P　　　　　② 6

③ E　　　　　④ S

1 가솔린 기관의 흡기 다기관과 스로틀 보디 사이에 설치되어 있는 서지탱크의 역할 중 틀린 것은?

① 실린더 상호간에 흡입공기 간섭을 방지
② 흡입공기 충진 효율을 증대
③ 연소실에 균일한 공기공급
④ 배기가스 흐름 제어

2 공회전 속도조절 장치라 할 수 없는 것은?

① 전자스로틀 시스템
② 아이들스피드 액추에이터
③ 스텝모터
④ 가변흡기제어장치

해설 가변흡기장치의 기관의 회전속도에 따라 흡기통로를 변화시켜 흡입효율을 향상시키는 장치이다.

3 공기청정기가 막혔을 때의 배기가스 색으로 가장 알맞은 것은?

① 무색   ② 백색
③ 흑색   ④ 청색

해설 공기여과기가 막히면 흡입공기량이 감소하여 불완전 연소에 의해 흑색 배기가스가 배출된다.

4 자동차 배출가스의 구분에 속하지 않는 것은?

① 블로바이가스
② 연료증발가스
③ 배기가스
④ 탄산가스

해설 자동차에서 배출되는 가스의 종류로는 블로바이가스, 연료증발가스, 배출가스 등이 있다.

5 배기가스 중의 일부를 흡기 다기관으로 재순환시킴으로써 연소온도를 낮춰 NO_x의 배출량을 감소시키는 것은?

① EGR 장치
② 캐니스터
③ 촉매컨버터
④ 과급기

해설 EGR(Exhaust Gas Recirculation) 밸브
EGR 밸브는 질소산화물(NO_x)을 저감시키기 위한 장치로 배기가스를 기관의 출력저하가 최소화되는 범위에서 연소실로 되돌려 연소온도를 낮춤으로써 질소산화물(NO_x)의 생성을 저감시킨다.

정답 1 ④   2 ④   3 ③   4 ④   5 ①

06 전자제어 기관에서 배기가스가 재순환되는 EGR 장치의 EGR율(%)을 바르게 나타낸 것은?

① $EGR율 = \dfrac{EGR가스량}{배기공기량 + EGR가스량} \times 100$

② $EGR율 = \dfrac{EGR가스량}{흡입공기량 + EGR가스량} \times 100p$

③ $EGR율 = \dfrac{흡입공기량}{흡입공기량 + EGR가스량} \times 100$

④ $EGR율 = \dfrac{배기공기량}{흡입공기량 + EGR가스량} \times 100$

07 3원 촉매장치의 촉매 컨버터에서 정화처리하는 주요 배기가스로 거리가 먼 것은?

① CO   ② NO_X

③ SO_2 ④ HC

해설 3원 촉매장치는 CO, HC, NO_X를 산화 · 환원시켜 유해가스를 정화시킨다.

08 기관에서 블로바이가스의 주성분은?

① N_2 ② HC

③ CO   ④ NO_X

해설 블로바이가스의 주성분은 탄화수소(HC)이다.

09 배기가스가 삼원 촉매 컨버터를 통과할 때 산화 · 환원되는 물질로 옳은 것은?

① N_2, CO

② N_2, H_2

③ N_2, O_2

④ N_2, CO_2, H_2O

10 NO_X는 (㉠)의 화합물이며 일반적으로 (㉡)에서 쉽게 반응한다. 괄호 안에 들어갈 말로 옳은 것은?

① ㉠ 일산화질소와 산소 ㉡ 저온

② ㉠ 일산화질소와 산소 ㉡ 고온

③ ㉠ 질소와 산소 ㉡ 저온

④ ㉠ 질소와 산소 ㉡ 고온

해설 질소산화물(NO_X)은 고온 연소 시 다량 발생되며 이론공연비(14.7:1)에서 가장 많이 생성된다.

11 활성탄 캐니스터(charcoal canister)는 무엇을 제어하기 위해 설치하는가?

① CO_2 증발가스

② HC 증발가스

③ NO_X 증발가스

④ CO 증발가스

해설 캐니스터는 연료증발가스 포집장치이며 증발가스의 주성분은 탄화수소(HC)이다.

12 디젤기관에서 과급기의 사용 목적으로 틀린 것은?

① 엔진의 출력이 증대된다.

② 체적효율이 작아진다.

③ 평균유효압력이 향상된다.

④ 회전력이 증가한다.

해설 과급기의 사용 목적
① 동일 배기량에서 기관의 출력이 증대된다.
② 체적효율이 증대되어 높은 지대에서도 출력 감소가 적다.

정답   6 ②   7 ③   8 ②   9 ④   10 ④   11 ②   12 ②

③ 평균유효압력이 향상되어 회전력이 증가한다.
④ 착화지연 기간이 짧아지고 세탄가가 낮은 연료를 사용할 수 있다.

13 디젤기관의 인터쿨러 터보(Inter Cooler Turbo) 장치는 어떤 효과를 이용한 것인가?

① 압축된 공기의 밀도를 증가시키는 효과
② 압축된 공기의 온도를 증가시키는 효과
③ 압축된 공기의 수분을 증가시키는 효과
④ 배기가스를 압축시키는 효과

해설 인터쿨러 터보(Inter Cooler Turbo) 장치는 압축된 공기의 온도를 낮춰 공기밀도를 증가시킨다.

14 과급기에서 공기의 속도 에너지를 압력에너지로 바꾸는 장치는?

① 디플렉터(Deflector)
② 터빈(Turbine)
③ 디퓨저(Diffuser)
④ 루트 슈퍼차저(Loot super charger)

해설 디퓨저(Diffuser)는 과급기 내부에 설치되어 공기의 속도 에너지를 압력 에너지로 변환시킨다.

2 PART

새 시

클러치·수동변속기

Chapter
I

1 클러치[Clutch]

클러치는 기관 플라이휠과 변속기 사이에 설치되어 변속기로 들어가는 기관의 동력을 전달하거나 끊는 역할을 한다.

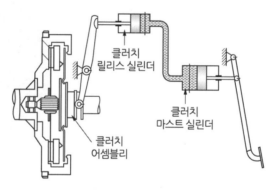

[클러치 조작기구]

(1) 클러치의 필요성

① 기관 시동 시 일시적으로 무부하 상태로 할 수 있다.
② 변속 시 기관 동력을 차단하여 변속을 용이하게 한다.
③ 출발 시 기관 동력을 서서히 전달하고 주행 중 관성운전을 가능하게 한다.

(2) 클러치 구비조건

① 기관과 변속기에서의 작용이 원활하고 단속이 신속하고 정확할 것
② 회전 부분의 평형이 좋고 회전 관성이 적을 것
③ 고속회전 시 불균형이 되거나 원심력의 작용 시 전달 토크가 저하되지 않을 것

④ 방열이 잘되어 과열되지 않고 구조가 간단할 것

⑤ 충분한 전달 토크 용량을 지닐 것

(3) 클러치의 종류

자동차에 사용되는 클러치는 일반적으로 수동변속기에서 사용되는 건식 마찰클러치를 말하며 기관에서 발생한 동력을 단속하는 방식에 따라 마찰 클러치, 유체 클러치, 전자 클러치 등이 있다.

1) 마찰 클러치

① 건식 클러치

건조한 클러치판이 접촉하는 방식으로서 구조가 간단하고 큰 동력을 확실하게 전달할 수 있어 수동변속기 차량의 동력 단속용으로 사용된다.

② 습식 클러치

클러치판을 오일 속에서 접촉시키는 방식으로서 작동이 원활하고 마찰면을 보호할 수 있는 특징이 있으며 주로 자동변속기의 동력 전달용으로 사용된다.

2) 유체 클러치

유체 클러치는 유체의 속도 에너지를 이용하여 동력을 단속하는 방식으로 펌프의 회전으로 발생한 오일의 흐름에 의해 터빈이 회전되며, 자동변속기의 토크컨버터 등에 사용된다.

토크컨버터[Torque converter]
토크컨버터는 엔진의 회전력을 변환 장치로 주요 구성품은 펌프(pump), 스테이터(stator), 터빈(turbine)으로 구성되어 있으며 토크 변환 비율은 2~3:1 정도이다.

[토크컨버터의 구조]

3) 전자 클러치

전자 클러치는 2개의 클러치 디스크 중에서 한쪽 클러치에 설치된 디스크에 솔레노이드 코일을 설치하고 전류를 공급하거나 차단하여 발생한 자기장에 의해 다른 한쪽 클러치를 잡아당겨 동력을 전달한다.

(4) 클러치의 구조 및 기능

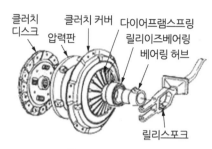

클러치
디스크   클러치 커버 다이어프램스프링
압력판   릴리이즈베어링
                   베어링 허브

릴리스포크

[클러치의 구성]

1) 클러치 페달[Clutch pedal]

클러치 페달은 밟는 힘을 감소시키기 위해 지렛대의 원리를 이용하며 설치 방법에 따라 펜던트형과 플로어형이 있다.

> **클러치 자유간극[유격]**
> 페달을 밟은 후부터 릴리스 베어링이 다이어프램 스프링을 밀기 시작할 때까지 페달이 움직인 거리를 말한다.

2) 마스터 실린더[master cylinder]

페달을 밟으면 푸시로드가 피스톤 컵을 밀어 유압을 발생시키며 이때 발생된 유압은 오일 파이프를 통하여 릴리스 실린더로 보내진다.

3) 릴리스 실린더[release cylinder]

클러치 마스터 실린더에서 발생된 유압이 릴리스 실린더 내 피스톤을 밀어 푸시로드에 의해 릴리스 포크를 밀어 클러치가 작동된다.

4) 릴리스 베어링[release bearing]

회전하고 있는 다이어프램 스프링을 눌러 클러치를 끊는 기능을 한다.
종류로는 앵귤러 접촉형, 볼베어링형, 카본형이 있으며 영구주입식 베어링으로 세척제로 세척하면 안 된다.

5) 클러치 커버[clutch caver]

플라이휠에 조립되어 함께 회전하며 압력판 스프링이 조립되어 있다.

① 스프링[spring]

압력판과 클러치 하우징 사이에 조립되어 압력판에 균일한 압력을 가하는 역할을 한다.

② 압력판[pressure plate]

클러치 디스크가 플라이휠에서 떨어지지 않게 압력을 가한다.

6) 클러치 디스크[clutch disk]

플라이휠과 마찰하여 변속기 입력축을 회전시키는 기능을 하며 클러치 디스크의 손상을 방지하기 위하여 쿠션 스프링과 비틀림 코일 스프링이 설치되어 있다.

① 쿠션 스프링

클러치 디스크가 플라이휠에 접촉할 때 충격을 흡수한다.

② 비틀림 코일 스프링(댐퍼 스프링)

클러치 디스크가 플라이휠에 접촉할 때 회전 충격을 흡수한다.

(5) 클러치 용량

클러치가 전달할 수 있는 회전력의 크기를 말하며 용량이 너무 크면 클러치 접촉 시 기관이 정지될 수 있고 너무 작으면 클러치가 미끄러진다.

> 클러치가 미끄러지지 않을 조건
> Tfd ≥ C
> T : 스프링 장력, f : 디스크 평균 반경
> r : 디스크와 압력판 사이의 마찰계수, C : 기관의 회전력

(6) 클러치가 미끄러지는 원인

① 페달 자유 간극이 작을 때
② 클러치 디스크 페이싱의 과대 마모
③ 클러치 디스크에 오일이 묻었을 때
④ 클러치 스프링의 장력 약화
⑤ 클러치 용량이 작을 때

2 수동변속기[M/T : Manual Transmission]

변속기는 기관에서 발생된 동력을 자동차의 주행상태에 알맞게 회전력과 속도를 변화시키는 장치이다

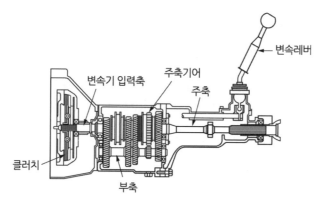

[후륜 구동방식 변속기 구조]

(1) 변속기의 필요성

① 기관 시동 시 무부하 상태를 유지하기 위해
② 주행상태에 맞는 토크와 속도를 변화시키기 위해
③ 후진주행을 위해

(2) 수동변속기의 구비조건

① 조작이 확실하고 정숙하게 작동할 것
② 주행상태에 따른 회전속도와 회전력 변환이 빠르고 연속적으로 작동될 것
③ 동력전달 효율이 좋고 내구성 및 신뢰성이 좋을 것
④ 취급이 용이하고 정비가 쉬울 것

(3) 수동변속기의 종류

1) 점진기어식

오토바이 등에 사용하며 기어가 점진적으로 변속단 1속에서 2속을 뛰어넘어 3속으로 변속할 수 없다.

2) 선택기어식

운전자가 필요로 하는 변속단을 자유로이 선택하여 변속할 수 있으며 종류와 특징은 다음과 같다.

① 섭동기어식

주축기어와 부축기어가 미끄러지며 직접 물리는 형식

② 상시물림방식

주축기어와 부축기어가 항시 물려있고 도그 클러치가 움직여 주축기어와 물려 기관의 동력을 전달하는 형식

③ 동기물림방식

싱크로메시 기구를 사용하여 주축기어와 부축기어의 원주 속도를 일치시켜 이물림을 쉽게 한 형식

(4) 싱크로메시 기구

변속기 기어가 물릴 때 동기작용을 하며 주축기어와 부축기어의 원주 속도를 동기화하여 이물림을 쉽게 한다.

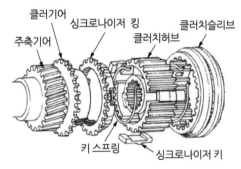

[싱크로메시 기구의 구성]

구리합금으로 제작된 싱크로나이저 링의 마찰에 의해 주축기어와 부축기어의 회전속도가 일치된다.

(5) 오조작 방지기구

① 인터 록 플런저 : 변속 조작 시 기어의 이중 물림을 방지한다.
② 로킹 볼(포핏 스프링 및 플러그) : 기어가 빠지는 것을 방지한다.

(6) 수동변속기 부가장치

1) 트랜스퍼 케이스[transfer case]
4륜 구동 자동차에서 앞차축에 구동력을 전달해 주는 장치이다.

2) 동력인출장치
소방차나 레미콘트럭 등 기관의 동력을 주행 이외의 용도로 쓰기 위해 동력을 인출하는 장치로 동력인출은 부축상의 동력인출 구동기에서 인출한다.

(7) 변속비
변속기(또는 기어비)는 기관의 회전수(또는 입력축 회전수)와 변속기 출력축(또는 추진축)의 회전수와의 비를 말한다.

$$변속비 = \frac{부축기어의 잇수}{주축기어의 잇수} \times \frac{주축기어의 잇수}{부축기어의 잇수}$$

(8) 변속이 불량한 원인
① 클러치의 끊김이 불량할 때
② 싱크로나이저 링 콘 부분의 마모
③ 시프트 로드의 휨
④ 인터록 장치의 파손

II 드라이브라인 [Drive line]

드라이브라인은 변속기에서 나온 출력을 구동축으로 전달하는 장치를 말하며 슬립 이음, 추진축, 자재 이음 등으로 구성되어 있다.

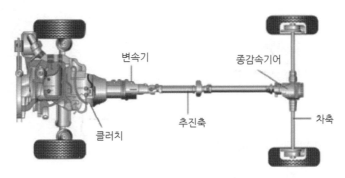

[드라이브라인의 구성]

(1) 추진축[propeller shaft]

변속기 출력축과 종 감속기어 사이에 설치되어 변속기에서 나온 회전력을 종 감속기어로 전달한다.

강성을 높이기 위해 중공축으로 제작하며 회전 질량의 평을 유지하기 위해 밸런스웨이트가 설치된다.

1) 자재 이음[universal joint]

자재 이음은 후륜 구동방식(FR)의 추진축의 구동 각도를 변화시켜주는 기능을 하며 종류에는 십자형 자재이음, 플렉시블 자재이음, 볼 엔드 트러니언 자재이음과 전륜 구동방식(FF)에 주로 사용되는 등속도 자재이음이 있다. 종류에는 트랙터형, 벤딕스화이스형, 제파형, 파르빌레형, 이중십자이음 등이 있다.

2) 슬립 이음[slip joint]

후륜구동방식(FR) 자동차에서 뒤 차축의 상하운동에 따른 추진축의 길이 변화를 위해 설치한다.

> **휠링(추진축의 굽은 진동)**
> 추진축의 기하학적 중심과 질량적 중심이 일치하지 않아 발생하는 진동을 말한다.

(2) 종감속 기어[final reduction gear]

변속기에서 전달된 회전력을 최종 감속시켜 회전력을 증대시키고 직각에 가까운 각도로 변화시켜 엑슬 축에 전달한다.

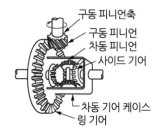

[종감속장치의 구조]

> **종감속비**
>
> $$종감속비 = \frac{링기어의\ 잇수}{구동피니언의\ 이수}$$

1) 하이포이드 기어[hypoid gears]의 특징

① 기어 이의 물림률이 크기 때문에 회전이 정숙하다.
② 기어의 편심으로 차체의 전고가 낮아진다.
③ 추진축의 높이를 낮게 할 수 있어 거주성이 향상된다.
④ 동일한 조건에서 스파이럴 베벨 기어에 비해 구동
⑤ 피니언을 크게 할 수 있어 강도가 증가한다.
⑥ 제작이 어렵고 이의 물림률이 커 극압 윤활유를 사용해야 한다.

> **종감속비 산정요소**
> 종감속비는 기관의 출력, 차량 중량, 가속 성능, 등판 능력에 따라 결정되며, 종감속비를 크게 하면 가속 성능은 향상되나 고속 성능이 낮아진다.

2) 차동장치[differential gear system]

래크와 피니언의 원리를 이용하여 자동차가 선회 시 바깥쪽 바퀴의 회전수를 빠르게 하여 선회를 원활하게 한다.

(3) 자동제한 차동장치[limited slip differential]

한쪽 바퀴가 미끄러지면 가벼운 쪽으로 동력이 쏠리게 되어 계속 미끄러지게 된다. 자동제한 차동장치는 이때 미끄러지는 바퀴의 회전을 제한하여 상대 바퀴에 구동력이 전달되게 하는 기능을 한다.

1) 자동제한 차동장치의 특징

① 바퀴의 미끄러짐을 방지하여 미끄러운 노면에서 출발이 용이하다.
② 바퀴의 미끄러짐이 방지되어 타이어 수명이 연장된다.
③ 고속 직진주행 시 안전성이 증대된다.
④ 요철 노면 주행 시 자동차의 뒷부분의 흔들림을 방지할 수 있다.
⑤ 한쪽 바퀴만 공전하는 것을 방지할 수 있다.

(4) 엑슬 축[axle shaft]

차동 사이드기어에 연결되어 구동 바퀴로 회전력을 전달하는 기능을 하며 지지방식에 따라 전부동식, 반부동식, 3/4 부동식으로 분류할 수 있다.

① 전부동식 : 바퀴를 빼지 않고 차축을 빼낼 수 있으며 차량 하중을 지지하지 않고 동력만 전달한다.
② 반부동식 : 차축이 동력을 전달함과 동시에 차량의 무게를 1/2 지지한다.
③ 3/4 부동식 : 차축이 동력을 전달함과 동시에 차량의 무게를 1/3 지지한다.

III 조향장치 [steering system]

조향장치는 자동차의 진행 방향을 운전자의 조작에 의해 원하는 방향으로 바꾸어 주는 장치를 말한다.

(1) 조향장치의 원리

자동차가 선회할 때 안쪽 바퀴의 조향각도가 바깥쪽 바퀴의 조향각도보다 크게 하여 옆 방향 미끄러짐 없이 원활하게 선회할 수 있는 애커먼-장토[ackerman-jantoud]의 원리를 사용한다.

(2) 조향장치의 구비조건

① 조작이 쉽고 방향전환이 원활할 것
② 회전반경이 작아 좁은 곳에서도 방향전환이 가능할 것
③ 조향 핸들의 회전과 바퀴의 선회 차이가 적을 것
④ 고속주행 중에도 조향 핸들이 안정될 것
⑤ 방향전환 시 섀시 및 차체에 무리한 힘이 가해지지 않을 것

(3) 최소회전반경

조향각을 최대로 하여 선회하였을 때 바깥쪽 앞바퀴가 그리는 원의 반지름을 말하며 산출공식은 다음과 같다.

$$최소회전반경(R) = \frac{L}{\sin\alpha} + r$$

여기서, L : 축간거리(축저)

$\sin\alpha$: 바깥쪽 바퀴의 조향각도

r : 킹핀 중심과 바퀴접지면 중심과의 거리

(4) 조향장치의 구조

1) 일체 차축방식 조향장치

상용차[화물차]에 많이 사용되는 방식으로 조향 핸들 조향축 조향기어 피트먼 암 드래그 링크 타이로드 조향 너클 암 등으로 구성되어 있다.

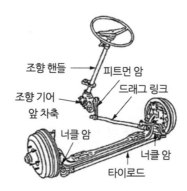

조향 핸들
조향 기어
앞 차축
피트먼 암
드래그 링크
너클 암
너클 암
타이로드

[일체 차축식 조향장치 구조]

2) 독립 차축방식 조향장치

승용차에 많이 사용하는 방식으로 래크 피니언 형식을 주로 사용한다.

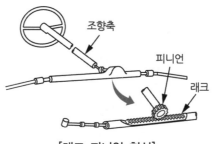

조향축
피니언
래크

[래크 피니언 형식]

조향기어 비율

$$조향기어비 = \frac{조향핸들의\ 회전각도}{피트먼\ 암의\ 회전각도}$$

조향기어비가 작으면 조향 핸들의 조작은 신속하지만 큰 조작력이 필요하다.

(5) 동력조향장치[Power steering system]

작은 힘으로 조향조작이 가능하고 조작력에 관계없이 조향기어 비를 설정할 수 있으며 노면의 충격을 흡수하여 조향 핸들에 충격이 전달되는 것을 방지한다.

1) 유압식 동력조향장치의 3대 주요부

① 동력부 : 파워스티어링 펌프(크랭크축에 의해 구동되며 유압을 발생)
② 제어부 : 제어밸브(조향축의 작동에 따라 유로를 변경)
③ 작동부 : 동력 실린더(오일펌프에서 발생된 유압을 기계적인 힘으로 변환)

> **안전체크밸브[safety check valve]**
> 유압식 동력조향장치 유압 계통에 고장이 발생한 경우 수동조작을 가능하게 한다.

(6) 4바퀴 조향장치[4wheel steering]

운전자의 조향 핸들 조작에 따라 앞·뒤 바퀴가 모두 조향되는 조향장치로 좁은 공간에서 회전할 때 회전 반지름이 작아져 운전이 용이하다.

(7) 언더스티어와 오버스티어

1) 언더스티어링[under steering]

자동차가 주행하면서 선회할 때 조향각도를 일정하게 유지하여도 선회반지름이 커지는 현상

2) 오버스티어링[over steering]

자동차가 주행하면서 선회할 때 조향각도를 일정하게 유지하여도 선회지름이 작아지는 현상

Ⅳ 현가장치 [Suspension system]

현가장치(suspension system)는 자동차가 주행 중 노면으로부터 받는 충격이나 진동을 흡수하여 차체나 화물의 손상을 방지하고 승차감을 좋게 하고 타이어가 노면에 확실하게 접지되게 한다.

1 현가장치용 스프링

현가장치에 사용되는 스프링의 종류에는 판 스프링, 코일 스프링, 토션바 스프링 등이 있다.

1) 판 스프링[leaf spring]

판 스프링은 스프링 강을 몇 장 겹쳐서 그 중심에서 센터볼트로 체결한 것으로 강성이 크고 판 간의 마찰에 의한 진동억제 작용이 크나 작은 진동흡수가 곤란하다. 일체차축식 현가장치의 뒤 차축에 주로 설치되며 스팬의 길이 변화를 위해 섀클을 설치한다.

[판 스프링]

2) 코일 스프링[coil spring]

코일 스프링은 스프링 강을 코일 모양으로 가공한 것으로 스프링 작용이 유연하고 단위 무게에 대한 에너지 흡수율이 크다. 미세한 진동에도 작동하므로 승용차용 현가 스프링으로 사용하고 있으며 옆 방향 작용력에 대한 저항력이 없어 쇽업소버를 병용하여 사용한다.

[코일 스프링]

3) 토션바 스프링[tortion bar spring]

토션바 스프링은 스프링 강의 막대로 만든 것으로 스프링 강은 막대의 길이 및 단면적에 따라 결정되고 진동의 감쇠 작용이 없기 때문에 쇽업소버를 병용하여 사용한다.

로워암
리어맵버
토션바

[토션바 스프링]

쇽업소버[shock absorber]
노면에서 발생한 스프링의 진동을 흡수하여 승차 감각의 향상과 더불어 스프링의 피로를 감소시키는 기능을 하며 일반적으로 단동형 및 복동형이 있으며 고압의 질소가스가 봉입된 드 가르봉식 쇽업소버도 있다.

2 현가장치의 종류

(1) 일체차축식 현가장치

좌·우 바퀴가 일체로 된 차축에 연결되어 있는 구조로 강도가 크고 구조가 간단하다. 강성이 큰 판 스프링을 사용하며 특징은 다음과 같다.
① 구조가 간단하다.
② 선회 시 차체의 기울기가 작다.
③ 스프링 아래 질량이 커 승차감이 좋지 않다.
④ 앞바퀴에 시미(shimmy) 현상이 발생하기 쉽다.
⑤ 스프링 정수가 너무 적은 것은 사용하기 어렵다.

(2) 독립차축식 현가장치

차축이 분할되어 양쪽 바퀴가 서로 관계없이 움직여 승차감이 좋고 로드홀딩이 우수하며 일반적으로 위시본 형식과 맥퍼슨 형식이 있으며 특징은 다음과 같다.

① 바퀴의 시미(shimmy) 현상이 적고 로드홀딩(road holding)이 우수하다.

② 스프링 정수가 작은 것을 사용할 수 있고 스프링 아래 질량이 작아 승차감이 좋다.

③ 볼 이음 부분이 많아 마멸에 의해 휠 얼라인먼트가 틀어지기 쉽다.

> 스태빌라이저[stabilizer]
> 토션바 스프링의 일종으로 자동차가 선회할 때 차체의 롤링(rolling:좌·우 진동)을 방지하고 차체의 기울기를 감소시킨다.

(3) 공기현가장치

압축공기를 이용한 현가장치로 작은 진동흡수가 뛰어나며 특징은 다음과 같다.

① 하중 증감에 관계없이 차체의 높이를 항상 일정하게 유지할 수 있다.

② 스프링 정수가 자동으로 조정되므로 하중 증감과 관계없이 고유진동수를 일정하게 유지할 수 있다.

③ 고유 진동수를 낮출 수 있어 스프링 효과를 유연하게 할 수 있다.

④ 공기 스프링 자체의 감쇠성으로 작은 진동흡수가 가능하다.

3 자동차의 진동

(1) 스프링 위 질량 운동

[스프링 위 질량 운동]

① 바운싱[bouncing]

차체가 Z축 방향으로 상·하 평행운동을 하는 고유진동

② 피칭[pitching]

차체가 Y축을 중으로 전·후 회전운동을 하는 고유진동

③ 롤링[rolling]

차체가 X축을 중심으로 좌·우 회전운동을 하는 고유진동

④ 요잉[yawing]

차체가 Z축을 중심으로 회전운동을 하는 고유진동

(2) 스프링 아래 질량 운동

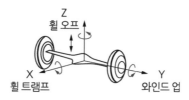

[스프링 아래 질량 운동]

① 휠 홉[wheel hop]

차축이 Z축 방향으로 상하평행운동을 하는 고유진동

② 휠 트램프[wheel tramp]

차축이 X축을 중심으로 회전운동을 하는 고유진동

③ 와인드 업[wind up]

차축이 Y축을 중심으로 회전운동을 하는 고유진동

V 휠 · 타이어 · 얼라인먼트

1 휠 및 타이어

타이어는 직접 노면과 접촉하면서 타이어와 노면 사이에 생기는 마찰에 의해 구동력과 제동력을 전달하고 노면으로부터 받는 충격을 완화시킨다.

(1) 타이어의 분류

타이어는 튜브(tube) 유무에 따라 튜브 타이어와 튜브리스(tube less) 타이어가 있으며 튜브리스타이어의 특징은 다음과 같다.
① 못 등이 막혀도 급격한 공기누출이 적다.
② 펑크 수리가 간단하고 고속주행 시 발열이 적다.
③ 림이 변형되어 타이어와 밀착이 불량하면 공기가 누출될 수 있다.
④ 유리 조각 등에 의한 손상 시 수리가 어렵다.

(2) 타이어의 구조

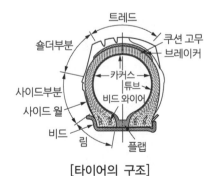

[타이어의 구조]

1) 트레드[tread]

노면과 직접 접촉하는 부분으로 사이드 슬립이나 미끄럼을 방지하여 구동력이나 선회성능을 향상시킨다.

2) 숄더 부분[tire shoulder]

트래드와 사이드월 사이 부분으로 두꺼운 고무층으로 되어 카커스를 보호한다.

3) 사이드 월[tire side wall]

타이어의 종류, 규격, 구조, 패턴, 제조회사, 상품명, 국적, 제조일, 허가 번호, 마모한계 등이 표시되어 있다.

4) 브레이커[breaker]

트레드와 카커스 사이에 설치되어 트레드와 카커스의 분리를 방지하고 노면에서의 충격 완화작용을 한다.

5) 카커스[carcass]

타이어의 뼈대가 되는 부분으로 타이어의 일정한 체적유지 및 완충작용을 한다.

6) 비드 부분[bead section]

타이어가 휠의 림 부분에 접촉하는 부분으로 피아노선이 원둘레 방향으로 들어있어 비드부의 늘어남과 림에서 타이어의 빠짐을 방지한다.

(3) 타이어의 편평비와 호칭

1) 편평비

타이어 폭에 대한 타이어 높이의 비를 나타낸다.

편평비 = 타이어 높이 / 타이어 폭

편평 비율은 시리즈(series)라 하며 값이 내려갈수록 타이어 폭이 점차 넓어진다.

2) 호칭

P	255	/	75	R	15
(승용 타이어)	(단면폭)		(편평비)	(레이디얼)	(휠 직경)

(4) 타이어에서 일어나는 이상 현상

1) 스텐딩 웨이브[standing wave]

타이어에서 지면과 접촉한 부위의 공기는 압축된 상태인데 지면에서 떨어지는 순간 공기가 갑자기 팽창한 압력파가 발생하는 현상 뚜렷한 스탠딩 웨이브가 발생하면 타이어 발열이 급속히 증가하여 짧은 시간 안에 타이어는 파괴된다.

2) 하이드로 플래닝[hydro planing]

물이 고여 있는 도로를 고속 주행시 타이어가 지면에서 떨어져 물 위를 달리는 현상으로 수막현상이라고도 하며 방지방법은 다음과 같다.
① 트레드 마멸이 적은 타이어를 사용한다.
② 리브 패턴의 타이어를 사용하다.
③ 트레드 패턴을 카프형으로 세이빙 가공한 것을 사용한다.
④ 타이어 공기압력을 높이고 주행속도를 줄인다.

(5) 타이어의 평형[wheel balance]

1) 정적 평형[static balance]

타이어를 세워 높은 상태에서 상하 무게가 다른 것으로 정적 불평형이 발생되면 주행 중 트램핑(tramping) 현상이 발생한다.

2) 동적 평형[dynamic balance]

타이어를 수직 수평으로 나누어 대각선의 합이 서로 다른 것으로 동적 불평형이 발생하면 주행 중 시미(shimmy) 현상이 발생한다.

(6) 타이어 공기압 경보장치[TPMS : tire pressure monitoring system]

자동차 타이어의 공기압이 너무 높거나 낮으면 타이어가 터지거나 차량이 쉽게 미끄러져 대형사고로 이어질 가능성이 있다. 또한 연료 소모량이 많아져 연비가 악화되고, 타이어 수명이 짧아질 뿐 아니라, 승차감과 제동력도 많이 떨어진다.

TPMS는 타이어 휠 내부에 장착된 센서가 타이어 내부의 공기압을 측정해 이 정보를 무선으로 보내 실시간으로 타이어 압력상태를 점검할 수 있다.

2 구동력 및 주행성능

(1) 자동차의 주행성능

1) 평균속도(v) : 단위시간 동안 이동거리

$$평균속도(v) = \frac{S}{t}$$

여기서, S: 이동거리(m)
t : 걸린시간$(\sec)$

2) 주행속도(V)

$$V = \frac{\pi \times D \times N}{r \times r_f} \times \frac{60}{1000}$$

여기서,　D: 바퀴의 직경(m)
N: 기관의 회전수(rpm)
r : 변속비
r_f : 종감속비

3) 구동력(N·m)

$$구동력(N{\cdot}m) = \frac{T}{R}$$

여기서,　T: 구동토크$(N{\cdot}m)$
R: 구동바퀴의 유효반경(m)

(2) 주행저항

1) 구름저항[Rr : Rolling resistance]

타이어가 수평 노면을 굴러갈 때 발생하는 저항으로 노면의 굴곡, 타이어의 트래드패턴, 접지부의 변형, 타이어와 노면의 마찰손실에서 발생하며 바퀴에 가해지는 차량 하중에 비례한다.

2) 공기저항[Ra : Air resistance]

자동차의 주행을 방해하는 공기의 저항으로 대부분 압력저항이며 차체의 형상에 따라 기류의 박리현상에 의해 발생하는 맴돌이 저항과 양력에 의한 유도저항이다.

3) 등판저항(구배저항)[Rg : Gradient resistance]

자동차가 비탈길을 올라갈 때 차량 중량에 의해 경사면 평행하게 작용하는 분력의 성분으로 경사각을 경사면 구배율 %로 표시한다.

4) 가속저항[Ri : Acceleration resistance]

자동차의 주행속도를 변화시키는데 필요한 힘을 말한다.

5) 전 주행저항

자동차의 주행 조건에 따라 발생하는 구름저항, 공기저항, 구배저항, 가속저항의 총합을 말한다.

3 휠 얼라인먼트[wheel alignment]

휠 얼라인먼트에서 얼라인먼트는 단어 뜻 그대로 가지런함을 의미한다. 이를 통해 자동차 주행 중 발생하는 마찰, 중력, 원심력 등 모든 힘을 균형 있게 조절하여 운행 시 차량 상태를 최적의 상태로 만들어 주는 역할을 하며 앞바퀴 정렬요소에는 캠버 캐스터 토인 킹핀 경사각의 4요소가 있다.

(1) 차륜 정렬(휠 얼라인먼트) 측정 및 조정요인

① 핸들이 흔들리거나 조작이 불량할 때
② 차량이 주행 중 한쪽으로 쏠릴 때

③ 충돌 사고로 인해 차체에 변형이 생겼을 때

④ 현가장치를 분해 · 조립했을 때

⑤ 조향장치를 분해 · 조립했을 때

(2) 휠 얼라인먼트 요소와 기능

1) 캠버[camber]

① 캠버의 정의

앞바퀴를 정면에서 보았을 때 바퀴 중심선과 수직선이 이루는 각을 말한다.

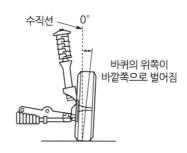

- 정(+) 캠버 : 바퀴의 윗부분이 바깥쪽으로 벌어진 상태
- 영(0) 캠버 : 바퀴가 지면과 수직인 상태
- 부(−) 캠버 : 바퀴의 윗부분이 안쪽으로 기울어진 상태

② 필요성

- 조향 핸들의 조작을 가볍게 한다.
- 수직 하중에 의한 앞차축의 휨을 방지한다.
- 하중을 받았을 때 바퀴의 아래쪽이 바깥쪽으로 벌어지는 것을 방지한다.

2) 캐스터[Caster]

① 캐스터의 정의

바퀴를 옆에서 보았을 때 킹핀 중심선이 수직선과 이루는 각을 말한다.

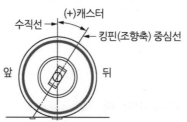

- 정(+) 캐스터 : 킹핀의 상단부가 뒤쪽으로 기울어진 상태
- 영(0) 캐스터 : 킹핀의 상단부가 어느 쪽으로도 기울어지지 않은 상태
- 부(−) 캐스터 : 킹핀의 상단부가 앞쪽으로 기울어진 상태

② 필요성

- 주행 중 바퀴에 방향성(직진성)을 준다.
- 조향하였을 때 직진 방향으로 돌아오는 복원력이 발생한다.
- 캐스터 효과는 정(+)캐스터에서만 얻을 수 있다.

3) 토인(toe-in)

① 토인의 정의

앞바퀴를 위에서 아래로 내려다보았을 때 좌우 타이어 중심선 간의 거리가 앞쪽이 뒤쪽보다 좁은 것을 말한다.

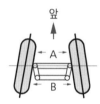

② 필요성

- 앞바퀴를 평행하게 회전시킨다.
- 앞바퀴의 사이드 슬립(side slip)을 방지하고 타이어 편 마멸을 방지한다.
- 조향 링키지 마멸에 의해 토아웃 되는 것을 방지한다.

> **토인의 조정**
> 토인의 조정은 타이로드 길이를 가감하여 조정한다.

4) 킹핀 경사각[King pin inclination]

① 킹핀 경사각의 정의

앞바퀴를 앞에서 보았을 때 킹핀 중심선이 노면에 수직한 선과 이루는 각을 말한다.

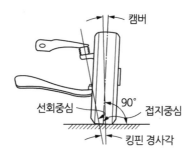

② 필요성

- 캠버와 함께 조향 핸들의 조작력을 작게 한다.
- 바퀴의 시미 현상을 방지한다.
- 앞바퀴에 복원성을 주어 직진 위치로 쉽게 되돌아가게 한다.

스크러브 레디어스[scrub radius]
킹핀 중심의 연장선과 타이어의 중심선이 지면 위에서 만나는 것을 말하며 선회중심선과 접지 중심선 간의 거리가 가까울수록 조향 조작력이 가벼워진다.

VI 제동장치

제동장치는 주행 중인 자동차의 속도를 줄이거나 정지시키는 장치로 자동차의 속도를 줄이기 줄이거나 정지시키기 위한 풋브레이크[foot brake]와 정차상태를 유지하는 주차브레이크[parking brake]가 있다.

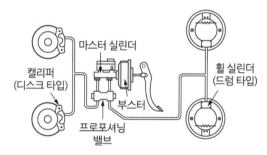

[유압식 브레이크 장치의 구조]

1 유압식 브레이크[Hydraulic brake]의 원리

유압식 브레이크는 파스칼의 원리를 응용한 것으로 특징은 다음과 같다.

파스칼의 원리[pascal of law]

밀폐된 용기에 채워진 유체에 힘을 가하면, 내부로 전달된 압력은 밀폐된 공간의 각 면에 동일한 압력으로 작용한다는 원리이다.

$$P = \frac{F}{A}$$

여기서, P : 발생압력
A : 피스톤 단면적
F : 작용력

2 브레이크 작동조작 및 유압기구

(1) 브레이크 페달[brake pedal]

제동력을 발생시키기 위해 실린더에 운전자의 조작력을 전달하는 것으로 지렛대의 원리를 이용한다.

(2) 마스터 실린더[master cylinder]

브레이크 페달 작동에 의해 유압을 발생시키는 작용을 하며 브레이크의 안전성과 신뢰성이 높은 탠덤 마스터 실린더[tandem master cylinder]를 주로 사용한다.
① 실린더 보디 : 내부에 피스톤 등이 조립된 실린더의 몸체
② 피스톤 : 브레이크 페달에 의해 실린더 내를 미끄러지면서 유압을 발생시킨다.
③ 피스톤 컵 : 유압을 발생하는 1차 컵과 실린더 밖으로 오일 누출을 방지하여 유압을 유지하는 2차 컵이 있다.
④ 체크밸브 : 유압회로 내의 잔압을 유지한다.
⑤ 리턴 스프링 : 페달을 놓았을 때 피스톤이 신속하게 복귀하도록 하며 체크밸브와 함께 잔압을 형성한다.

> 브레이크 내의 잔압을 두는 목적
> ① 브레이크 작동지연방지
> ② 베이퍼록[vapor lock] 방지
> ③ 휠 실린더에서 오일 누출방치
> ④ 유압회로 내에 공기유입방지

(3) 브레이크 배력장치

브레이크 페달을 밟는 힘을 경감시켜주는 장치로 흡기 다기관의 진공 부압과 대기압의 차이를 이용한 진공 배력 방식과 압축공기의 압력과 대기압력 차이를 이용한 공기 배력 방식이 있다.
• 진공식 배력장치의 작동
브레이크 페달을 밟으면 진공 밸브가 닫히고 공기밸브가 열려 동력 실린더 뒤쪽에 공기가 유입

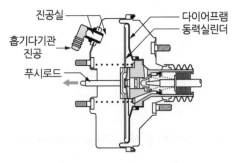

[진공식 배력장치 구조]

되어 동력 피스톤이 마스터 실린더의 푸시로드를 밀어 배력 작용을 한다.

진공 호스의 파열이나 배력장치의 고장 시 배력 작용 없이 유압 브레이크로 작동한다.

3 드럼 브레이크[drum brake]

드럼 브레이크 방식은 드럼이 휠과 함께 회전하는 구조로 되어있으며 브레이크 페달을 밟으면 마스터실린더에서 발생된 유압이 휠 실린더에 작용하고 피스톤이 확장되어 브레이크슈가 드럼 내측에 압착되고 슈에 장착된 라이닝(lining)을 통해 제동에 필요한 마찰력을 발생시킨다.

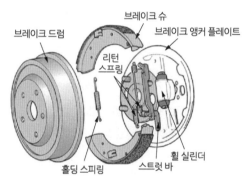

[드럼 브레이크의 구조]

(1) 드럼식 브레이크의 자기작동작용

자기작동작용이란 드럼식 브레이크에서 브레이크를 작동시키면 회전 방향의 슈는 마찰력에 의해 드럼과 함께 회전하려는 경향이 발생하여 확장력이 커져 마찰력이 증대되는 작용을 말한다. 그러나 회전반대방향의 슈는 드럼으로부터 멀어지려는 경향이 생겨 확장력이 감소하게 된다. 이때 자기작동 작용을 하는 슈를 리딩 슈(leading shoe) 자기작동작용을 하지 못하는 슈를 트레일링 슈(trailing shoe)라 한다.

(2) 드럼식 브레이크의 작동상태에 따른 분류

1) 넌 서보 브레이크[non-servo brake]

브레이크가 작동될 때 해당 슈에만 자기작동 작용이 발생하는 형식

2) 서보 브레이크[servo brake]

브레이크가 작동될 때 모든 슈에 자기작동 작용이 발생하는 형식으로 전진 방향에서만 자기작동 작용이 발생하는 유니 서보 형식과 전·후진 모두에서 자기작동작용이 발생하는 듀어 서보 형식이 있다.

4 디스크 브레이크[disc brake]

디스크 브레이크는 캘리퍼를 작동시켜 바퀴와 함께 회전하는 디스크 양쪽에 페드를 압착시켜 제동작용을 하며 디스크가 대기 중에 노출되어 회전하므로 제동 시 발생하는 마찰열이 대기 중으로 방출되어 페이드현상이 작고 제동평형이 좋다.

[디스크 브레이크의 구조]

> **페이드 현상[Fade phenomenon]**
> 드럼과 슈 또는 디스크와 패드에 마찰열이 축적되어 드럼이나 라이닝이 경화됨에 따라 제동력이 감소되는 현상을 말한다.

(1) 디스크 브레이크의 장점

① 방열성이 좋아 제동력이 안정된다.
② 제동력의 변화가 적어 제동성능이 안정된다.
③ 부품의 평형이 좋고 한쪽만 제동되는 경우가 적다.
④ 디스크에 물이 묻어도 제동력 회복이 빠르다.

(2) 디스크 브레이크의 단점

① 마찰면적이 적어 압착하는 힘이 커야 한다.
② 자기작동 작용을 하지 않는다.
③ 패드의 강도가 커야 하며 패드의 마멸이 크다.
④ 디스크에 이물질이 쉽게 부착된다.

5 공기 브레이크[air brake]

공기 브레이크 시스템은 브레이크 오일 대신 압축공기의 압력을 이용하여 브레이크슈를 작동시키는 브레이크로 페달을 밟아 공기밸브를 개폐하여 제동력을 조절하며 특징은 다음과 같다.

① 차량 중량에 제한을 받지 않는다.
② 공기가 다소 누출되어도 브레이크 성능은 현저하게 저하되지 않는다.
③ 공기를 사용하므로 베이퍼록 현상이 없다.
④ 페달 밟는 양에 따라 제동력이 조절된다.
⑤ 공기압축기 구동에 기관 출력이 일부 소모된다.

6 브레이크 오일[brake oil]

브레이크 오일은 알코올과 피마자유가 주성분으로 구비조건은 다음과 같다.
① 점도가 알맞고 온도 변화에 대한 점도 변화가 적을 것
② 비점이 높아 베이퍼록 현상을 일으키지 않을 것
③ 고무 또는 금속 제품을 부식 연화 변형시키지 않을 것
④ 윤활 성능이 있을 것

7 감속 브레이크[refarder brake]

긴 내리막이나 잦은 브레이크 사용으로 발생할 수 있는 베이퍼록 현상이나 페이드현상을 방지하고 주 브레이크를 보호하기 위해 사용하는 브레이크로 엔진 브레이크, 배기 브레이크, 와전류 리스타터 등의 보조 브레이크를 사용한다.

베이퍼록[vapor lock] 현상

브레이크 회로 내의 오일이 비등 · 기화하여 오일의 압력전달 작용이 감소하는 현상으로 원인은 다음과 같다.

① 긴 내리막길에서 과도한 브레이크 사용
② 브레이크 오일의 변질에 의한 비등점 저하
③ 브레이크 끌림에 의한 과열
④ 리턴 스프링 장력 감소에 의한 잔압 저하

8 브레이크의 고장원인과 정비

(1) 브레이크가 밀리는 원인

① 브레이크 오일이 부족하거나 브레이크 회로에 공기가 혼입되었을 때
② 마스터 실린더 또는 휠 실린더의 고장
③ 브레이크라이닝에 물 또는 오일이 묻었거나 간극이 너무 클 때
④ 브레이크 라이닝의 과대마멸
⑤ 드럼과 라이닝 또는 디스크와 패드의 접촉 불량

(2) 브레이크가 끌리는 원인

① 마스터 실린더의 리턴 포트가 막혔을 때
② 리턴 스프링의 장력 약화 또는 간극이 너무 작을 때
③ 푸시로드 길이조정 불량으로 라이닝이 팽창되어 풀리지 않을 때

(3) 브레이크 작동 시 핸들이 한쪽으로 쏠리는 원인

① 브레이크 라이닝의 좌우 간극이 불량하다.
② 좌 · 우 타이어 공기압력이 다르다.
③ 휠 얼라이먼트 조정 불량

9   기타 제동장치

주행 중 급제동을 하면 자동차는 엔진이 있는 앞쪽보다 상대적으로 가벼운 뒷바퀴가 먼저 고착되어 스핀이 발생하게 된다. 이러한 현상을 방지하기 위해 프로포셔닝 밸브나 LSPV, 리미팅 밸브 등을 통해 뒷바퀴로 가는 유압을 제어하여 앞바퀴보다 뒷바퀴가 먼저 잠기는 것을 방지할 수 있다.

① 프로포셔닝 밸브[proportioning valve]

승용차에 적용되어 뒤 바퀴로 공급되는 유압을 낮춰 제동력을 분배시키는 유압조절 밸브

② LSPS 밸브[lord sensing proportioning valve]

상용차에 적용되어 차량 중량에 대응하여 작동 유압을 조정하는 프로포셔닝 밸브

③ 리미팅 밸브[limiting valve]

브레이크 페달을 급하게 밟았을 때 뒷바퀴로 가는 유압을 어느 일정압력 이상 상승하는 것을 제한하는 밸브

10   제동이론

(1) 공주거리

운전자가 장애물을 인지하여 브레이크 페달을 밟아 브레이크의 작용이 시작할 때까지 걸리는 시간을 말한다.

$$공주거리(m) = \frac{V}{3.6} \times t$$

여기서, V : 제동초속도(m/s)
t : 걸린시간$(\sec)$

(2) 제동거리

운전자가 제동조작을 개시하여 제동력이 작용하기 시작한 다음에 정지할 때까지 자동차가 움직인 거리를 말한다.

$$제동거리(m) = \frac{V^2}{2 \cdot \mu \cdot g}$$

여기서, V : 제동초속도(m/s)
μ : 타이어와 노면과이 마찰계수
g : 중력가속도$(9.8\,m/s^2)$

(3) 정지거리

장애물을 발견한 후 자동차가 정지할 때까지의 거리를 말한다.
정지거리 = 공주거리 + 제동거리

$$정지거리 = (\frac{V}{3.6} \times t) + (\frac{V^2}{2 \cdot \mu \cdot g})$$

핵심기출문제

01 수동변속기에서 클러치(clutch)의 구비조건으로 틀린 것은?

① 동력을 차단할 경우에는 차단이 신속하고 확실할 것

② 미끄러지는 일이 없이 동력을 확실하게 전달할 것

③ 회전 부분의 평형이 좋을 것

④ 회전 관성이 클 것

해설 클러치의 구비조건
① 회전 관성이 작을 것
② 동력전달 및 차단이 신속하고 확실할 것
③ 회전 부분의 평형이 좋을 것
④ 방열이 잘되고 과열되지 않을 것

02 수동변속기의 클러치의 역할 중 거리가 가장 먼 것은?

① 엔진과의 연결을 차단하는 일을 한다.

② 변속기로 전달되는 엔진의 토크를 필요에 따라 단속한다.

③ 관성 운전 시 엔진과 변속기를 연결하여 연비향상을 도모한다.

④ 출발 시 엔진의 동력을 서서히 연결하는 일을 한다.

해설 클러치의 역할
① 엔진과의 연결을 일시적으로 차단하는 일을 한다.
② 변속기로 전달되는 엔진의 토크를 필요에 따라 단속한다.

③ 출발 시 엔진 동력을 서서히 연결하는 일을 한다.
④ 관성 운전 시 엔진과 변속기의 연결을 끊어 연비 향상을 도모한다.

03 유압식 클러치에서 동력 차단이 불량한 원인 중 가장 거리가 먼 것은?

① 페달의 자유 간극 없음

② 유압 라인의 공기유입

③ 클러치 릴리스 실린더 불량

④ 클러치 마스터 실린더 불량

해설 클러치에서 동력 차단이 불량한 원인
① 페달의 자유 간극 과대
② 클러치 오일의 부족 및 유압 라인의 공기유입
③ 클러치 마스터 실린더 및 릴리스 실린더 불량
④ 릴리스 포크 마모 및 파손

04 클러치의 릴리스 베어링으로 사용되지 않는 것은?

① 앵귤러 접촉형 ② 평면 베어링형

③ 볼 베어링형 ④ 카본형

해설 클러치 릴리스 베어링의 종류에는 앵귤러 접촉형, 볼 베어링형, 카본형 등이 있으며 영구주입식 베어링으로 세척유로 세척하면 안 된다.

정답 1 ④ 2 ③ 3 ① 4 ②

05 수동변속기에서 클러치의 미끄러지는 원인으로 틀린 것은?

① 클러치 디스크에 오일이 묻었다.

② 플라이 휠 및 압력판이 손상되었다.

③ 클러치 페달의 자유 간극이 크다.

④ 클러치 디스크의 마멸이 심하다.

해설 클러치가 미끄러지는 원인
① 페달 유격이 너무 적다.
② 클러치 디스크의 과대 마모
③ 압력판 스프링의 장력 약화
④ 클러치 디스크의 오일 부착

06 클러치 마찰면에 작용하는 압력이 300N 클러치판의 지름이 80㎝ 마찰계수 0.3일 때 기관의 전달회전력은 약 몇 N·m인가?

① 36 　　　　② 56

③ 62 　　　　④ 72

해설

$$E_t = C_p \cdot \ \mu \cdot \ C_r$$

여기서, 　E_t : 기관의 전달회전력
　　　　C_p : 클러치마찰면에 작용하는 압력
　　　　μ : 클러치판에 작용하는 마찰계수
　　　　C_r : 클러치판의 반지름

$$E_t = 300N \times 0.3 \times 0.4m$$
$$= 36 \ N \cdot \ m$$

07 클러치 페달 유격은 페달에서 측정되지만 실제 유격은 어떤 거리인가?

① 클러치 페달-릴리스 베어링

② 릴리스 베어링-릴리스 레버

③ 릴리스 레버-클러치판

④ 클러치판-플라이휠

해설 클러치 유격은 릴리스 레버가 릴리스 베어링에 닿기 전까지 페달이 움직인 거리를 말한다.

08 클러치 페달을 밟을 때 무겁고, 자유 간극이 없다면 나타나는 현상으로 거리가 먼 것은?

① 연료 소비량이 증대된다.

② 기관이 과냉된다.

③ 주행 중 가속 페달을 밟아도 차가 가속되지 않는다.

④ 등판 성능이 저하된다.

해설 클러치 페달을 밟을 때 무겁고, 자유 간극이 없으면 클러치 디스크가 미끄러져 마찰열이 발생한다.

09 클러치판의 비틀림 코일 스프링의 사용 목적으로 가장 적합한 것은?

① 클러치 접속 시 회전충격을 흡수한다.

② 클러치판의 밀착력을 크게 한다.

③ 클러치판의 수직 충격을 완화한다.

④ 클러치판과 압력판의 마멸을 방지한다.

해설 클러치판의 비틀림 코일 스프링을 댐퍼 스프링이라고도 하며 클러치 접속 시 회전 충격을 흡수한다.

정답　**5** ③　**6** ①　**7** ②　**8** ②　**9** ①

10 클러치 디스크의 런아웃이 클 때 나타날 수 있는 현상으로 가장 적합한 것은?

① 클러치의 단속이 불량해진다.
② 클러치 페달의 유격에 변화가 생긴다.
③ 주행 중 소리가 난다.
④ 클러치 스프링이 파손된다.

해설 디스크의 흔들림을 런아웃(run-out)이라 하며 런아웃이 발생하면 클러치의 단속이 불량해진다.

11 자동변속기에서 유체 클러치를 바르게 설명한 것은?

① 유체의 운동에너지를 이용하여 토크를 자동적으로 변환하는 장치
② 기관의 동력을 유체 운동에너지로 바꾸어 이 에너지를 다시 동력으로 바꾸어서 전달하는 장치
③ 자동차의 주행 조건에 알맞은 변속비를 얻도록 제어하는 장치
④ 토크컨버터의 슬립에 의한 손실을 최소화하기 위한 작동장치

12 자동변속기에 토크컨버터의 구성요소가 아닌 것은?

① 펌프
② 터빈
③ 스테이터
④ 가이드 링

해설 자동변속기의 토크컨버터는 펌프, 터빈, 스테이터로 구성되어 있다.

13 자동변속기의 토크컨버터에서 작동 유체의 방향을 변환시키며 토크 증대를 위한 것은?

① 스테이터
② 터빈
③ 오일펌프
④ 유성기어

해설 스테이터는 터빈에서 돌아오는 작동 유체의 방향을 변환시켜 토크를 증대시킨다.

2 수동변속기

01 수동변속기의 필요성으로 틀린 것은?

① 회전 방향을 역으로 하기 위해

② 무부하 상태로 공전 운전할 수 있게 하기 위해

③ 발진 시 각 부에 응력의 완화와 마멸을 최대화하기 위해

④ 차량발진 시 중량에 의한 관성으로 인해 큰 구동력이 필요하기 때문에

해설 변속기의 필요성

① 기관을 무부하 공회전 상태로 유지한다.

② 후진을 가능하게 한다.

③ 자동차의 주행상태에 따라 회전력과 속도를 적절하게 변화시킬 수 있다.

④ 발진 시 동력전달장치 각부에 가해지는 응력의 완화 및 마멸을 최소화한다.

02 다음 중 수동변속기에 요구되는 조건이 아닌 것은?

① 소형 경량이고 고장이 없으며 다루기 쉬울 것

② 단계가 없이 연속적으로 변속될 것

③ 회전 관성이 클 것

④ 전달 효율이 좋을 것

해설 수동변속기의 구비조건

① 소형 경량이고 고장이 없으며 다루기 쉬워야 한다.

② 단계가 없이 연속적으로 변속이 되어야 한다.

③ 조작이 쉽고 변속이 신속하고 확실하게 실행되어야 한다.

④ 전달효율이 좋아야 한다.

03 수동변속기 내부에서 싱크로나이저 링의 기능이 작용하는 시기는?

① 변속기 내에서 기어가 빠질 때

② 변속기 내에서 기어가 물릴 때

③ 클러치 페달을 밟을 때

④ 클러치 페달을 놓을 때

해설 싱크로메시 기구는 변속기 내의 기어가 물릴 때 작동하여 기어의 원주 속도를 일치시켜 기어의 물림을 원활하게 한다.

04 다음 중 수동변속기 기어의 2중 결합을 방지하기 위해 설치한 기구는?

① 앵커 블록

② 시프트 포크

③ 인터록 기구

④ 싱크로나이저 링

해설 수동변속기의 인터록 장치는 기어의 2중 물림을 방지한다.

정답 1 ③ 2 ③ 3 ② 4 ③

5 변속기에서 주행 중 기어가 빠졌다. 그 고장 원인 중 직접적으로 영향을 미치지 않는 것은?

① 기어 시프트 포크의 마멸
② 각 기어의 지나친 마멸
③ 오일의 부족 또는 변질
④ 각 베어링 또는 부싱의 마멸

해설 주행 중 기어가 빠지는 원인은 ①, ②, ④ 외 로킹 볼의 과대 마모 시 발생한다.

6 수동변속기의 변속기어가 잘 물리지 않는다. 그 원인이 되는 것은?

① 클러치가 미끄러진다.
② 클러치의 끊어짐이 나쁘다.
③ 클러치 압력판 스프링 장력이 약하다.
④ 클러치판의 마모가 심하다.

해설 수동변속기의 변속기어가 잘 물리지 않는 원인
① 클러치의 작동이 불량할 때
② 싱크로나이저 링의 콘 부분의 마멸
③ 시프트 레버의 휨 또는 컨트롤 케이블의 조정 불량
④ 인터록 장치의 고장

7 수동변속기에 대한 내용 중 ( ) 안에 들어갈 내용으로 맞는 것은?

(보기)
(   )은 상시 물림 식을 개선하고 기어 변속이 쉽도록 한 것이며, 변속할 때는 변속 레버에 의해 (   )가 움직이면 원추 클러치가 작용하고, 그 마찰력에 의해 (   )과 속도 기어를 즉시 동일 속도로 만들어준다.

① 동기물림식, 슬리브, 주축
② 동기물림식, 허브, 부축
③ 섭동물림식, 허브, 출력축
④ 섭동물림식, 슬리브, 주축

8 변속기의 감속비를 구하는 공식으로 옳은 것은?

① $\dfrac{부축}{주축} \times \dfrac{주축}{부축}$ ② $\dfrac{주축}{주축} \times \dfrac{부축}{부축}$

③ $\dfrac{부축}{주축} \times \dfrac{주축}{주축}$ ④ $\dfrac{주축}{부축} \times \dfrac{주축}{부축}$

9 수동변속기에서 가장 큰 토크를 발생하는 변속단은?

① 오버드라이브 단에서
② 1단에서
③ 2단에서
④ 직결단에서

해설 변속기 변속 1단에서 가장 큰 토크가 발생한다.

10 수동변속기의 구성품 중 보기의 설명이 나타내는 것은?

(보기)
원추 모양으로 이루어져 있으며, 인청동으로 만들고 상대 쪽 기어의 원추(cone)부와 접촉하고 있으며, 그 마찰력으로 회전을 전달한다.

① 싱크로나이저 키
② 싱크로나이저 허브
③ 싱크로나이저 링
④ 싱크로나이저 스프링

11 동력인출 장치에 대한 설명이다. ( ) 안에 맞는 것은?

> 동력 인출장치는 농업기계에서 ( )의 구동용으로도 사용되며, 변속기 측면에 설치되어 ( )의 동력을 인출한다.

① 작업장치, 주축상
② 작업장치, 부축상
③ 주행장치, 주축상
④ 주행장치, 부축상

12 변속기 내부에 설치된 증속장치에 대한 설명으로 틀린 것은?

① 기관의 회전속도를 일정 수준 낮추어도 주행속도를 그대로 유지한다.
② 출력과 회전수의 증대로 윤활유 및 연료 소비량이 증가한다.
③ 기관의 회전속도가 같으면 증속장치가 설치된 자동차 속도가 더 빠르다.
④ 기관의 수명이 길어지고 운전이 정숙하게 된다.

해설 | 증속장치(오버드라이브)의 장점
① 기관의 회전수가 같을 때 차량의 속도를 약 30% 정도 빠르게 할 수 있다.
② 여유 출력을 사용하므로 연료비량이 감소한다.
③ 기관의 수명이 길어지고 운전이 정숙하게 된다.

정답 **11** ② **12** ②

3 드라이브라인

1 드라이브라인의 설명 중 틀린 것은?

① 추진축의 앞뒤 요크는 동일 평면에 있어야 한다.

② 추진축의 토션 댐퍼는 충격을 흡수하는 일을 한다.

③ 슬립조인트 설치 목적은 거리의 신축성을 제고해 주는 것이다.

④ 자재 이음은 일정 한도 내의 각도를 가진 두 축 사이에 회전력을 전달하는 것이다.

해설 토션댐퍼는 추진축의 비틀림 진동을 흡수한다.

2 자동차에서 슬립조인트(slip joint)가 있는 이유는?

① 회전력을 직각으로 전달하기 위해서

② 출발을 원활하게 하기 위해서

③ 추진축의 길이 방향의 변화를 주기 위해서

④ 진동을 흡수하기 위해서

3 추진축의 자재 이음은 어떤 변화를 가능하게 하는가?

① 축의길이   ② 회전속도

③ 회전축의 각도   ④ 회전토크

4 십자형 자재이음에 대한 설명 중 틀린 것은?

① 십자 축과 두 개의 요크로 구성되어 있다.

② 주로 후륜 구동식 자동 차이 추진축에 사용된다.

③ 롤러베어링을 사이에 두고 축과 요크가 설치되어 있다.

④ 자재 이음과 슬립 이음 역할을 동시에 하는 형식이다.

해설 자재 이음과 슬립 이음 역할을 동시에 하는 형식은 볼 & 트러니언 이음이다.

5 드라이브 라인에서 추진축의 구조 및 설명에 대한 내용으로 틀린 것은?

① 길이가 긴 추진축은 플랙시블 자재 이음을 사용한다.

② 길이와 각도 변화를 위해 슬립 이음과 자재 이음을 사용한다.

③ 사용회전속도에서 공명이 일어나지 않아야 한다.

④ 회전 시 평형을 유지하기 위해 평행추가 설치되어 있다.

해설 길이가 긴 추진축은 축을 분할하여 중간에 센터 베어링을 설치하고 프레임에 고정한다.

정답 1 ② 2 ③ 3 ③ 4 ④ 5 ①

6 동력전달장치에서 추진축이 진동하는 원인으로 가장 거리가 먼 것은?

① 요크 방향이 다르다.

② 밸런스웨이트가 떨어졌다.

③ 중간 베어링이 마모되었다.

④ 플랜지부를 너무 조였다.

해설 추진축의 진동발생원인

① 요크 방향이 다르다.

② 밸런스웨이트가 떨어졌거나 추진축이 휘었다.

③ 중간 베어링이 마모되었다.

④ 플랜지부가 풀렸다.

7 종감속 장치에서 하이포이드 기어의 장점으로 틀린 것은?

① 기어 이의 물림률이 크기 때문에 회전이 정숙하다.

② 기어의 편심으로 차체의 전고가 높아진다.

③ 추진축의 높이를 낮게 할 수 있어 거주성이 향상된다.

④ 이면의 접촉 면적이 증가되어 강도를 향상시킨다.

해설 하이포이드 기어의 특징

① 기어 이의 물림률이 크기 때문에 회전이 정숙하다.

② 기어의 편심으로 차체의 전고가 낮아진다.

③ 추진축의 높이를 낮게 할 수 있어 거주성이 향상된다.

④ 동일한 조건에서 스파이럴 베벨 기어에 비해 구동 피니언을 크게 할 수 있어 강도가 증가한다.

⑤ 제작이 어렵고 이의 물림률이 커 극압 윤활유를 사용해야 한다.

8 차량이 선회할 때 바깥쪽 바퀴의 회전속도를 증가시키기 위해 설치하는 것은?

① 동력전달장치　　② 변속장치

③ 차동장치　　　　④ 현가장치

9 차동장치에서 차동기어의 작동원리는?

① 훅의 원리

② 파스칼의 원리

③ 래크피니언의 원리

④ 에너지 불변의 원리

10 종 감속비를 결정하는데 필요한 요소가 아닌 것은?

① 엔진 출력　　　② 차체 중량

③ 가속 성능　　　④ 제동 성능

해설 종감속비는 기관의 출력, 차체 중량, 가속 성능, 등판 능력에 따라 결정된다.

11 엑슬 축의 지지 방식이 아닌 것은?

① 반부동식　　　② 3/4부동식

③ 고정식　　　　④ 전부동식

해설 엑슬 축의지지 방식에는 전부동식, 반부동식, 3/4부동식 등이 있다.

12 전부동식 차축에서 뒤 차축을 탈거 작업하려고 할 때 맞는 것은?

① 허브를 떼어낸 다음 뒤 차축을 탈거 작업이 가능하다.

정답　6 ④　7 ②　8 ③　9 ③　10 ④　11 ③　12 ②

② 허브를 떼어내지 않고 뒤 차축의 탈거
   작업이 가능하다.
③ 바퀴를 떼어낸 다음 뒤 차축의 탈거작
   업이 가능하다.
④ 바퀴를 꽉 조인 다음 뒤 차축의 탈거작
   업이 가능하다.

해설 전부동식은 차량에 가해지는 하중을 차축 하우징이
모두 받아 바퀴를 떼어내지 않고 차축을 탈거할 수
있다.

13 자동차 FR방식 동력전달장치의 동력전달
순서로 맞는 것은?

① 엔진-클러치-변속기-추진축-차동장
   치-액슬 축-종감속기어-타이어
② 엔진-변속기-클러치-추진축-종감속
   장치-차동장치-액슬 축-타이어
③ 엔진-클러치-추진축-종감속기어-변
   속기-액슬 축-차동장치-타이어
④ 엔진-클러치-변속기-추진축-종감속
   기어-차동장치-액슬 축-타이어

14 구동 피니언의 잇수가 15, 링기어의 잇수
가 58일 때의 종감속비는?

① 2.58   ② 3.87
③ 4.02   ④ 2.94

해설 $종감속비 = \dfrac{링기어의 잇수}{피니언기어의 잇수}$

$= \dfrac{58}{15}$

$= 3.87$

15 엔진의 회전수가 2200rpm이고 변속비가
4:1, 종감속비가 5.5:1이다. 이 차의 왼
쪽 바퀴가 45rpm이었다면 이 차의 오른
쪽 바퀴의 회전수는?

① 505rpm   ② 355rpm
③ 145rpm   ④ 155rpm

해설 $T_{n1} = \dfrac{E_n}{Rt \times Rf} \times 2 - T_{n2}$

여기서, T_{n1} : 왼쪽바퀴 회전수
T_{n2} : 오른쪽바퀴 회전수
E_n : 엔진의 회전수
Rt : 변속비
Rf : 종감속비

$T_{n1} = \dfrac{2200}{4 \times 5.5} \times 2 - 45$

$= 155$

4 현가장치정비

1 현가장치가 갖추어야 할 기능이 아닌 것은?

① 승차감의 향상을 위해 상하 움직임에 적당한 유연성이 있어야 한다.

② 원심력이 발생되어야 한다.

③ 주행 안정성이 있어야 한다.

④ 구동력 및 제동력 발생 시 적당한 강성이 있어야 한다.

해설 현가장치의 구비조건
① 충격을 완화하는 감쇄 특성을 유지하여 승객 및 화물을 보호할 것
② 승차 감각의 향상을 위해 상·하 움직임에 적당한 유연성이 있을 것
③ 바퀴의 움직임을 적절히 제어하여 주행 안정성이 유지되도록 할 것
④ 가속 및 감속 시 구동력과 제동력에 견딜 수 있는 강도와 강성 및 내구성을 유지할 것
⑤ 프레임 또는 차체에 대해 바퀴를 알맞은 위치로 유지할 것

2 여러 장을 겹쳐 충격 흡수 작용을 하도록 한 스프링은?

① 토션바 스프링　② 고무 스프링
③ 코일 스프링　④ 판 스프링

해설 판 스프링은 스프링 강을 여러 장 겹쳐서 충격 흡수 작용을 하도록 한 현가 스프링이다.

3 다음 중 현가장치에 사용되는 판스프링에서 스팬의 길이 변화를 가능하게 하는 것은?

① 섀클　② 스팬
③ 행거　④ U볼트

4 독립현가식 자동차에서 주행 중 롤링(rolling) 현상을 감소시키고 차의 평형을 유지시켜 주는 주된 장치는?

① 쇽업소버　② 스태빌라이저
③ 스트럿바　④ 토크컨버터

해설 스태빌라이저는 자동차가 커브 길을 선회할 때 차체의 기울기를 감소시켜 평형을 유지하는 기구이다.

5 자동차 현가장치에 사용하는 토션 바 스프링에 대하여 틀린 것은?

① 단위 무게에 대한 에너지 흡수율이 다른 스프링에 비해 크며 가볍고 구조도 간단하다.

② 스프링의 힘은 바의 길이 및 단면적에 반비례한다.

③ 구조가 간단하고 가로 또는 세로로 자유로이 설치할 수 있다.

④ 진동의 감쇄 작용이 없어 쇽업소버를 병용하여야 한다.

정답 1 ② 2 ④ 3 ① 4 ② 5 ②

해설 토션바 스프링의 힘은 스프링 막대 길이 및 단면적에 비례한다.

6 현가장치에서 스프링이 압축되었다가 원위치로 되돌아올 때 작은 구멍(오리피스)을 통과하는 오일의 저항으로 진동을 감소시키는 것은?

① 스태빌라이저
② 공기 스프링
③ 토션 바 스프링
④ 쇽업소버

해설 쇽업소버는 스프링이 신축작용을 할 때 쇽업소버에 설치된 오리피스 관을 통과하는 오일의 저항에 의해 스프링의 상하운동 에너지를 열에너지로 변환시켜 진동을 저감시킨다.

7 국내 승용차에 가장 많이 사용되는 현가장치로서 구조가 간단하고 스트러트가 조향 시 회전하는 것은?

① 위시본형 ② 맥퍼슨형
③ SLA형 ④ 데디온형

해설 맥퍼슨 현가장치는 구조가 간단하고 공간을 작게 차지하여 실내공간을 크게 할 수 있으며 스프링 아래 질량이 작아 로드홀딩이 우수하다.

8 스프링 정수가 2kgf/mm인 자동차 코일 스프링을 3cm 압축하려면 필요한 힘은?

① 6kgf ② 60kgf
③ 600kgf ④ 6000kgf

해설 스프링정수$(K) = \dfrac{w}{\sigma}$

여기서, w : 하중(kgf)
σ : 늘어난길이(mm)

$w = 2kgf/\text{mm} \times 30\text{mm}$
$= 60kgf$

9 스프링의 무게 진동과 관련된 사항 중 거리가 먼 것은?

① 바운싱(bouncing)
② 피칭(piching)
③ 휠 트램프(wheel tramp)
④ 롤링(rolling)

해설 스프링 위 질량 운동

① 롤링(rolling) : X축 중심의 좌·우 진동
② 피칭(pitching) : Y축 중심의 앞·뒤 진동
③ 바운싱(bouncing) : Z축 방향의 상·하 진동
④ 요잉(yawing) : Z축 중심의 회전 진동

10 자동차 주행 시 차량 후미가 좌·우로 흔들리는 현상은?

① 바운싱 ② 피칭
③ 롤링 ④ 요잉

11 스프링 아래 질량의 고유진동에 관한 그림이다. X축을 중심으로 하여 회전운동을 하는 진동은?

정답 6 ④ 7 ② 8 ② 9 ③ 10 ④ 11 ①

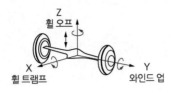

① 휠 트램프(wheel tramp)

② 와인드업(wind up)

③ 롤링(rolling)

④ 사이드 셰이크(side shake)

해설 스프링 아래 질량 운동
① 휠 트램프(wheel tramp): X축 중심의 좌·우 진동
② 와인드 업(wind up): Y축 중심의 앞·뒤 진동
③ 휠 홉(wheel hop): Z축 중심의 상·하 진동

5 조향장치정비

01 조향장치가 갖추어야 할 조건 중 적당하지 않는 사항은?

① 적당한 회전 감각이 있을 것

② 고속주행에서도 조향 핸들이 안정될 것

③ 조향휠의 회전과 구동 휠의 선회차가 클 것

④ 선회 후 복원성이 있을 것

해설 조향장치의 구비조건

① 조작이 쉽고 방향전환이 원활할 것

② 좁은 곳에서도 방향전환이 가능하도록 최소회전반경이 작을 것

③ 방향전환 시 섀시 및 보디에 무리한 힘이 가해지지 않을 것

④ 조향휠의 회전과 구동 바퀴의 선회차가 적을 것

⑤ 고속주행 중에도 조향 핸들이 안정될 것

⑥ 선회시 저항이 적고 선회 후 복원성이 좋을 것

02 빈칸에 알맞은 것은?

> 애커먼 장토의 원리는 조향각도를 (㉠)로 하고 선회할 때 선회하는 안쪽 바퀴의 조향각도가 바깥쪽 바퀴의 조향각도보다 (㉡)되며 (㉢)의 연장선상의 한 점을 중심으로 동심원을 그리면서 선회하여 사이드슬립 방지와 조향 핸들 조작에 따른 저항을 감소시킬 수 있는 방식이다.

① ㉠ 최소 ㉡ 작게 ㉢ 앞차축

② ㉠ 최대 ㉡ 작게 ㉢ 뒷차축

③ ㉠ 최소 ㉡ 크게 ㉢ 앞차축

④ ㉠ 최대 ㉡ 크게 ㉢ 뒷차축

03 자동차의 축간 거리가 2.2m 외측 바퀴의 조향각이 30°이다. 이 자동차의 최소 회전 반지름은 얼마인가?

(단. 바퀴의 접지면 중심과 킹핀과의 거리는 30㎝임)

① 3.5m   ② 4.7m

③ 7m   ④ 9.4m

해설 $R = \dfrac{L}{\sin\alpha} + r$

여기서, R : 최소회전반경(m)

L : 축간거리

$\sin\alpha$: 외측바퀴 조향각

r : 바퀴접지면 중심과 킹핀과의 거리

$$R = \frac{2.2}{\sin 30°} + 0.3 = 4.7m$$

04 조향 핸들의 회전각도와 조향 바퀴의 조향각도와의 비율을 무엇이라 하는가?

① 조향 핸들의 유격

② 최소회전반경

③ 조향안전 경사각도

④ 조향비

정답 1 ③   2 ④   3 ② 4 ④

05 조향 핸들이 1회전하였을 때 피트먼 암이 40° 움직였다. 조향기어의 비는?

① 9:1　　　　② 0.9:1

③ 45:1　　　　④ 4.5:1

해설
$$조향기어비 = \frac{조향핸들이 회전한 각도}{피트먼암이 움직인각도}$$

$$= \frac{360}{40} = 9:1$$

06 조향장치의 동력전달 순서로 옳은 것은?

① 핸들 - 타이로드 - 조향기어박스 - 피트먼 암

② 핸들 - 섹터 축 - 조향기어박스 - 피트먼 암

③ 핸들 - 조향기어박스 - 섹터 축 - 피트먼 암

④ 핸들 - 섹터 축 - 조향기어박스 - 타이로드

07 조향장치에서 많이 사용되는 조향기어의 종류가 아닌 것은?

① 래크-피니언(rack and pinion) 형식

② 웜-섹터 롤러(worm and sector roller) 형식

③ 롤러-베어링(roller and bearing) 형식

④ 볼-너트(ball and nut) 형식

08 유압식 동력전달장치의 주요 구성부 중에서 최고 유압을 규정하는 릴리프 밸브가 있는 곳은?

① 동력부　　　　② 제어부

③ 안전점검부　　　④ 작동부

해설 유압식 동력조향장치의 주요 3부분은 동력부(유압펌프), 제어부(제어 밸브), 작동부(동력 실린더)로 나누며 릴리프 밸브는 동력부인 유압펌프에 설치되어 규정 유압 이상 유압이 상승하는 것을 방지한다.

09 유압식 동력조향장치에서 안전밸브(safety check valve)의 기능은?

① 조향 조작력을 가볍게 하기 위한 것이다.

② 코너링 포스를 유지하기 위한 것이다.

③ 유압이 발생하지 않을 때 수동조작으로 대처할 수 있도록 하는 것이다.

④ 조향 조작력을 무겁게 하기 위한 것이다.

10 조향 핸들의 유격이 크게 되는 원인으로 틀린 것은?

① 볼 이음의 마멸

② 타이로드의 휨

③ 조향 너클의 헐거움

④ 앞바퀴 베어링의 마멸

해설 조향장치에서 타이로드가 휘었을 경우 길이가 짧아져 유격은 감소한다.

정답　5 ①　6 ③　7 ③　8 ①　9 ③　10 ②

11 조향장치에서 조향기어의 백래시가 너무 크면 어떻게 되는가?

① 조향 각도가 크게 된다.

② 조향 기어비가 크게 된다.

③ 조향 핸들의 유격이 크게 된다.

④ 핸들의 축방향 유격이 크게 된다.

백래시란 한 쌍의 기어를 맞물렸을 때 치면 사이에 생기는 틈새를 말하며 백래시가 크면 조향 핸들의 유격이 크게 된다.

12 자동차가 주행 중 핸들이 한쪽 방향으로 쏠리는 현상의 원인과 관계가 없는 것은?

① 브레이크 조정 불량

② 휠의 불평형

③ 쇽업소버의 불량

④ 타이어 공기압력이 높다.

주행 중 조향 핸들이 한쪽으로 쏠리는 원인
① 좌·우 타이어의 공기압 불균일
② 한쪽 현가장치의 고장
③ 휠 얼라인먼트의 불량
④ 한쪽 브레이크의 편 제동
⑤ 브레이크 라이닝 간극 조정 불량

13 4륜 조향장치(4WS)의 적용 효과에 해당되지 않는 것은?

① 저속에서 선회할 때 최소 회전 반지름이 증가한다.

② 차로변경이 쉽다.

③ 주차 및 일렬주차가 편리하다.

④ 고속 직진 성능이 향상된다.

4륜 조향장치(4WS)는 선회할 때 최소 회전 반지름이 감소하여 좁은 공간에서 주행이 용이하다.

14 선회할 때 조향 각도를 일정하게 유지하여도 선회 반경이 작아지는 현상은?

① 오버 스티어링

② 언더 스티어링

③ 다운 스티어링

④ 어퍼 스티어링

• 언더 스티어링[under steering]
  자동차가 주행하면서 선회할 때 조향 각도를 일정하게 유지하여도 선회반지름이 커지는 현상
• 오버 스티어링[over steering]
  자동차가 주행하면서 선회할 때 조향 각도를 일정하게 유지하여도 선회지름이 작아지는 현상

6 휠 얼라인먼트

1 조향장치에서 차륜정렬의 목적으로 틀린 것은?

① 조향 휠의 조작 안정성을 준다.

② 조향 휠의 주행 안정성을 준다.

③ 타이어의 수명을 연장시켜준다.

④ 조향 휠의 복원성을 경감시킨다.

해설 휠 얼라인먼트(조향바퀴 정렬)의 역할

① 조향 핸들의 조작 안정성 부여

② 조향들의 복원성 부여

③ 조향 핸들의 조작력을 가볍게 한다.

④ 타이어의 마멸을 최소가 되게 한다.

2 휠 얼라인먼트 요소 중 하나인 토인의 필요성과 거리가 가장 먼 것은?

① 조향 바퀴에 복원성을 준다.

② 주행 중 토 아웃이 되는 것을 방지한다.

③ 타이어의 슬립과 마멸을 방지한다.

④ 캠버와 더불어 앞바퀴를 평행하게 회전시킨다.

3 앞바퀴 정렬의 종류가 아닌 것은?

① 토인　　　　② 캠버

③ 섹터암　　　④ 캐스터

4 자동차의 앞바퀴 정렬에서 토(toe) 조정은 무엇으로 하는가?

① 와셔의 두께

② 시임의 두께

③ 타이로드의 길이

④ 드래그 링크의 길이

5 차륜 정렬 측정 및 조정을 해야 할 이유와 거리가 먼 것은?

① 브레이크의 제동력이 약할 때

② 현가장치를 분해·조립했을 때

③ 핸들이 흔들리거나 조작이 불량할 때

④ 충돌 사고로 인해 차체에 변형이 생겼을 때

6 앞바퀴를 위에서 아래로 보았을 때 앞쪽이 뒤쪽보다 좁게 되어 있는 상태를 무엇이라 하는가?

① 킹핀(king-pin) 경사각

② 캠버(camber)

③ 토인(toe in)

④ 캐스터(caster)

정답 1 ④　2 ①　3 ③　4 ③　5 ①　6 ③

07 자동차의 앞 차륜 정렬에서 정(+) 캠버란?

① 앞바퀴의 아래쪽이 위쪽보다 좁은 것을 말한다.

② 앞바퀴의 앞쪽이 뒤쪽보다 좁은 것을 말한다.

③ 앞바퀴의 킹핀이 뒤쪽으로 기울어진 것을 말한다.

④ 앞바퀴이 위쪽이 아래쪽보다 좁은 것을 말한다.

08 킹핀 경사각과 함께 앞바퀴에 복원성을 주어 직진 위치로 쉽게 돌아오게 하는 앞바퀴 정렬과 관련이 가장 큰 것은?

① 캠버 ② 캐스터

③ 토 ④ 셋 백

09 휠 얼라인먼트에서 앞차축과 뒤차축의 평행도에 해당되는 것은?

① 셋백(Set Back)

② 토인(Toe-in)

③ KPI(King Pin Inclination)

④ SAI(Steering Axis Inclination)

해설 셋백(Set Back)은 앞뒤 차축의 평행도를 나타내는 것으로 축간 거리의 차이가 발생하면 조향 핸들이 한쪽으로 쏠리는 원인이 된다.

정답 7 ① 8 ② 9 ①

7 유압식 브레이크

01 유압식 제동장치에서 적용되는 유압의 원리는?

① 뉴톤의 원리

② 파스칼의 원리

③ 벤투리관의 원리

④ 베르누이의 원리

해설 파스칼의 원리

"밀폐된 용기에 담긴 비압축성 유체에 가해진 압력은 유체의 모든 지점에 같은 크기로 전달된다."는 원리이다.

02 마스터 실린더의 푸시로드에 작용하는 힘이 150kgf이고 피스톤의 면적이 3㎠일 때 단위면적당 유압은?

① 10kgf/㎠

② 50kgf/㎠

③ 150kgf/㎠

④ 450kgf/㎠

해설 $P = \dfrac{F}{A}$

여기서, P : 발생유압$(kgf/㎠)$
A : 피스톤 단면적$(㎠)$
F : 마스터실린더에 작용하는 힘(kgf)

$$P = \frac{150kgf}{3㎠}$$
$$= 50kgf/㎠$$

03 탠덤 마스터 실린더(tandem master cylinder)의 사용 목적은?

① 앞·뒷바퀴의 제동거리를 짧게 한다.

② 뒷바퀴의 제동효과를 증가시킨다.

③ 보통 브레이크와 차이가 없다.

④ 앞·뒤 브레이크를 분리시켜 제동 안전을 유익하게 한다.

04 디스크 브레이크와 비교해 드럼 브레이크의 특성으로 맞는 것은?

① 페이드 현상이 잘 일어나지 않는다.

② 구조가 간단하다.

③ 브레이크의 편제동 현상이 적다.

④ 자기작동 효과가 크다.

해설 자기작동 효과란 회전 중인 드럼에 제동을 걸면 슈는 마찰력에 의해 드럼과 함께 회전하려는 경향이 발생하여 마찰력이 증대되는 현상으로 드럼식 브레이크에서만 발생한다.

05 드럼 방식의 브레이크 장치와 비교했을 때 디스크 브레이크의 장점은?

① 자기작동효과가 크다.

② 오염이 잘되지 않는다.

③ 패드의 마모율이 낮다.

정답 1 ② 2 ② 3 ④ 4 ④ 5 ④

④ 패드의 교환이 용이하다.

6 제동장치에서 전진 방향 주행 시 자기작용이 발생되는 슈를 무엇이라 하는가?

① 서보 슈　　　② 리딩 슈
③ 트레일링 슈　④ 역전 슈

해설 자기작동 작용을 하는 슈를 리딩 슈(leading shoe), 자기작동 작용이 일어나지 않는 슈를 트레일링 슈(trailing shoe)라고 한다.

7 빈번한 브레이크 조작으로 인해 온도가 상승하여 마찰계수 저하로 제동력이 떨어지는 현상은?

① 베이퍼록 현상　② 페이드 현상
③ 피칭 현상　　　④ 시미 현상

8 브레이크 장치에 관한 설명으로 틀린 것은?

① 브레이크 작동을 계속 반복하면 드럼과 슈에 마찰열이 축적되어 제동력이 감소되는 것을 페이드 현상이라 한다.
② 공기 브레이크에서 제동력을 크게 하기 위해서는 언로더 밸브를 조절한다.
③ 브레이크 페달의 리턴 스프링 장력이 약해지면 브레이크 풀림이 늦어진다.
④ 마스터 실린더의 푸시로드 길이를 길게 하면 라이닝이 수축하여 잘 풀린다.

해설 마스터 실린더의 푸시로드 길이가 길면 유압이 발생하여 브레이크가 풀리지 않는다.

9 브레이크 파이프에 잔압 유지와 직접적인 관련이 있는 것은?

① 브레이크 페달
② 마스터 실린더 2차컵
③ 마스터 실린더 체크밸브
④ 푸시로드

해설 마스터 실린더의 체크밸브는 브레이크 파이프에 잔압을 유지하여 제동지연방지, 베이퍼록 방지, 휠 실린더에서 브레이크 오일이 누출되는 것을 방지한다.

10 주행 중 제동 시 좌우 편제동의 원인으로 거리가 가장 먼 것은?

① 드럼의 편 마모
② 휠 실린더 오일 누설
③ 라이닝 접촉 불량, 기름부착
④ 마스터 실린더의 리턴 구멍 막힘

11 자동차의 브레이크 장치 유압회로 내에서 생기는 베이퍼록의 원인이 아닌 것은?

① 긴 내리막길에서 과도한 브레이크 사용
② 비점이 높은 브레이크 오일을 사용했을 때
③ 드럼과 라이닝의 끌림에 의한 가열
④ 브레이크 슈 리턴 스프링의 소손에 의한 잔압 저하

해설 베이퍼록 현상이란 브레이크액의 비등·기화로 인해 기포가 발생하여 브레이크가 제대로 작동하지 않는 현상을 말한다.

정답 6 ② 　7 ② 　8 ④ 　9 ③ 　10 ④ 　11 ②

12 브레이크슈의 리턴 스프링에 관한 설명으로 거리가 먼 것은?

① 리턴 스프링이 약하면 휠 실린더 내의 잔압이 높아진다.

② 리턴 스프링이 약하면 드럼을 과열시키는 원인이 될 수도 있다.

③ 리턴 스프링이 강하면 드럼과 라이닝의 접촉이 신속히 해제된다.

④ 리턴 스프링이 약하면 브레이크슈의 마멸이 촉진될 수 있다.

해설 리턴 스프링이 약하면 확장된 휠 실린더의 피스톤이 복귀되지 않아 잔압이 낮아진다.

13 제동 배력장치에서 진공식은 무엇을 이용하는가?

① 대기압력만을 이용

② 배기가스 압력만을 이용

③ 대기압과 흡기다기관 부압의 차이를 이용

④ 배기가스와 대기압과의 차이를 이용

14 승용자동차에서 주제동 브레이크에 해당되는 것은?

① 디스크 브레이크

② 배기 브레이크

③ 엔진 브레이크

④ 와전류 리타터

해설 엔진 브레이크, 배기 브레이크, 와전류 리타터(브레이크)는 감속 브레이크이다.

15 일반적인 브레이크 오일의 주성분은?

① 윤활유와 경유

② 알코올과 피마자기름

③ 알코올과 윤활유

④ 경유와 피마자기름

16 제동장치에서 후륜의 잠김으로 인한 스핀을 방지하기 위해 사용되는 것은?

① 릴리프 밸브

② 컷오프 밸브

③ 프로포셔닝 밸브

④ 솔레노이드 밸브

해설 프로포셔닝 밸브[proportioning valve]
브레이크 페달을 밟아 발생된 유압이 일정치 이상이 되면 밸브가 닫혀 휠 실린더 압력을 균등히 조정하며 전·후륜 휠 실린더 압력을 균일하게 공급하는 밸브

17 그림과 같은 브레이크 페달에 100N의 힘을 가하였을 때 피스톤의 면적이 5㎠라고 하면 작동 유압은?

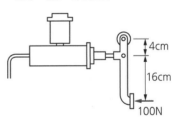

① 100kpa ② 500kpa

③ 1,000kpa ④ 5,000kpa

해설

① 지렛대의 비율은
  (16+4):4 즉 5:1이며
  푸시로드에 작용하는 힘은
  지렛대의 비율×작용력이므로
  $5 \times 100 = 500N$이 된다.

② 유압의 작용력
  $P = \dfrac{F}{A}$ 이므로,

  $P = \dfrac{500}{5} = 1000 kpa$이 된다.

18 운전자가 위험 물체를 보고 브레이크를
밟아 차량이 정차할 때까지의 거리는?

① 반사거리   ② 공주거리

③ 제동거리   ④ 정지거리

19 어떤 자동차로 마찰계수 0.3인 도로에서
제동했을 때 제동 초속도가 10m/s라면
약 몇 m 나가서 정지하겠는가?

① 12m   ② 15m

③ 16m   ④ 17m

해설

$$S = \frac{V^2}{2 \cdot \mu \cdot g}$$

여기서, S : 정지거리(m)
        V : 초속도(m/s)
        μ : 마찰계수
        g : 중력가속도$(9.8m/s^2)$

$$S = \frac{10^2}{2 \times 0.3 \times 9.8}$$
$$= 17m$$

정답 **18** ④   **19** ④

01 튜브리스 타이어의 특징으로 틀린 것은?

① 못에 찔려도 공기가 급격하게 새지 않는다.

② 유리조각 등에 의해 찢어지는 손상도 수리하기 쉽다.

③ 고속 주행하여도 발열이 적다.

④ 림이 변형되면 공기가 새기 쉽다.

02 타이어의 구조에서 직접 노면과 접촉되어 마모에 견디고 적은 슬립으로 견인력을 증대시키는 곳의 명칭은?

① 트레드(thread)

② 브레이커(breaker)

③ 카커스(carcass)

④ 비드(bead)

해설 타이어의 구조 및 기능
① 트레드(thread) : 노면과 직접 접촉하는 부분으로 적은 슬립으로 견인력을 증대시키고 구동력이나 선회성능을 향상시킨다.
② 브레이커(breaker) : 트레드와 카커스의 분리를 방지하고 노면에서의 충격을 완화시킨다.
③ 카커스(carcass) : 타이어의 뼈대가 되는 부분으로 공기압에 의한 타이어의 변형을 방지하고 완충작용을 한다.
④ 비드(bead) : 타이어가 휠의 림과 접촉하는 부분
⑤ 사이드 월(side wall) : 노면과 직접 접촉하지 않지만 노면에서의 충격을 완화시키고 타이어의 각종 정보가 표시되는 부분이다.

03 타이어 트레드 패턴의 종류가 아닌 것은?

① 러그 패턴   ② 블록 패턴

③ 리브러그 패턴   ④ 카커스 패턴

04 레이디얼 타이어 호칭이 "175 / 70 SR 14"일 때 "70"이 의미하는 것은?

① 편평비   ② 타이어 폭

③ 최대속도   ④ 타이어 내경

05 타이어 폭이 180(mm)이고 단면 높이가 90(mm)이면 편평비는(%)?

① 500%   ② 50%

③ 600%   ④ 60%

해설 편평비 $= \dfrac{\text{타이어의 높이}}{\text{타이어의 너비(폭)}} \times 100$

$= \dfrac{90}{180} \times 100$

$= 50\%$

정답 1 ② 2 ① 3 ④ 4 ① 5 ②

06 지면과 직접 접촉은 하지 않고 주행 중 가장 많은 완충작용을 하고 타이어 규격 및 각종 정보가 표시된 부분은?

① 카커스(carcass) 부
② 트레드(tread) 부
③ 사이드 월(side wall) 부
④ 비드(bead) 부

07 타이어의 스탠딩 웨이브 현상에 대한 내용으로 옳은 것은?

① 스탠딩 웨이브를 줄이기 위해 고속 주행 시 공기압을 10% 정도 줄인다.
② 스탠딩 웨이브가 심하면 타이어 박리현상이 발생할 수 있다.
③ 스탠딩 웨이브는 바이어스 타이어보다 레이디얼 타이어에서 많이 발생한다.
④ 스탠딩 웨이브 현상은 하중과 무관하다.

> **해설** 스탠딩 웨이브 현상이란 하중에 의한 타이어 접지면의 찌그러짐이 회복되지 않는 현상으로 방지법은 다음과 같다.
> ① 타이어의 공기압을 표준보다 10% 정도 높여준다.
> ② 강성이 큰 타이어를 사용한다.
> ③ 자동차의 속도를 줄인다.

08 하이드로 플래닝 현상을 방지하는 방법이 아닌 것은?

① 트레드의 마모가 적은 타이어를 사용한다.
② 타이어의 공기압을 높인다.
③ 트레드 패턴은 카프형으로 세이빙 가공한 것을 사용한다.
④ 러그 패턴의 타이어를 사용한다.

> **해설** 하이드로 플래닝 현상이란 물이 고인 도로를 고속 주행할 때 타이어가 얇은 수막에 의해 노면으로부터 떨어지는 현상을 말한다.

09 타이어가 동적 불평형 상태에서 70~80 km/h 정도로 달리면 바퀴에 어떤 현상이 발생하는가?

① 로드홀딩 현상
② 트램핑 현상
③ 토-아웃 현상
④ 시미 현상

> **해설** 타이어 밸런스가 불량할 때 발생하는 현상
> ① 동적 불평형 : 바퀴가 좌·우로 흔들리는 시미현상이 발생한다.
> ② 정적 불평형 : 바퀴가 상·하로 진동하는 트램핑 현상이 발생한다.

10 타이어 압력 모니터링 장치(TPMS)의 점검 정비 시 잘못된 것은?

① 타이어 압력센서는 공기주입 밸브와 일체로 되어있다.
② 타이어 압력센서 장착용 휠은 일반 휠과 다르다.
③ 타이어 분리 시 타이어 압력센서가 파손되지 않게 한다.
④ 타이어 압력센서용 배터리 수명은 영구적이다.

> **해설** 압력센서와 배터리는 일체형으로 배터리의 수명이 다하면 센서를 교환한다.

정답 6 ③ 7 ② 8 ④ 9 ④ 10 ④

9 구동력

01 자동차가 커브를 돌 때 원심력이 발생하는데 이 원심력을 이겨내는 힘은?

① 코너링 포스 ② 릴레이 밸브
③ 구동 토크 ④ 회전 토크

해설 코너링 포스(Cornering Force)는 자동차가 선회할 때 원심력에 대항하여 타이어가 비틀려 조금 미끄러지면서 접지면을 지지하는 힘으로 타이어의 진행 방향에 수직으로 작용한다.

02 엔진의 출력을 일정하게 하였을 때 가속 성능을 향상시키기 위한 것이 아닌 것은?

① 여유 구동력을 크게 한다.
② 자동차의 총 중량을 크게 한다.
③ 종감속비를 크게 한다.
④ 주행저항을 작게 한다.

해설 가속 성능을 향상시키기 위한 방안
① 여유 구동력을 크게 한다.
② 종감속비를 크게 한다.
③ 바퀴의 유효 반경을 작게 한다.
④ 주행저항을 작게 한다.
⑤ 차량의 중량을 가볍게 한다.

03 기관의 회전수가 2400rpm이고 총 감속비가 8:1 타이어 유효 반경이 25㎝일 때 자동차의 시속은?

① 약 14km/h ② 약 18km/h
③ 약 21km/h ④ 약 28km/h

해설

$$V = \frac{\pi \times D \times N}{R_t \times R_f} \times \frac{60}{1000}$$

여기서, V : 자동차의 속도(km/h)
  D : 바퀴의 지름(m)
  N : 기관의 회전수(rpm)
  R_t : 변속비
  R_f : 종감속비

$$V = \frac{3.14 \times (0.25 \times 2) \times 2400}{8} \times \frac{60}{1000}$$
$$= 28.26 km/h$$

04 변속기의 1단 감속비가 4:10이고 종감속 기어의 감속비는 5:1일 때 총 감속비는?

① 0.8:1 ② 1.25:1
③ 20:1 ④ 30:1

해설 총감속비 = 변속비 × 종감속비
  = 4 × 5
  = 20 : 1

정답 1 ① 2 ② 3 ④ 4 ③

05 구동 바퀴가 자동차를 미는 힘을 구동력이라 하며 이때 구동력의 단위는?

① kgf
② kgf · m
③ ps
④ kgf · m/s

06 구동 바퀴가 차체를 추진하는 힘(구동력)을 구하는 공식으로 옳은 것은?

(단, F:구동력, T:축의 회전력, r: 바퀴의 반지름)

① $F = T \times r$
② $F = T \times r \times 2$
③ $F = \dfrac{T}{r}$
④ $F = \dfrac{T}{r \times 2}$

07 주행저항 중 자동차의 중량과 관계없는 것은?

① 구름저항
② 구배저항
③ 가속저항
④ 공기저항

08 자동차가 주행하는 노면 중 30°의 언덕길은 약 몇 %의 언덕길이라 하는가?

① 0.5%
② 30%
③ 58%
④ 86%

해설 tan30 × 100 = 57.7%

09 구동력 조절장치(TCS)의 조절방식의 종류에 속하지 않는 것은?

① 기관의 회전력 조절방식
② 구동력 브레이크 조절방식
③ 기관과 브레이크 병용 조절방식
④ 기관 회전수와 동력전달 조절방식

10 전자제어 구동력 조절장치(TCS)에서 컨트롤 유닛에 입력되는 신호가 아닌 것은?

① 스로틀 포지션 센서
② 브레이크 스위치
③ 휠 속도 센서
④ TCS 구동 모터

PART 3

전 기

Ⅰ 전기전자

1 기초전기

(1) 전류[Current]

[−] 전하를 가진 자유전자의 흐름을 전류라 한다.

1) 전류의 측정단위

전류의 측정단위는 암페어(A : ampere)이다.

2) 전류의 3대 작용

① 자기작용 : 발전기 전동기 솔레노이드 밸브
② 발열작용 : 전구 예열 플러그
③ 화학작용 : 축전지

(2) 전압[Voltage]

전류를 흐르게 하는 전기적인 압력으로 전류는 전위차에 의해 흐르게 된다.
전압의 측정단위 : 볼트(V : voltage)

(3) 저항[Resistance]

물체에 전류가 흐를 때 이 전류의 흐름을 방해하는 요소를 저항이라고 한다.
저항의 측정단위 : 옴(Ω: ohm)

1) 저항의 종류

① 고유저항

물질이 가지고 있는 고유의 저항을 말한다.
고유저항의 크기는 은 〈 구리 〈 금 〈 알루미늄 순이다.

② 도체의 모양에 의한 저항

도체의 저항은 길이에 비례하고 단면적에 반비례한다.

$$R = \rho \times \frac{\ell}{A}$$

여기서, R : 도체의 저항(Ω)

ρ : 도체의 고유저항(Ω cm)

ℓ : 도체의 길이(cm)

A : 도체의 단면적(cm²)

③ 절연저항

절연된 두 물체 간에 전압을 가했을 때 표면과 내부에 작은 누설전류가 흐르는데 이때의 저항을 절연저항이라 한다.

④ 접촉저항

도체를 연결할 때 연결 부위가 헐겁거나 이물질 등에 의해 발생하는 저항을 말한다.

⑤ 온도와의 관계

일반적으로 금속은 온도가 상승하면 전기적 저항이 증가하지만, 반도체나 절연체 등은 반대로 저항이 작아진다.

(4) 전기회로

1) 옴의 법칙[Ohm law]

도체에 흐르는 전류(I)는 전압(E)에 비례하고 도체의 저항(R)에 반비례한다.

$$E = I \times R$$
$$I = \frac{E}{R}$$
$$R = \frac{E}{I}$$

2) 저항의 접속방법

① 직렬접속

몇 개의 저항을 한 줄로 연결하는 방법으로 어느 저항에서 나 똑같은 전류가 흐르며 각 저항에 가해지는 전압의 합은 전원전압과 같다.

$$R = R_1 + R_2 + R_3 + \cdots\cdots R_n$$

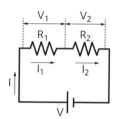

② 병렬접속

모든 저항을 두 단자에 공통으로 연결하는 방법으로 저항이 작아져 직렬접속에 비해 회로에 흐르는 전류의 양이 많아진다.

$$\frac{1}{R} = \frac{1}{R_1} + \frac{1}{R_2} + \frac{1}{R_3} + \cdots\cdots \frac{1}{R_n}$$

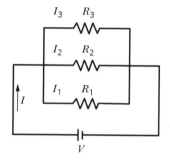

③ 직병렬접속

직렬접속과 병렬접속을 병행한 방법으로 회로에 흐르는 전류와 전압이 상승한다.

$$R = R_1 + \cfrac{1}{\cfrac{1}{R_1} + \cfrac{1}{R_2}}$$

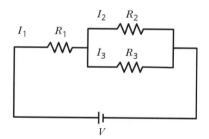

(5) 전기에 관한 법칙

1) 키르히호프의 법칙[Kirchhoff's law]

① 키르히호프의 제1법칙

키르히호프의 제1법칙은 전류의 법칙으로 "어떤 한 점에 들어온 전류의 총합과 나간 전류의 총합은 같다" 는 법칙이다.

② 키르히호프의 제2법칙

키르히호프의 제2법칙은 전압의 법칙으로 "임의의 폐회로에서 기전력의 총합과 전
압강하의 총합은 같다"는 법칙이다.

> **전압강하[Voltage drop]**
> 전선의 저항이나 회로 접속부의 접촉저항 등으로 소비되는 전압을 말한다.

2) 줄의 법칙[Joule's law]

전류가 저항을 통과하면 저항에 의해 열이 발생하게 되는데 줄 법칙은 "저항에 의해 발
생되는 열량이 전류의 제곱과 저항 및 시간에 비례한다."는 법칙이다.

3) 렌츠의 법칙[Lenz's law]

코일을 통과하는 자속을 변화시키면 코일 내에는 자속의 변화를 방해하는 방향으로 유도
기전력이 발생한다는 법칙으로 발전기에서 전압이 발생하는 원리이다.

4) 플레밍의 왼손법칙[Fleming's right hand rule]

인지손가락을 자력선의 방향에 중지손가락을 전류의 방향에 일
치시키면 도체에는 엄지손가락 방향으로 전자력이 작용한다는
원리이다.(기동전동의 원리)

5) 플레밍의 오른손법칙[Fleming's left hand rule]

인지손가락을 자력선의 방향으로 향하게 하고 엄지손가락
을 도체의 운동 방향에 일치시키면 중지손가락이 가리키는
방향이 유도기전력의 방향이 된다는 원리이다.(발전기의
원리)

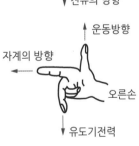

(6) 직류와 교류

1) 직류[DC : direct current]

시간의 경과에 대해 일정한 방향으로 흐르는 전류

2) 교류[AC : alternate current]

시간에 따라 흐르는 방향과 크기가 주기적으로 변하는 전기의 흐름을 말한다.

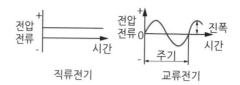

직류전기   교류전기

(7) 축전지[Condenser]

축전지는 정전유도 특성을 이용하여 전기를 일시적으로 저장하였다가 방출할 수 있다. 용량 단위는 F(패럿)을 사용하며 저장되는 전하의 양(Q : coulomb)은 가해지는 전압의 E에 비례한다.

$$Q = C \cdot E$$

여기서, Q : 축전지에 축적된 전하량(정전용량)

C : 축전지의 용량(F)

E : 가한전압

축전지의 정전 용량
① 가한 전압에 정비례한다.
② 상대하는 금속판의 면적에 정비례한다.
③ 금속판 사이의 절연물의 절연도에 정비례한다.
④ 금속판 사이의 거리에 반비례한다.

(8) 전력과 전력량

전기가 하는 일의 크기를 전력이라 하고, 전류가 어느 시간 동안에 한 일의 총량을 전력량이라 한다.

$$P = E \cdot I \quad P = I^2 \cdot R \quad P = \frac{E^2}{R}$$

여기서, P : 전력, E : 전압, I : 전류

2 반도체[semiconductor]

반도체는 도체와 절연체 중간의 고유저항을 지니고 있으며 금속과는 반대로 온도가 올라가면 고유저항이 감소한다.

(1) 반도체의 종류

1) 진성 반도체

순도가 높은 실리콘(Si)이나 게르마늄(Ge)이 반도체의 원료가 되는 것으로 전압 열 빛 등의 에너지를 가하면 자유전자나 홀(hole:정공)의 수가 증가하여 서서히 전도성이 높아지는 물질이다.

2) 불순물 반도체

진성 반도체에 전도성을 좋게 하기 위해 특정의 매우 적은 양의 불순물을 첨가한 것으로 트랜지스터 다이오드 서미스터 등이 있다.

① P형 반도체

4개의 가전자를 가진 실리콘에 5개의 가전자를 인듐(In)이나 알루미늄(Al) 원자를 첨가한 정공 과잉 상태의 반도체

② N형 반도체

4개의 가전자를 가진 실리콘(Si)에 5개의 가전자를 가진 비소(As), 안티몬(Sb), 인(P)을 첨가한 전자과잉 상태의 반도체

(2) 반도체 소자 종류

1) 다이오드[diode]

P형 반도체와 N형 반도체를 접합한 것으로 순방향으로 전류가 흐르고 역방으로는 전류가 흐르지 않는 특성을 갖는다.(역류방지 정류작용에 사용)

A(에노드) ——▶◀—— K(캐소드)
순방향(전류 흐름) 역방향(전류 차단)
[다이오드]

2) 제너다이오드[Zanier diode]

역방향으로 가해지는 전압이 어떤 값에 도달하면 순방향 바이어스와 같이 급격히 전류가 흐르게 되면 이때의 전압을 제너 전압(브레이크다운 전압)이라 한다.

3) 발광다이오드[light emission diode]

순방향으로 전류를 흐르게 하면 빛이 발생되는 다이오드로 파일럿램프 나 크랭크 각 센서 등에 사용된다.

4) 포토다이오드[Photo diode]

수광 다이오드라고도 부르며 빛을 받으면 역방향으로도 전류를 흐르게 하는 다이오드이다.

[주요 다이오드의 회로기호]

5) 트랜지스터[Transistor]

작은 신호 전류로 큰 전류를 단속하는 스위칭 회로나 작은 전기신호를 큰 신호로 증폭하는 증폭회로 및 발진회로에 주로 쓰이며 이미터 베이스 컬렉터의 3단자로 구성되어있다.

① PNP형

N형 반도체를 중심으로 양쪽에 P형 반도체를 접합한 것으로 베이스 단자를 제어하여 전류를 단속하며 저주파용으로 순방향 전류는 이미터에서 베이스로 흐른다.

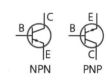

[트랜지스터 회로]

② NPN형

P형 반도체를 중심으로 양쪽에 N형 반도체를 접합한 것으로 베이스 단자를 제어하여 전류를 단속하며 고주파용으로 순방향 전류는 베이스에서 이미터로 흐른다.

6) 다링톤 트랜지스터[darlington Transistor]

트랜지스터 내부가 2개의 트랜지스터로 구성되어 1개로 2개의 증폭효과를 낼 수 있다.

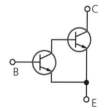

7) 포토트랜지스터[Photo transistor]

PN 접합부에 빛을 쪼이면 빛이 베이스 전류 대용으로 작용하여 트랜지스터를 작동시킨다.

[다링톤 트랜지스터]

8) 사이리스터[Thyristor]

사이리스터는 SCR이라고도 부르며 애노드(A) 캐소드(K) 게이트(G) 3단자로 구성되어 있고 게이트 단자에 전기신호를 주면 애노드에서 캐소드 방향(순방향)으로 전류가 흐른다.

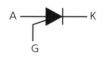

9) 서미스터[Thermistor]

온도에 따라 저항값이 변화하는 소자로 온도가 올라가면 저항값이 증가하는 정특성 서미스터(PTC)와 반대로 저항값이 감소하는 부특성 서미스터(NTC)가 있으며, 부특성 서미스터는 수온센서, 흡기온도센서 등 주로 온도를 계측하는 센서에 사용된다.

10) 광전도 셀[Photoconductive cell]

빛의 세기에 따라 저항값이 변화하는 소자로 빛이 강할 때는 저항값이 작고 빛이 약하면 저항값이 커지며. 자동전조등(Auto light)에 사용한다.

11) 압전소자[piezo]

힘(압력)을 받으면 기전력이 발생하는 소자로 노크센서, Map 센서, 대기압 센서 등에 사용한다.

3 컴퓨터 논리회로

(1) 논리합 회로(OR 회로)

2개의 스위치를 병렬로 접속한 회로로 A, B 스위치 중 어느 하나가 작동하면 출력된다.

(2) 논리합 회로(AND 회로)

2개의 스위치를 직렬로 접속한 회로로 A, B 스위치 모두 작동하면 출력된다.

(3) 부정 회로(NOT 회로)

인버터라고도 하며 스위치의 작동과 반대로 출력된다.

(4) 부정논리합 회로(NOR 회로)

A, B 스위치를 병렬로 연결한 후 회로에 병렬로 접속한 회로로서 스위치 A, B 모두 OFF
되어야 램프가 점등되며 스위치 A 또는 B 둘 중의 1개만 ON 되면 램프는 소등된다.

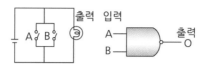

(5) 부정논리적 회로(NAND 회로)

A, B 스위치를 직렬로 연결한 후 회로에 병렬 회로를 접속한 것으로서 스위치 A 또는 B
둘 중의 1개만 OFF 되면 램프가 점등되고, 스위치 A, B 모두 ON 되면 램프가 소등된다.

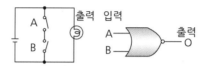

(6) 진리표

회로명	A	B	Q(출력)
논리합(OR) 회로	0	0	0
	0	1	1
	1	0	1
	1	1	1
논리적(AND)회로	0	0	0
	0	1	0
	1	0	0
	1	1	1
부정(NOT) 회로	0	1	1
	1	0	0
부정 논리합 (NOR) 회로	0	0	1
	0	1	0
	1	0	0
	1	1	0
부정 논리적 (NAND) 회로	0	0	1
	0	1	0
	1	0	0
	1	1	0

4 반도체의 특성

① 도체는 온도가 올라가면 저항이 커지지만 반도체는 반대로 작아진다.
② 반도체에 섞여 있는 불순물의 양에 따라 저항값을 변화시킬 수 있다.
③ 정류작용을 한다(교류전기를 직류전기로 정류)
④ 반도체가 빛을 받으면 저항이 작아지거나 전기를 일으킬 수 있다.
⑤ 어떤 반도체는 전류를 흘리면 빛을 내기도 한다.

5 반도체의 장단점

(1) 반도체의 장점

① 소형이며 경량이며 내부전력손실이 적다.
② 예열이 필요 없이 즉시 작동한다.
③ 내구성이 강하고 수명이 길다.

(2) 반도체의 단점

① 역내압이 낮고 정격값 이상 되면 파괴된다.
② 온도가 높아지면 특성이 매우 나빠진다.

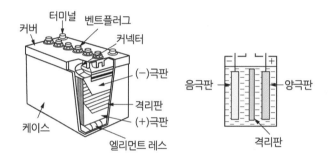

1 배터리[Battery]

(1) 축전지의 기능

① 시동장치의 전기적 부하를 담당한다.

② 발전기 고장 시 주행을 확보하기 위한 전원으로 작동한다.

③ 발전기의 출력과 부하와의 불균형을 조정한다.

(2) 축전지의 구조

① 극판[plate]

양극판은 과산화납(PbO_2) 음극판은 해면상납(Pb)으로 화학적 평형을 고려하여 음극판이 1장 더 많다.

② 격리판[Separators]

양극판과 음극판 사이에 설치되어 양(+, −) 극판의 단락을 방지한다.

③ 극판 군[Cell]

음극판과 양극판, 격리판, 전해액 등으로 구성되는 1개의 축전지로 셀당 기전력은 2.1V로 12V 축전지의 경우 6개의 셀을 직렬로 연결하여 구성된다.

④ 단자[terminal post]

외부회로와 접속하기 위한 단자이며 잘못 접속되는 것을 방지하기 위해 양극은 지름이 굵고 음극은 가늘며 양극은 (+), 음극은 (−)로 표기한다.

⑤ 전해액[electrolyte]

전해액은 순도가 높은 묽은황산(H_2SO_4)을 사용하며 극판과 접촉하여 충전할 때에는 전류를 저장하고 방전될 때에는 전류를 발생시킨다.

1. 전해액의 비중

전해액은 20℃에서 완전 충전되었을 때 비중이 1.280이며 온도가 상승하면 비중이 작아지고 온도가 낮아지면 비중은 커지며, 비중은 온도 1℃ 변화에 0.0007 변화한다.

2. 전해액 비중 환산식

$$S_{20} = St + 0.0007 \times (t - 20)$$

여기서, S_{20} : 표준온도 20℃로 환산한 비중
S_t : t℃도에서 실측한 비중
t : 측정할 때 전해액 온도

3. 축전지 비중 측정

전해액의 비중을 측정하여 축전지의 충전상태를 확인할 수 있으며 비중계를 이용하여 측정한다.

(3) 축전지의 화학작용

축전지 내부의 극판과 전해액의 화학작용에 의해 충·방전작용을 하며 충·방전화학식은 다음과 같다.

$$PbO_2 + 2H_2SO_4 + Pb \underset{충전}{\overset{방전}{\rightleftharpoons}} PbSO_4 + 2H_2O + PbSO_4$$

(양극)　　(전해액)　　(음극)　　(양극)　　(전해액)　　(음극)

① 양극(+) 극판은 과산화납, 음극(-) 극판은 해면상납으로 되어 있다.
② 화학적 평형을 고려하여 음극(-) 극판이 1장 더 많다.
③ 축전지가 방전되면 양(+, -) 극판은 황산납화된다.
④ 충전 중 양극판에서는 산소, 음극판에서는 수소가스가 발생한다.

극판의 영구 황산납화[sulfation]
축전지의 방전상태가 지속되어 극판이 결정화되는 현상으로 원인은 다음과 같다.
① 불충분한 충전이 되었다.
② 전해액의 비중이 너무 높거나 낮다.
③ 전해액의 부족으로 극판이 공기 중에 노출되었다.
④ 장기간 방전된 상태로 방치되었다.

(4) 축전의 용량

축전지의 용량은 완전 충전된 축전지를 일정한 전류로 연속 방전하여 방전 종지 전압이 될 때까지 사용할 수 있는 전기적 용량을 말하며 축전지 용량의 크기를 결정하는 요소는 다음과 같다.
① 극판의 크기(면적)
② 극판의 수
③ 전해액의 양(황산의 비중)

축전지 용량(AH) = 일정방전전류(A) × 방전시간(H)

1) 축전지 용량표시방법

축전지의 용량표시방법에는 20시간율, 25암페어율, 냉간율 등이 있다.

2) 축전지 연결에 따른 용량과 전압변화

① 직렬연결

전압은 연결한 개수만큼 증가하나 용량은 한 개일 때와 같다.(전압의 증가)

② 병렬연결

전압은 한 개일 때와 같으나 용량은 연결한 개수만큼 증가한다.(전류의 증가)

3) 축전지의 자기방전

축전지를 사용하지 않아도 조금씩 방전되어 용량이 감소되는 현상으로 원인은 다음과 같다.

① 음극판의 해면상 납이 황산과 화학작용으로 황산납이 되면서 방전
② 전해액 속 불순물에 의해 형성된 국부전지에 의한 방전
③ 양쪽 극판(+, −)의 단락에 의한 방전
④ 축전지 케이스에 부착된 전해액 또는 먼지 등에 의한 누전

4) 축전지의 자기 방전량

축전지의 자기 방전량은 전해액의 온도가 높을수록 비중 및 용량이 클수록 증가한다.

(5) 축전지의 충전방법

1) 정전류 충전

충전의 시작에서 완충시까지 일정한 전류로 충전하는 방법으로 축전지 용량의 10% 전류(최소 5%, 최대 20%)로 충전한다.

2) 정전압 충전

충전의 시작에서 완충시까지 일정한 전압으로 충전하는 충전방법

3) 단별전류 충전

충전 중의 전류를 단계적으로 감소시키면서 충전하는 방법으로 충전효율이 높고 온도 상승이 완만하다.

4) 급속충전

급속충전기를 이용하여 축전지 용량의 50%의 전류로 충전하는 충전방법

(6) 축전지 충전 시 주의사항

① 통풍이 잘되는 장소에서 충전하고 충전 중인 축전지에 충격을 가하지 말 것
② 전해액의 온도가 45℃ 이상 되지 않도록 할 것
③ 충전 중인 축전지 근처에서 불꽃을 가까이 하지 말 것
④ 축전지와 충전기를 서로 역 접속하지 말 것
⑤ 2개 이상의 축전지를 동시에 충전할 때에는 직렬로 접속할 것

⑥ 전해액 누출에 대비하여 암모니아수 또는 탄산소다 등의 중화제를 준비할 것
⑦ 축전지를 자동차에서 떼어내지 않고 충전할 때에는 반드시 축전지 단자 케이블을 탈거하고 충전할 것
⑧ 벤트 플러그가 있는 축전지는 모든 벤트 플러그를 열어 놓을 것
⑨ 자동차에서 축전지를 탈거 시 ― 단자 케이블을 먼저 분리하고 장착할 때는 +단자 케이블을 먼저 접속할 것

(7) MF(Maintenance Free) 축전지

화학반응 시 발생되는 가스로 인한 전해액 감소를 방지하기 위해 개발된 것으로 무보수 축전지라고도 하며 특징은 다음과 같다.
① 증류수 보충이 필요 없고 자기방전이 적어 수명이 길다.
② 극판의 격자를 안티몬 합금이나 납-칼슘 합금으로 제작하여 자기방전이나 전해액 감소가 적다.
③ 장기간 보관이 가능하다.

(8) AGM[Absorptive Glass Matt] 축전지

유리섬유 매트에 전해액을 흡수시켜 전해액 유동을 방지한 배터리로 특징은 다음과 같다.
① 케이스가 파손되더라도 전해액이 외부로 누출되지 않는다.
② 수명이 길고, CCA(cold cranking amper)가 높다.
③ 충전회복력이 빠르고, 높은 부하를 담당할 수 있다.
④ 전해액의 유지보수가 필요 없다.

(9) 축전지의 점검

1) 육안점검

축전지 충전 중 발생한 열에 이나 축전지 극판이 산화되면 케이스가 옆으로 부풀어 올라오는 변형이 발생하며 이 경우 축전지 수명이 다한 축전지일 수 있다.

2) 축전지 비중점검

축전지의 충전상태를 확인하기 위해 비중계를 사용하여 축전지 전해액의 비중을 측정하며 완전충전 상태에서 비중은 1.260~1.280이며 충전상태에 비례하여 비중은 낮아진다.

[광학식 비중계]

3) 부하에 의한 점검

배터리 용량시험기를 사용하여 축전지에 일정 부하를 걸어 확인
하는 방법으로 축전지가 완충된 상태에서 실시하며 축전지 용량
의 3배 정도의 부하를 약 5초간 가하여 측정한다.

[배터리 용량 시험기]

2 발전기

발전기는 자동차 운행에 필요한 각종 전기장치에 전류 공급하고 동시에 축전지의 충전전류
를 공급한다.

(1) 직류발전기[Direct current generator]

1) 직류발전기의 원리

플레밍의 오른손법칙에 따라 자계 내에서 도체(전기자)를 회전시키면 전기자에 기전력이 발
생한다.

2) 직류발전기의 구조와 기능

① 전기자[armature]

계자 내에서 회전하여 교류(AC)전기를 발생시킨다.

② 계자철심과 코일(field coil)

계자 코일에 전류가 흐르면 자계를 형성한다.

③ 정류자와 브러시[commutator & brush]

전기자의 교류 전류가 브러시를 통하여 직류전기로 정류된다.

3) 직류발전기의 특성

① 발생전압은 코일의 권수, 계자의 세기, 전기자의 회전수, 전자석의 크기에 비례하여
커진다.
② 발생전압은 계자 코일에 흐르는 여자 전류에 비례하고 기관의 회전수가 증가하면 상
승한다.
③ 회전부에 정류자를 두어 허용 회전속도에 한계가 있다.

(2) 교류발전기[Alternating Current Generator]

3상 교류발전기에 정류용 실리콘 다이오드를 이용하여 직류출력을 얻는 발전기로 내구성이 우수하고 저속충전 성능이 양호하여 현재 널리 사용되고 있다.

1) 교류발전기의 구조

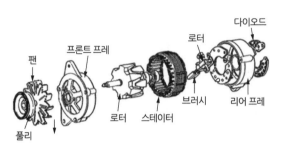

[교류발전기의 구조]

① 스테이터[stator]

독립된 3개의 코일이 감겨져 3상 교류전기를 유기하며 Y결선과 삼각(델타)결선이 있으나 선간전압이 상전압의 $\sqrt{3}$ 배인 Y결선을 주로 사용한다.

② 로터[rotor]

여자전류가 흐르면 자석이 되는 부분으로 한쪽 철심은 N극 다른 쪽 철심은 S극으로 자화된다.

③ 브러시[brush]

로터 축에 연결된 슬립링에 접촉하면서 로터 코일에 여자전류를 공급한다.

④ 다이오드[diode]

스테이터에서 발생된 3상 교류전기를 직류전기로 정류하고, 발전기가 작동하지 않을 때 축전지에서 역류를 방지한다.

2) 교류발전기의 특징

① 저속에서도 발생 전압이 높아 공회전시 충전성능이 우수하다.
② 고속에서도 안정된 성능을 발휘한다.
③ 전압조정기만 필요하다.
④ 실리콘 다이오드로 정류하므로 정류 특성이 우수하다.
⑤ 소형 경량이며 출력이 크다.

(3) 직류발전기와 교류발전기의 비교

구 분	직류(DC)발전기	교류(AC)발전기
여자방식	자려자식	타려자식
전류발생	전기자	스테이터
자 석	계자철심 & 코일	로터
정류작용	정류자	실리콘 다이오드
역류방지	컷아웃 릴레이	실리콘 다이오드

(4) 충전장치의 고장진단 및 정비

1) 배터리 방전 또는 과충전

배터리가 방전되어 시동을 걸 수 없는 경우에는 배터리의 성능을 확인 및 발전기의 출력 전압과 출력 전류를 확인하여 축전지를 교환하거나 발전기를 수리, 교환한다.

2) 충전장치의 이상 소음

충전장치에 이상 소음이 발생하는 경우는 벨트의 장력이 부족하거나 과도한 경우와 발전기의 베어링에 이상이 있을 경우에도 소음이 발생할 수 있으므로 이를 확인하고 장력을 재조정하거나 베어링을 교환한다.

3) 암전류 검사

특별한 이유 없이 축전지가 계속 방전되거나 자동차에 부가적인 전기장치(오디오 시스템, 블랙박스 등)를 장착하거나 자동차 배선을 교환한 경우에 암전류 검사를 한다.

내연기관은 스스로는 시동(Self Start)이 불가능하므로 기동전동기의 힘을 이용하여 크랭크축을 회전시켜 시동한다.

(1) 전동기의 작동원리

기동전동기의 원리는 계자철심 내에 설치된 전기자에 전류를 공급하면 전기자는 플레밍의 왼손법칙에 따르는 방향으로 회전력이 작용한다.

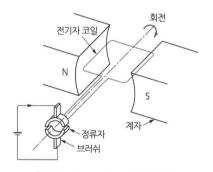

[전동기(Motor)의 작동원리]

(2) 기동전동기의 종류와 특징

1) 직권전동기

전기자 코일과 계자 코일이 직렬 접속되어 있으며 전동기의 회전력은 전기자의 전류에 비례하여 증가한다. 회전력이 크기 때문에 자동차용 기동전동기로 많이 사용한다.

2) 분권전동기

전기자 코일과 계자 코일이 병렬 접속되어 있으며 회전속도가 일정하나 회전력이 작다. 자동차의 전동 팬 전동기로 사용한다.

3) 복권전동기

전기자 코일과 계자 코일이 직 · 병렬 접속되어 있으며 회전력이 크고 회전속도가 일정한 장점이 있으나 구조가 복잡하다. 자동차의 윈드실드 와이퍼 전동기로 사용한다.

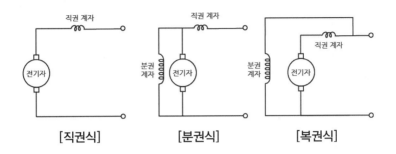

[직권식]　　　　　[분권식]　　　　　[복권식]

(3) 기동전동기의 구조 및 작동

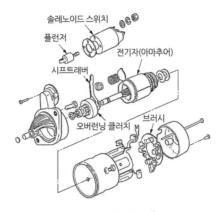

[기동전동기 구조]

1) 전동기 부분

회전운동을 하는 부분

① 회전부 : 전기자[armature], 전기자 철심, 전기자 코일, 정류자로 구성되어 있다.

② 고정부 : 계자 코일과 철심, 계자 코일, 브러시 등으로 구성되어 있다.

1. 정류자[commutator]
   전기자 코일에 항상 일정한 방향으로 전류가 흐르게 한다.
2. 브러시[brush]
   정류자를 통하여 전기자 코일에 전류를 인하시키는 기능을 하며 표준길이의 1/3 정도 마모되면 교환한다.
3. 그로울러 시험기[Growler testers]
   전기자(armature) 코일의 단선, 단락, 접지 등에 대하여 시험한다.

2) 동력전달 부분

전동기에서 발생한 회전력을 기관 플라이휠 링기어로 전달하는 장치로 종류는 다음과 같다.

① 벤딕스식 : 기동전동기가 플라이휠에 의해 고속 회전하는 일이 없어 오버러닝 클러치가 필요 없다.

② 피니언 이동식

③ 전기자 이동식

3) 스위치 부

솔레노이드 작동에 의해 B단자와 M단자를 연결하고 전동기의 피니언 기어가 플라이 휠링 기어에 물리게 하는 부분

(4) 기동전동기 시험

1) 무부하 시험

축전지, 전류계, 전압계, 가변저항, 회전계 등을 이용하여 소모전류와 회전수를 측정한다.

2) 회전력 시험

기동전동기의 정지 회전력을 측정한다.

3) 저항시험

정지 회전력의 부하상태에서 측정하며 가변저항을 조정하여 규정 전압으로 하고 전류의 크기를 측정한다.

(5) 시동장치의 고장진단 및 정비

1) 시동전동기가 전혀 회전하지 않을 때

① 축전지 과방전 및 불량

② 축전지 단자 체결상태 불량

③ 시동전동기 불량

④ 점화스위치 불량 및 자동변속기 인히비터 스위치 불량

⑤ 배선 단선, 퓨즈 단선, 시동 릴레이 등의 불량

2) 시동전동기가 천천히 회전하거나 간헐적으로 작동할 때

   ① 축전지 방전
   ② 축전지 단자의 체결 불량
   ③ 시동전동기 불량
   ④ (-) 케이블 단자 접지 불량

3) 시동전동기는 회전하지만 크랭킹이 되지 않을 때

   ① 배선의 단락
   ② 시동전동기 피니언 기어의 이상 마모 및 파손
   ③ 플라이휠 링 기어의 이상 마모 및 파손
   ④ 피니언 기어와 링 기어의 치합 불량

4) '딸깍' 소리만 나고 크랭킹이 되지 않을 때

   ① 축전지 단자의 체결 불량
   ② 시동전동기 솔레노이드 스위치 B 단자의 체결 불량
   ③ (-) 케이블 단자 접지 불량

IV 편의장치

1 계기장치[instrument cluster]

자동차 계기판은 주행할 때 운전자가 알아야 하는 자동차의 상태를 실시간으로 알려주는기능을 하며 계기판에 표시되는 주요 항목은 다음과 같다.

[자동차 계기판]

① 속도계[speedometer]

속도계는 차속센서의 신호에 의해 자동차의 현재 주행 속도(km/h)를 운전자에게 알려주어 안전한 차량속도를 유지할 수 있게 하며, 속도계가 작동되지 않을 때는 차속센서를 점검한다.

② 엔진회전계[engine tachometer]

엔진회전계의 숫자는 엔진의 1분당 회전수(RPM : Revolutions Per Minute)를 나타내며, 크랭크각 센서의 신호에 의해 작동된다.

③ 냉각수 온도계[coolant Thermometer]

엔진 냉각수의 온도를 운전자에게 알려주며, 온도계가 C(Cold)와 H(Hot) 사이의 정상 범위에 있지 않다면 냉각수 및 냉각장치를 점검한다.

④ 연료계[fuel gauge]

연료계는 F(Full)와 E(Empty) 사이의 계기침을 이용해 연료 탱크 안에 남은 연료의 잔량을 표시한다.

⑤ 각종 경고등[warning light]

차량의 각종 장치들의 고장이 발생하였을 때 계기판에 경고등을 점등시켜 고장을 운전자에게 알려준다.

2 편의장치

(1) 점화키 홀 조명

자동차의 키 홀 주변에 램프가 일정시간 점등되어 야간에 운전자가 키 홀을 쉽게 찾을 수 있도록 편의를 제공한다.

(2) 감광식 룸 램프

자동차의 문이 열렸을 때 실내등이 점등되고 문이 닫힌 후 서서히 감광하여 일정시간 후 실내등이 소등된다.

(3) 운전석 위치 기억장치[IMS : Integrated Memory System]

시트 위치, 조향축의 각도, 사이드미러의 위치를 기억하여 간단한 버튼 조작으로 운전자의 기억위치까지 자동으로 조절하는 장치

(4) 윈드 실드 와이퍼장치[windshield wiper system]

윈드 실드 와이퍼는 비가 오거나 눈이 올 때 앞면 유리를 닦아주는 역할을 한다. 최근에는 앞 유리에 장착된 레인센서를 통해 강우량을 감지하고 비의 양에 따라 알맞은 속도로 와이퍼를 작동시키는 오토 와이퍼 시스템(Auto wiper system)이 많이 사용되고 있다.

레인 센서[Rain sensor]
발광 다이오드로부터 적외선이 방출되면 유리표면의 빗물에 의해 반사되어 돌아오는 적외선을 포토다이오드가 감지하여 비의 양을 감지한다.

(5) 세이프티 윈도우[safety window]

파워 윈도우 장치는 자동차 도어에 설치된 윈도우를 모터를 이용하여 여닫는 장치이다.

세이프티 윈도우는 운전석 오토-업 기능 구동 중 물체의 끼임 발생 시 윈도우를 다운시켜 안전사고를 예방하는 장치이다.

6) 자동조명장치[auto light system]

오토라이트 시스템은 조도 센서를 이용하여 주위 조도 변화에 따라 운전자가 점등 스위치를 조작하지 않아도 자동 모드에서 미등 및 전조등을 점등시켜 주는 장치로, 주행 중 터널 진출입 시, 비, 눈, 안개 등에 의해 주위 조도 변경 시에 작동한다.

> 조도 센서[illumination sensor]
> 조도 센서는 광전도소자(cds)를 사용하여 빛의 밝기를 감지하며 광전도 소자는 빛이 밝으면 저항이 감소하고 어두워지면 저항이 증가하는 특성을 갖고 있다.

3 안전장치

(1) 에어백

자동차가 충돌하였을 때 실내에 설치된 에어백을 작동시켜 운전자 및 동승자를 부상으로부터 보호하기 위한 장치

1) 에어백의 구성

① 에어백 모듈[air bag module]

에어백 모듈은 에어백과 인플레이터로 구성되어 있으며 충돌이 감지되면 스위치가 작동되어 인플레이터를 통과하는 전류에 의해 인플레이터 내부의 점화물질이 점화되어 에어백을 팽창시킨다.

> 인플레이터[inflater]
> 점화 장치에 의하여 가스 발생제(아질산나트륨)를 순간적으로 연소시켜 나온 질소 가스로 에어백을 부풀게 한다.

② 클럭 스프링[Clock spring]

조향 핸들에 설치되어 조향 핸들이 회전할 때 에어백 모듈 및 경음기 스위치와 바디 전장회로의 접점을 유지시킨다.

③ 프리텐셔너[pre-tensioner]

프리텐셔너는 차량이 충돌할 때 벨트가 나오는 출구 쪽에서 역으로 벨트를 당겨 주는 동시에, 탑승자의 상체에 가해지는 압박을 줄여주기 위해 다시 역으로 되풀어 줌으로써 탑승자의 상해를 최소화하는 역할을 한다.

④ 임펙트센서[Impact sensor]

차량의 충돌을 감지하는 센서

⑤ 조수석 승객감지센서[Passenger presence detect]

조수석 승객을 승차 여부를 감지하여 사고 발생시 에어백이 불필요하게 작동되는 것을 방지한다.

(2) 에어백 배선

에어백 배선은 황색 튜브에 싸여 있어 다른 장치의 배선과 구분되며 커넥터 내부에는 단락바가 있어 우발적인 작동을 방지한다.

(3) 에어백 취급시 주의사항

① 에어백 관계정비작업을 할 때는 반드시 축전지 전원을 차단할 것
  (축전지의 - 단자를 탈거 후 일정시간 경과 후 작업할 것)
② 조향 핸들을 장착할 때 클럭 스프링의 중립을 확인할 것
③ 인플레이터의 저항을 측정하지 말 것
④ 전개된 부품을 재사용하지 말 것
⑤ 에어백 모듈의 분해, 수리, 납땜 등의 작업을 하지 말 것

(4) 이모빌라이저[immobilizer] 시스템

이모빌라이저 시스템은 키의 기계적 일치와 암호 코드가 일치하는 경우에만 시동이 걸리도록 한 도난방지 시스템으로 시동 금지 시에는 점화와 연료 분사를 하지 않는다.

(5) 자동차 주행안전장치

1) 백워닝(후방경보) 시스템

차량 후방의 장애물을 초음파 센서를 이용하여 감지하고 경보를 울리는 장치

2) 시트벨트 경고등

점화스위치를 ON하였을 때 운전자의 안전띠 착용을 위해 계기판에 안전벨트 경고등 점멸 및 경고음을 발생시킨다.

3) 경사로 밀림방지[HAC : Hill-start Assist Control]

자동차가 언덕길에서 정차 후 출발할 때 뒤로 밀리지 않게 도와주는 장치

4) 차선이탈 경고시스템[LDWS : Lane Departure Warning Systems]

졸음운전 등으로 자선을 이탈할 때 경보음을 울려 운전자에게 주의를 주는 장치

5) 나이트비전[Night Vision]

야간 주행 시 도로에 접근하는 보행자나 야생동물 등을 적외선 카메라로 감지하여 그 이미지를 차량 내 디스플레이 모니터에 표시하는 장치

6) 지능형 전조등[AFLS : Adaptive Front Lighting System]

도로 상태와 주행·기후조건 등 다양한 상황에 따라 헤드램프를 자동으로 상·하 좌·우 회전각도 및 기울기를 조절하고 빛의 형태도 도로 조건에 따라 최적으로 변화시키는 장치

7) 사각지대 감지 시스템[BSD : Blind Spot Detection]

주행 중인 차량의 후방 좌·우 측면을 감지하여 사이드미러로 보이지 않는 곳에 있는 차량을 감지하여 알려 주는 장치

자동차 통신(Communication)

(1) 통신(Communication)

통신이란 특정한 규칙(프로토콜)을 가지고 정보를 송수신하는 것으로, 현재의 자동차들은 모든 시스템에서 광범위하게 네트워크 통신이 적용되고 있으며 자동차 통신 시스템의 장점은 다음과 같다.

① ECU들의 통신으로 배선이 줄어든다.
② 각종 전기장치들의 가장 가까운 ECU에서 전기장치를 제어한다.
③ 배선이 줄어들면서 고장률이 낮고 정확한 정보를 송수신할 수 있다.
④ 각 ECU의 자기진단 및 센서 출력값을 진단 장비를 이용해 알 수 있어 정비성 향상된다.

(2) 네트워크(Network)

자동차 통신 시스템에서 네트워크는 컴퓨터네트워킹(Computer Networking)을 의미하며 컴퓨터의 연결시스템을 통해 컴퓨터의 정보를 공유하는 것을 의미한다.

> **통신 프로토콜(Protocol)**
> 컴퓨터(ECU) 간에 정보를 주고받을 때의 통신에 대한 규칙과 전송 방법 그리고 에러(Error) 관리 등에 대한 국제 표준규칙

(3) 자동차 통신의 종류

① 직렬통신과 병렬통신

데이터를 전송하는 방법에는 여러 개의 데이터 비트(data bit)를 동시에 전송하는 병렬통신과 한번에 한 비트(bit)씩 전송하는 직렬 통신으로 나눌 수 있다.

② 비동기통신과 동기통신

비동기 통신은 데이터를 보낼 때 스타트비트(Start Bit)와 스톱비트(Stop Bit)를 부가해 한번에 한 문자씩 전송되는 방식이며 동기식은 문자나 비트(Bit)들이 시작과 정지 코드 없이 전송되는 방식이다.

③ 단방향과 양방향 통신

통신선 상에 전송되는 데이터가 어느 방향으로 전송되고 있는가에 따라 시리얼 통신, 단방향 통신, 양방향 통신으로 구분된다.

    ㉠ 시리얼 통신

      동시에 2개의 신호가 검출될 경우 정해진 우선순위에 따라 데이터만 인정하고
      나머지는 무시하는 통신방식

    ㉡ 단방향 통신

      정보를 주는 ECU와 정보를 받고 실행만 하는 ECU가 통신하는 방식

    ㉢ 양방향 통신

      ECU들이 서로의 정보를 주고받는 통신방법

5   자동차 통신네트워크

(1) K-line 통신

차량 진단(On Board Diagnostics)을 위한 라인의 이름으로, 흔히 K-line이라 부른다.

(2) CAN (Controller Area Network) 통신

CAN 통신은 차량 내에서 호스트 컴퓨터 없이 마이크로 컨트롤러나 장치들이 서로 통신하기 위해 설계된 표준 통신규약이다.

> **종단저항(Terminating Resistance)**
> 고속으로 데이터를 전송하는 방식인 CAN 통신라인 양 끝단에 설치된 저항으로 CAN 통신라인에 일정한 전류를 흐르게 하며 라인에 전파되는 신호가 양 끝단에 부딪쳐 반사되는 신호(반사파)를 감소시킨다.

(3) LIN (Local Interconnect Network) 통신

LIN은 차량 내 Body 네트워크의 CAN 통신과 함께 시스템 분산화를 위하여 사용되며 LIN 통신은 차량 편의장치에 주로 적용되는 통신 시스템으로, 단방향 통신과 양방향 통신 모두가 적용된다.

(4) MOST (Media Oriented Systems Transport) 통신

자동차의 서로 다른 멀티미디어 장치들을 서로 연결시켜주는 통신규약이다.

Chapter V 등화장치정비

1 전선

1) 절연선 : 면이나 비닐 등을 이용하여 동선 또는 철선을 감싸서 절연시킨 전선을 말한다.

2) 접지선 : 동선이나 철선이 절연되지 않은 전선을 말한다.

(1) 전선의 배선방법

1) 단선식 : 입력 쪽에만 전선을 이용하여 배선하는 방식이다.

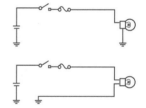

2) 복선식 : 입력 및 접지 쪽에도 모두 전선을 이용하여 배선하는 방식이다.

(2) 전선의 규격 표시방법

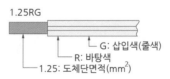

1.25RG
└ G: 삽입색(줄색)
└ R: 바탕색
└ 1.25: 도체단면적(mm^2)

(3) 배선의 기호 및 색상

기호	색 상	기호	색 상	기호	색 상
B	검은색(Black)	Br	갈색(Brown)	L	파란색(Blue)
R	빨간색(Red)	O	오렌지색(Orange)	G	녹색(Green)
W	흰색(White)	Gr	회색(Gray)	Y	노란색(Yellow)

(4) 조명 용어

1) 광도 : 광원에서 나오는 빛의 다발을 말하며 단위는 루멘(Lumen : LM)이다.
2) 광도 : 빛의 세기를 말하며 단위는 칸델라(Candela : Cd)이다.
3) 조도 : 빛을 받는 면의 밝기를 말하며 단위는 럭스(LUX : lx)이다.

2 등화장치

(1) 전조등

구조에 따라 2등식과 4등식이 있으며 조사거리와 방향에 따라 상향등과 하향등으로 구분된다.

1) 전조등의 형식

① 실드 방식

렌즈, 반사경, 필라멘트가 일체로 되어 있어 전구 필라멘트가 단선되면 전조등 전체를 교환해야 한다.

② 세미실드 방식

렌즈와 반사경이 일체로 되어 있고 전구만 독립되어 있어 전구 필라멘트가 단선되면 전구만 교환하면 된다.

2) 전조등의 기능

① 2등식 전조등

하나의 전구에 상향등용 필라멘트와 하향등용 필라멘트가 있는 형식으로 각각 반사경으로 반사되어 하이빔 및 로빔으로 된다.

② 4등식 전조등

상향등과 하향등이 각각 있는 형식으로 상향등 점등시 하향등이 함께 점등되어 광도를 높이고 전방 장애물의 확인성을 좋게 하고 하향등만 사용할 때는 상대방 차량에 눈부심을 주지 않고 운행할 수 있다.

(2) 전조등 회로

1) 일반전조등 회로

일반전조등 회로의 주요 구성품은 라이트 스위치, 전조등 릴레이, 퓨즈, 전조등이 있으며 전조등은 각각 병렬로 접속되어 있다.

2) 자동전조등 회로

자동전조등은 차량 내부에 장착된 조도 센서를 이용하여 차량 주변의 조도 변화에 따라 운전자가 전조등 스위치를 조작하지 않아도 오토모드에서 자동으로 미등 및 전조등을 켜주는 장치이다.

BCM[Body Control Module]
1) 자동차의 주요 전기장치 작동을 제어
  이전 차량에서는 에탁스(ETACS)에 의해 주요 전기장치를 제어하였으나 현재는 에탁스(ETACS) 기능이 있는 BCM을 사용하여 차량의 주요 전기장치 작동을 제어한다.
2) BCM의 주요 기능
  BCM의 주요 기능에는 와이퍼 & 와셔, 램프류 제어, 알람 제어, 뒷유리열선 등 각종 램프류 제어 및 편의장치 제어 그리고 스캐너와의 통신 등이 있다.

---

(2) 기타 등화장치

구분	종류	용도
조명용	안개등	안개 속 주행 시 안전운행을 위한 조명
	후진등	변속기 후진 선택 시 후진 방향을 조명
	실내등	자동차 실내조명
	계기등	계기판의 각종 계기 조명
표시용	차고등	차량의 높이를 표시
	차폭등	차량의 폭을 표시
	번호등	번호판을 조명
	후미등	차량의 후미를 표시
신호용	방향지시등	차량의 선회 방향을 표시
	브레이크등	브레이크 작동 중임을 표시

(3) 등화장치 관련법규

1) 전조등

① 등광색 : 백색

② 설치 위치 : 지상 40cm 이상 120cm 이내의 좌측과 우측

③ 주광축 : 진행 방향과 같고 상향이 아닐 것

④ 광도

　　㉠ 4 등식 : 12,000cd 이상 112,500cd 이하일 것

　　㉡ 2 등식 : 15,000cd 이상 112,500cd 이하일 것

⑤ 전방 10m의 거리에서 좌우 진폭 30cm 이내, 상향진폭 10cm 이내일 것
　　(단, 하향진폭 전조등 높이의 3/10 이내, 좌측 전조등 좌진폭 15cm 이내)

2) 안개등

① 앞면 안개등

　　㉠ 등광색 : 백색 또는 황색

　　㉡ 1등당 광도 : 940cd 이상 10,000cd 이하

　　㉢ 등화중심점 : 공차상태에서 지상 25cm 이상, 전조등과 같거나 낮은 위치

　　㉣ 양쪽에 1개씩 설치하고 후미등이 점등된 상태에서 타 등화와 별도로 점등 또는
　　　소등할 수 있을 것

② 뒷면 안개등

　　㉠ 2개 이하 설치

　　㉡ 1등당 광도 : 150cd 이상 300cd 이하

　　㉢ 등광색은 적색이고, 지상 25cm 이상 100cm 이하에 설치

　　㉣ 1등당 조광면적 : 140㎠

3) 후퇴등

① 등광색 : 백색 또는 황색

② 설치 위치 : 지상 25㎝ 이상 120cm 이하

③ 주광축 : 후방 75cm 이내의 지면을 비출 것

④ 광도 : 위쪽 1등당 80cd 이상 600cd 이하, 아래쪽 80cd 이상 5,000cd 이하

4) 차폭등

① 등광색 : 백색, 황색 또는 호박색
② 설치 위치 : 지상 35cm 이상 200cm 이하, 차체 밖에서 40cm 이상
③ 광도 : 위쪽에서 4cd 이상 125cd 이하, 아래쪽에서 4cd 이상 250cd 이하

5) 번호등

① 등광색 : 백색
② 조도 : 8Lux 이상
③ 구조
㉠ 별도로 소등할 수 없는 구조이고, 직·후방에서 광원이 직접 보이지 않을 것
㉡ 발광면의 가장 바깥 부분과 번호표의 가장 먼 점의 각은 8° 이상일 것

6) 후미등

등광색은 적색으로 지상 35cm 이상 200cm 이내에 설치해야 하며 광도는 2cd 이상 25cd 이하일 것 투영면적은 자동차 외측의 수평각 45°에서 12.5㎠ 이상일 것

7) 제동등

① 등광색 : 적색
② 설치 위치 : 지상 35cm 이상 200cm 이하
③ 광도 : 40cd 이상 420cd 이하
④ 투영면적 : 자동차 외측의 수평각 45°에서 12.5㎠ 이상이고 유효 조광면적은 22㎠ 이상일 것
⑤ 후미등과 겸등으로 사용 시 광도가 3배 이상 증가할 것

8) 방향지시등

① 등광색 : 황색 또는 호박색
② 설치 위치 : 지상 35cm 이상 200cm 이하로, 차체 너비의 50% 이상의 간격을 둘 것
③ 투영면적 : 자동차 외측의 수평각 좌우 45°에서 12.5㎠ 이상일 것
④ 조광면적 : 앞면 22㎠ 이상, 뒷면 37.5㎠ 이상일 것
⑤ 점멸횟수 : 분당 60회 이상 120회 이하일 것
⑥ 광도 : 50cd 이상 1,050cd 이하일 것

9) 비상점멸 표시등(25km/h 이하의 자동차는 제외)

자동차 전후면의 좌우 측에 설치하고 동시에 작동하는 구조일 것

10) 후부 반사판 또는 후부 반사기

① 차량 총중량이 8톤 이상이거나 최대 적재량이 5톤 이상인 화물 및 특수자동차의 뒷면에 설치 (반사판, 반사기 설치)

② 반사부 및 형광부로 구성된 것으로 삼각형 이외의 형상일 것

③ 반사부는 800㎠, 형광부는 400㎠ 이상일 것

④ 반사광 식별 : 야간에 후방 100m의 거리에서 후부 반사기를 비출 경우 식별이 가능할 것

⑤ 반사부는 황색 또는 호박색, 형광부는 적색

핵심기출문제

1 그림에서 I1=5A, I2=2A, I3=3A, I4=4A 라고 하면 I5에 흐르는 전류(A)는?

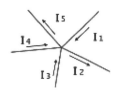

① 8   ② 4   ③ 2   ④ 10

해설 키르히호프의 제1법칙은 전류의 법칙으로 "어떤 한 점에 들어온 전류의 총합과 나간 전류의 총합은 같다" 는 법칙으로 들어온 전류의 총합은 12이고 나간 전류 I2는 2A이므로 I5의 전류는 10이 된다.

2 전류에 대한 설명으로 틀린 것은?

① 자유전자의 흐름이다.
② 단위는 A를 사용한다.
③ 직류와 교류가 있다.
④ 저항에 항상 비례한다.

해설 저항이란 전류의 흐름을 방해하는 성분이므로 전류는 저항에 반비례한다.

3 축전기(condenser)와 관련된 식 표현으로 틀린 것은?
(Q=전기량, E=전압, C=비례상수)

① Q=CE   ② C=Q/E

③ E=Q/C   ④ C=QE

해설 축전지(condenser)
정전유도의 특성을 이용하여 전기를 저장 또는 방전한다.
① 관계식 : 전기량(Q) = C·E
② 정전용량[단위:F(패럿)] 1F은 1V의 전압을 가하였을 때 1쿨롱의 전하를 저장하는 용량이다.

4 축전지(condenser)에 저장되는 정전용량을 설명한 것으로 틀린 것은?

① 가해지는 전압에 정비례한다.
② 금속판 사이의 거리에 정비례한다.
③ 상대하는 금속판의 면적에 정비례한다.
④ 금속판 사이 절연체의 절연도에 정비례한다.

해설 축전지의 정전용량은 금속판 사이의 거리에 반비례한다.

5 그림과 같이 측정했을 때 저항값은?

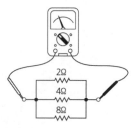

① 14Ω   ② 1/14Ω

정답 1 ④ 2 ④ 3 ④ 4 ② 5 ③

③ 8/7Ω   ④ 7/8Ω

해설 합성저항$(R) = \dfrac{1}{2} + \dfrac{1}{4} + \dfrac{1}{8}$

$\qquad = \dfrac{1}{\dfrac{4+2+1}{8}}$

$\qquad = \dfrac{8}{7}$

해설 $$R = \dfrac{E^2}{P}$$

여기서, R : 저항
$\qquad\qquad E$: 전원전압
$\qquad\qquad P$: 전력

$$R = \dfrac{12^2}{(24+24)}$$
$$= 3\Omega$$

6 다음 그림과 같이 회로가 구성되어 있다. 이 회로를 분석한 내용 중 틀린 것은?

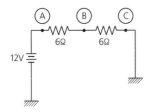

① 회로에 흐르는 전류는 1A이다.
② 제일 높은 전압은 Ⓐ 지점이고, 제일 낮은 전압은 Ⓒ 지점이다.
③ Ⓒ 지점의 전압은 6V이다.
④ Ⓑ 지점의 전압은 6V이다.

해설 ① $I = \dfrac{E}{R} = \dfrac{12}{6+6} = 1A$

② Ⓐ 지점까지는 저항이 없으므로 12V 전압이 유지되고 Ⓒ지점에서는 2개의 저항에 의한 전압강하로 인해 0V가 된다.
③ Ⓑ 지점의 전압은 E=I·R이므로 1A×6Ω = 6V가 된다.

7 브레이크등 회로에서 12V 축전지에 24W의 전구 2개가 연결되어 점등된 상태라면 합성저항은?

① 2Ω   ② 3Ω
③ 4Ω   ④ 6Ω

8 다음 그림의 기호는 어떤 부품을 나타내는 기호인가?

① 실리콘 다이오드
② 발광 다이오드
③ 트랜지스터
④ 제너다이오드

해설 제너다이오드[Zener diode]
역방향으로 가해지는 전압이 제너전압(브레이크다운 전압)에 도달하면 역방향으로도 전류를 흐르게 하는 다이오드로 정전압 다이오드라고도 한다.

9 발광 다이오드의 특징을 설명한 것이 아닌 것은?

① 배전기의 크랭크 각 센서 등에서 사용된다.
② 발광할 때에는 10mA 정도의 전류가 필요하다.
③ 가시광선으로부터 적외선까지 다양한 빛을 발생한다.
④ 역방향으로 전류를 흐르게 하면 빛이 발생된다.

정답   **6** ③   **7** ②   **8** ④   **9** ④

> **해설** 발광 다이오드는 순방향전류가 흐를 때 빛을 내는 다이오드이다.

10 PNP형 트랜지스터의 순방향 전류는 어떤 방향으로 흐르는가?

① 컬렉터에서 베이스로
② 이미터에서 베이스로
③ 베이스에서 이미터로
④ 베이스에서 컬렉터로

> **해설** 트랜지스터의 순방향 전류 방향
>
> [트랜지스터 회로]

11 논리회로에서 AND 게이트의 출력이 High (1)로 되는 조건은?

① 양쪽의 입력이 High일 때
② 한쪽의 입력만 Low일 때
③ 한쪽의 입력만 High일 때
④ 양쪽의 입력이 Low일 때

> **해설** AND 회로는 스위치 A, B를 직렬로 접속한 회로이므로 A, B 모두 High(1)일 때 출력도 High(1) 된다.

12 자동차 전기장치에서 "유도 기전력은 코일내의 자속의 변화를 방해하는 방향으로 생긴다"는 현상을 설명한 것은?

① 앙페르의 법칙
② 키르히호프의 제1법칙
③ 뉴톤의 제1법칙
④ 렌츠의 법칙

13 반도체에 대한 특징으로 틀린 것은?

① 극히 소형이며 가볍다.
② 예열시간이 불필요하다.
③ 내부 전력손실이 크다.
④ 정격값 이상이 되면 파괴된다.

> **해설** 반도체의 특징
> ① 극히 소형이고 경량이다.
> ② 내부전력 손실이 매우 적다.
> ③ 예열을 요구하지 않고 곧바로 작동한다.
> ④ 기계적으로 강하고 수명이 길다.
> ⑤ 온도에 민감하다.
>   (온도가 높아지면 특성이 나빠진다)
> ⑥ 역내압이 매우 낮다.
> ⑦ 정격 값 이상에서 파괴되기 쉽다.

14 회로 시험기로 전기회로의 측정 점검 시 주의사항으로 틀린 것은?

① 테스트 리드의 적색은 + 단자에 흑색은 - 단자에 연결한다.
② 전류 측정 시는 테스터를 병렬로 연결하여야 한다.
③ 각 측정 범위의 변경은 큰 쪽에서 작은 쪽으로 한다.
④ 저항 측정 시엔 회로 전원을 끄고 단품은 탈거한 후 측정한다.

> **해설** 회로시험기로 전류를 측정하려면 전기회로에 직렬로 연결해야 한다.

15 전기장치의 배선 연결부 점검 작업으로 적합한 것을 모두 고른 것은?

> a. 연결부의 풀림이나 부식을 점검한다.
> b. 배선 피복의 절연 균열 상태를 점검한다.
> c. 배선이 고열 부위로 지나가는지 점검한다.
> d. 배선이 날카로운 부위로 지나가는지 점검한다.

① a-b
② a-b-d
③ a-b-c
④ a-b-c-d

16 퓨즈에 관한 설명으로 맞는 것은?

① 퓨즈는 정격전류가 흐르면 회로를 차단하는 역할을 한다.
② 퓨즈는 과대 전류가 흐르면 회로를 차단하는 역할을 한다.
③ 퓨즈는 용량이 클수록 정격전류가 낮아진다.
④ 용량이 작은 퓨즈는 용량을 조정하여 사용한다.

해설 퓨즈는 과대 전류가 흐르면 끊어져 회로를 차단하는 역할을 하며 납과 주석, 창연, 카드뮴을 섞어 만든다.

17 자동차 전기 계통을 작업할 때 주의사항으로 틀린 것은?

① 배선을 가솔린으로 닦지 않는다.
② 커넥터를 분리할 때는 잡아당기지 않도록 한다.
③ 센서 및 릴레이는 충격을 가하지 않도록 한다.
④ 반드시 축전지 (+) 단자를 분리한다.

해설 자동차 전기 계통을 작업할 때는 쇼트를 방지하기 위해 배터리 (−) 단자를 분리한 후 작업한다.

정답 15 ④   16 ②   17 ④

2 축전지

1 자동차에서 배터리의 역할이 아닌 것은?

① 기동장치의 전기적 부하를 담당한다.

② 캐니스터를 작동시키는 전원을 공급한다.

③ 컴퓨터(ECU)를 작동시킬 수 있는 전원을 공급한다.

④ 주행상태에 따른 발전기의 출력과 부하와의 불균형을 공급한다.

해설 축전지의 기능
① 기동장치의 전기적 부하를 담당한다.
② 발전기 고장 시 주행을 확보하기 위한 전원을 공급한다.
③ 주행상태에 따른 발전기의 출력과 부하와의 불균형을 조정한다.

2 다음은 배터리 격리판에 대한 설명이다. 틀린 것은?

① 격리판은 전도성이 있어야 한다.

② 전해액에 부식되지 않아야 한다.

③ 전해액의 확산이 잘되어야 한다.

④ 극판에서 이물질을 내뿜지 않아야 한다.

해설 격리판의 구비조건
① 비전도성일 것
② 다공성으로 전해액의 확산이 잘 될 것
③ 기계적 강도가 있고 전해액에 부식되지 않을 것
④ 극판에서 이물질을 내뿜지 않을 것

3 축전지의 충·방전 화학식이다. ( ) 속에 해당되는 것은?

$$PbO_2 + (\quad) + Pb \rightleftarrows PbSO_4 + 2H_2O + PbSO_4$$

① H_2O ② $2H_2O$

③ $2PbSO_4$ ④ $2H_2SO_4$

해설 전해액은 묽은황산($2H_2SO_4$)을 사용한다.

4 전해액을 만들 때 황산에 물을 혼합하면 안 되는 이유?

① 유독가스가 발생하기 때문에

② 혼합이 잘 안 되기 때문에

③ 폭발의 위험이 있기 때문에

④ 비중 조정이 쉽기 때문에

5 자동차용 납산 축전지에 관한 설명으로 맞는 것은?

① 일반적으로 축전지의 음극 단자는 양극 단자보다 크다.

② 정전류 충전이란 일정한 충전 전압으로 충전하는 것을 말한다.

③ 일반적으로 충전시킬 때는 + 단자는 수소가 - 단자는 산소가 발생한다.

정답 1 ② 2 ① 3 ③ 4 ④ 5 ④

④ 전해액의 황산 비율이 증가하면 비중은 높아진다.

축전지를 충전할 때 + 단자는 산소가 - 단자는 수소가 발생한다.

6 축전지의 극판이 영구 황산납으로 변하는 원인으로 틀린 것은?

① 전해액이 모두 증발되었다.
② 방전된 상태로 장기간 방치하였다.
③ 극판이 전해액에 담겨있다.
④ 전해액의 비중이 너무 높은 상태로 관리하였다.

극판의 영구 황산납[설페이션]화란 축전지의 방전상태가 오랫동안 지속되어 극판이 결정화되는 현상으로 원인은 다음과 같다.
① 축전지를 방전상태로 장기간 방치했을 때
② 전해액이 부족하여 극판이 공기 중에 노출되었을 때
③ 전해액 비중이 너무 높거나 낮을 때
④ 불충분한 충전이 되었을 때

7 실측한 전해액의 비중이 1.286이고, 이때 전해액의 온도가 26℃일 때, 20℃에서 전해액의 비중은?

① 1.282   ② 1.2902
③ 1.300   ④ 1.3102

$$S_{20} = St + 0.0007 \cdot (t - 20)$$

여기서, S_{20} : 표준온도 20℃로 환산비중
St : t℃에서 실측한 비중
0.0007 : 온도 1℃ 변화에 대한 비중변화
t : 측정할 때의 전해액 온도

$$S_{20} = 1.286 + 0.0007 \times (26 - 20)$$
$$= 1.2902$$

8 용량과 전압이 같은 축전지 2개를 직렬로 연결할 때의 설명으로 옳은 것은?

① 용량은 축전지 2개와 같다.
② 용량과 전압 모두 2배로 증가한다.
③ 전압이 2배로 증가한다.
④ 용량은 2배로 증가하지만 전압은 같다.

축전지 연결방법에 따른 용량변화
직렬연결 : 전압은 개수만큼 증가하고 용량은 1개 일 때와 같다.
병렬연결 : 용량은 개수만큼 증가하고 전압은 1개 일 때와 같다.

9 4(A)로 연속 방전하여 방전 종지 전압에 이를 때까지 20시간 소요되었다. 축전지의 용량 (Ah)은?

① 5   ② 40
③ 60   ④ 80

축전지 용량(Ah) = 방전전류(A)×방전시간(h)이므로 4×20 = 80이 된다.

6 ③   **7** ②   **8** ③   **9** ④

10 축전지 충전 시의 주의사항으로 틀린 것은?

① 염산을 준비해 만일의 경우를 대비한다.

② 환기장치를 한다.

③ 불꽃이나 인화물질의 접근을 금한다.

④ 축전지 전해액의 온도가 45℃ 이상 되지 않도록 한다.

해설 축전지를 충전할 때 주의사항
① 충전장소는 환기가 잘되어야 한다.
② 충전 중 축전지에 충격을 가하지 않는다.
③ 충전장소에서 인화물질을 사용해서는 안 된다.
④ 축전지 전해액의 온도가 45℃가 넘지 않게 한다.
⑤ 암모니아수 또는 탄산소다 등의 중화제를 준비해 둔다.
⑥ 차량에서 축전지를 떼어내지 않고 충전할 때는 반드시 양극(+, −) 단자를 분리하고 충전한다.

11 암전류(parasitic current)에 대한 설명으로 틀린 것은?

① 전자제어장치 차량에서는 차종마다 정해진 규정치 내에서 암 전류가 있는 것이 정상이다.

② 일반적으로 암전류의 측정은 모든 전기장치를 OFF하고, 전체 도어를 닫은 상태에서 실시한다.

③ 배터리 자체에서 저절로 소모되는 전류이다.

④ 암전류가 큰 경우 배터리 방전의 요인이 된다.

해설 암전류[parasitic current]
자동차의 시동을 끄거나 전원을 차단했을 때에도 작동이 멈추지 않도록 계속 공급되는 전류를 말한다.

3 발전기

01 교류발전기 발전원리에 응용되는 법칙은?

① 플레밍의 왼손법칙
② 플레밍의 오른손법칙
③ 옴의 법칙
④ 자기포화법칙

해설 교류발전기는 플레밍의 오른손법칙을 응용한 것이다.

02 AC 발전기의 출력변화 조정은 무엇에 의해 이루어지는가?

① 엔진의 회전수
② 배터리의 전압
③ 로터의 전류
④ 다이오드 전류

03 D.C 발전기의 계자 코일과 계자 철심에 상당하며 자속을 만드는 것은 A.C 발전기에서는 무엇이라 하는가?

① 스테이터
② 전기자
③ 다이오드
④ 로터

해설 교류(AC) 발전기의 로터는 축전지 전류에 의해 자석이 되는 부분이다.

04 AC 발전기에서 전류가 발생하는 곳은?

① 전기자
② 스테이터
③ 로터
④ 브러시

05 발전기의 기전력 발생에 관한 설명으로 틀린 것은?

① 로터의 회전이 빠르면 기전력은 커진다.
② 로터 코일을 통해 흐르는 여자 전류가 크면 기전력은 커진다.
③ 코일의 권수와 도선의 길이가 길면 기전력은 커진다.
④ 자극의 수가 많아지면 여자되는 시간이 짧아져 기전력이 작아진다.

06 자동차의 교류발전기에서 발생 된 교류 전기를 직류로 정류하는 부품은 무엇인가?

① 전기자
② 조정기
③ 실리콘 다이오드
④ 릴레이

해설 교류발전기의 실리콘 다이오드는 교류를 직류로 정류하고 축전지에서 발전기로 전류가 역류하는 것을 방지한다.

정답 1 ② 2 ③ 3 ④ 4 ② 5 ④ 6 ③

07 아래 (가)는 정상적인 발전기 충전 파형이다. (나)와 같은 파형이 나오는 경우는?

(가)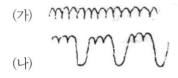

(나)

① 브러시 불량
② 다이오드 불량
③ 레귤레이터 불량
④ L(램프)선이 끊어졌음

해설 파형이 표출되는 것은 다이오드가 손상되었기 때문이다.

08 발전기의 3상 교류에 대한 설명으로 틀린 것은?

① 3조의 코일에서 생기는 교류파형이다.
② Y결선을 스타결선 △결선을 델타결선이라 한다.
③ 각 코일에 발생하는 전압을 선간전압이라고 하며 스테이터 발생전류는 직류전류가 발생된다.
④ △결선은 코일의 각 끝과 시작점을 서로 묶어서 각각의 접속점을 외부단자로 한 결선방식이다.

해설 교류(AC)발전기의 스테이터 코일에서 발생되는 전류는 교류전류이다.

09 엔진정지 상태에서 기동스위치를 "On" 시켰을 때 축전지에서 발전기로 전류가 흘렀다면 그 원인은?

① + 다이오드가 단락되었다.
② + 다이오드가 절연되었다.
③ - 다이오드가 단락되었다.
④ - 다이오드가 절연되었다.

10 자동차에 사용되는 교류발전기의 특징이 아닌 것은?

① 소형 경량이다.
② 저속에서도 출력이 크다.
③ 회전수의 제한을 받지 않는다.
④ 컷아웃 릴레이에 의해 전류의 역류를 방지한다.

해설 교류발전기의 특징
① 저속에서도 충전이 가능하다.
② 소형·경량이며, 브러시 수명이 길다.
③ 회전 부분에 정류자가 없어 회전속도의 제한을 받지 않는다.
④ 실리콘 다이오드로 정류하므로 전기적 용량이 크다.
⑤ 전압 조정기만 필요하다.

4 시동장치

01 플레밍의 왼손법칙을 이용한 것은?

① 충전기   ② DC발전기

③ AC발전기   ④ 전동기

해설 기동전동기는 플레밍의 왼손법칙을 응용한 것이다.

02 오버러닝 클러치 형식의 기동전동기에서 기관이 시동된 후에도 계속해서 키 스위치를 작동시키면?

① 기동전동기의 전기자가 타기 시작하여 소손된다.

② 기동전동기의 전기자는 무부하 상태로 공회전한다.

③ 기동전동기의 전기자가 정지된다.

④ 기동전동기의 전기자가 기관회전보다 고속 회전한다.

해설 오버러니 클러치의 작동에 의해 기동전동기의 전기자는 무부하 상태로 공회전한다.

03 기동전동기에서 오버러닝 클러치의 종류에 해당되지 않는 것은?

① 롤러식   ② 스프래그식

③ 전기자식   ④ 다판 클러치식

해설 기동전동기의 오버러닝 클러치 종류에는 롤러식, 스프래그식, 다판 클러치식이 있다.

04 링기어의 잇수가 120, 피니언기어 잇수가 120이고 1500cc급 엔진의 회전 저항이 6m·kgf일 때 기동전동기의 필요한 최소 회전력은?

① 0.6m·kgf   ② 2m·kgf

③ 20m·kgf   ④ 6m·kgf

해설 기동전동기의 필요 회전력

$$= \frac{\text{피니언의 잇수}}{\text{링기의 잇수}} \times \text{회전저항}$$

$$= \frac{12}{120} \times 6$$

$$= 0.6\,m \cdot kgf$$

05 기동전동기에서 오버러닝 클러치를 사용하지 않는 방식은?

① 벤딕스식

② 전기자섭동식

③ 피니언섭동식

④ 링기어섭동식

해설 밴딕스식은 피니언 기어가 관성에 의해 링기어에 치합되어 플라이휠을 회전시키며 엔진 시동 후 엔진 회전에 의해 피니언기어가 제자리로 돌아와 오버러닝 클러치가 필요 없다.

정답   1 ④   2 ②   3 ③   4 ①   5 ①

6 모터(전동기)의 형식을 맞게 나열한 것은?

① 직렬형, 병렬형, 복합형
② 직렬형, 복렬형, 병렬형
③ 직권형, 복권형, 복합형
④ 직권형, 복권형, 분권형

7 전기자(아마추어) 시험기로 시험하기에 가장 부적절한 것은?

① 코일의 단락
② 코일의 저항
③ 코일의 접지
④ 코일의 단선

해설 전기자 코일의 점검은 그로울러 시험기로 하며 전기자 코일의 단선, 단락, 접지 등을 시험한다.

8 자동차용 기동전동기로 많이 사용되는 형식은?

① 직권식 전동기
② 분권식 전동기
③ 복권식 전동기
④ 유도식 전동기

9 기동전동기에 많은 전류가 흐르는 원인으로 옳은 것은?

① 높은 내부저항
② 전기자 코일의 단선
③ 내부접지
④ 계자코일의 단선

10 전자제어 엔진 시동 시 라디오가 작동되지 않도록 한 이유는?

① 시동모터 작동을 원활하게 하기 위하여
② 발전기 작동을 원활하게 시키기 위하여
③ 에어컨 작동을 원활하게 시키기 위하여
④ 고장 발생 원인이 되기 때문에

11 기동전동기의 시험과 관계없는 것은?

① 저항시험   ② 회전력시험
③ 고부하시험   ④ 무부하시험

해설 기동전동기의 시험 항목에는 회전력시험, 저항시험, 무부하시험이 있다.

12 기동전동기 무부하시험을 하려고 한다. A와 B에 필요한 것은?

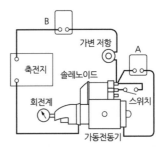

① A 전류계, B 전압계
② A 전압계, B 전류계
③ A 전류계, B 저항계
④ A 저항계, B 전압계

해설 기동전동기의 무부하 시험에 필요한 장치는 축전지, 전류계, 전압계, 가변저항 회전계 등이 필요하다.

5 편의장치

01 현재의 연료소비율 평균속도 항속가능 거리 등의 정보를 표시하는 시스템으로 옳은 것은?

① 종합경보시스템(ETACS 또는 ETWIS)
② 엔진·변속기 통합제어 시스템(ECM)
③ 자동주차 시스템(APS)
④ 트립(Trip) 정보 시스템

해설 트립 컴퓨터[trip computer]는 주행 평균속도, 주행거리, 연료소비율 등 주행과 관련된 다양한 정보를 LCD 표시창을 통해 운전자에게 알려주는 차량 정보 시스템을 말한다.

02 이모빌라이저 시스템에 대한 설명으로 틀린 것은?

① 차량의 도난을 방지할 목적으로 적용되는 시스템이다.
② 도난 상황에서 시동이 걸리지 않도록 제어한다.
③ 도난 상황에서 시동 키가 회전되지 않도록 제어한다.
④ 엔진의 시동은 반드시 차량에 등록된 키로만 시동이 가능하다.

03 와이퍼 장치에서 간헐적으로 작동되지 않는 요인으로 거리가 먼 것은?

① 와이퍼 릴레이가 고장이다.
② 와이퍼 블레이드가 마모되었다.
③ 와이퍼 스위치가 불량이다.
④ 모터 관련 배선의 접지가 불량이다.

해설 와이퍼 블레이드는 와이퍼의 고무 부분으로 마모 시 창이 깨끗이 닦이지 않는다.

04 백워닝(후방경고) 시스템의 기능과 가장 거리가 먼 것은?

① 차량 후방의 장애물을 감지하여 운전자에게 알려주는 장치이다.
② 차량 후방의 장애물은 초음파 센서를 이용하여 감지한다.
③ 차량 후방의 장애물 감지 시 브레이크가 작동하여 차속을 감속시킨다.
④ 차량 후방의 장애물 형상에 따라 감지되지 않을 수도 있다.

05 도어 록 제어(door lock control)에 대한 설명으로 옳은 것은?

① 점화 스위치 On 상태에서만 도어를 Unlock으로 제어한다.
② 점화 스위치를 Off로 하면 모든 도어 중 하나라도 록 상태일 경우 전 도어를 록(lock)시킨다.

정답 1 ④ 2 ③ 3 ② 4 ③ 5 ④

③ 도어 록 상태에서 주행 중 충돌 시 에어
백(ECU)으로부터 에어백 전개 신호를
입력받아 모든 도어를 Unlock 시킨다.
④ 도어 Unlock 상태에서 주행 중 차량
충돌 시 충돌 센서로부터 충돌정보를
입력받아 승객의 안전을 위해 모든 도
어를 잠근다.

해설 도어록 제어는 주행 중 도어가 열리는 것을 방지하기
위하여 일정 속도 이상에서 모든 도어를 잠그는 편의
장치로 주행 중 충돌이 감지되면 승객의 탈출을 위해
모든 도어의 잠김을 해제(Unlock)한다.

---

6 윈드실드 와이퍼 장치의 관리요령에 대한
설명으로 틀린 것은?

① 와이퍼 블레이드는 수시 점검 및 교환
해 주어야 한다.
② 와셔 액이 부족한 경우 와셔 액 경고등
이 점등된다.
③ 전면유리는 왁스로 깨끗이 닦아 주어야
한다.
④ 전면유리는 기름 수건 등으로 닦지 말
아야 한다.

해설 전면유리를 왁스로 닦으면 유리표면에 유막이 생겨
와이퍼 작동 시 유리가 깨끗하게 닦이지 않는다.

---

7 편의장치 중 중앙집중식 제어장치(ETACS
또는 ISU) 입·출력 요소의 역할에 대한 설
명으로 틀린 것은?

① INT 볼륨 스위치 : INT 볼륨 위치 검출
② 모든 도어 스위치 : 각 도어 잠김 여부
검출
③ 키 리마인드 스위치 : 키 삽입 여부 검출

④ 와셔 스위치 : 열선 작동 여부 검출

---

8 전자제어 방식의 뒷유리 열선제어에 대한
설명으로 틀린 것은?

① 엔진 시동상태에서만 작동한다.
② 열선은 병렬회로로 연결되어 있다.
③ 정확한 제어를 위해 릴레이를 사용하지
않는다.
④ 일정시간 작동 후 자동으로 Off된다.

---

9 자동차의 IMS(Integrated Memory System)
에 대한 설명으로 옳은 것은?

① 자동차의 도난을 예방하기 위한 시스템
이다.
② 자동차의 편의장치로서 장거리 운행 시
자동운행 시스템을 말한다.
③ 배터리 교환주기를 알려주는 시스템이다.
④ 1회의 스위치 조작으로 운전자가 설정
해둔 시트 위치로 재생시킬 수 있는 시
트제어 시스템을 말한다.

해설 자동차의 IMS (Integrated Memory System)은 운전자의
체형에 맞게 시트, 사이드미러, 핸들의 각도 등을 설정하
고 스위치 조작으로 위치를 재생시키는 편의장치이다.

---

10 에어백 장치를 점검, 정비할 때 안전하지
못한 행동은?

① 에어백 모듈은 사고 후에도 재사용이
가능하다.
② 조향 휠을 장착할 때 클럭 스프링의 중
립 위치를 확인한다.

정답 6 ③ 7 ④ 8 ③ 9 ④ 10 ①

③ 에어백 장치는 축전지 전원을 차단하고
　 일정시간 지난 후 정비한다.
④ 인플레이터의 저항은 아날로그 테스터
　 기로 측정하지 않는다.

해설 에어백 장치 정비 시 부품과 모듈은 재사용하지 않
는다.

11 다음 중 가속도(G) 센서가 사용되는 전자
제어 장치는?

① 에어백(SRS)장치
② 배기장치
③ 정속주행장치
④ 분사장치

12 통신방식 중 통신의 권한은 Master가
Slave는 Master의 통신 시작 요구에 의해
서만 응답할 수 있는 통신방식은?

① CAN 통신
② 시리얼 통신
③ 양방향 통신
④ LIN 통신

13 LIN(Local Interconnect Network) 통신의
사용범위가 아닌 것은?

① 에탁스 제어기능
② 세이프티 파워 윈도 제어
③ 리모컨 시동 제어
④ ECU간 통신

14 자동차 CAN 통신 시스템의 특징이 아닌

것은?

① 양방향 통신이다.
② 모듈 간의 통신이 가능하다.
③ 싱글마스터(Single Master) 방식이다.
④ 데이터를 2개의 배선(CAN-High, CAN
　 -Low)을 이용하여 전송한다.

15 자동차 전자제어모듈 통신방식 중 고속
CAN에 대한 설명으로 틀린 것은?

① 진단장비로 통신라인의 상태를 점검할
　 수 있다.
② 차량용 통신으로 적합하나 배선수가 현
　 저하게 많아진다.
③ 제어 모듈 간의 정보를 데이터 형태로
　 전송할 수 있다.
④ 종단 저항값으로 통신라인의 이상 유무
　 를 판단할 수 있다.

16 자동차에 적용된 다중 통신장치인 LAN
통신 (local area network)의 특징으로 틀
린 것은?

① 다양한 통신장치와 연결이 가능하고 확
　 장 및 재배치가 가능하다.
② LAN 통신을 함으로써 자동차용 배선
　 이 무거워진다.
③ 사용 커넥터 및 접속점을 감소시킬 수
　 있어 통신장치의 신뢰성을 확보할 수
　 있다.
④ 기능 업그레이드를 소프트웨어로 처리
　 함으로 설계변경의 대응이 쉽다.

정답 　11 ①　12 ④　13 ④　14 ③　15 ②　16 ②

1 계기판의 속도계가 작동하지 않을 때 고장부품으로 옳은 것은?

① 차속 센서
② 흡기매니폴드 압력센서
③ 크랭크각 센서
④ 냉각 수온 센서

해설 계기판의 속도계는 차속 센서[VSS : Vehicle Speed Sensor]의 신호에 의해 작동한다.

2 계기판의 엔진 회전계가 작동하지 않는 결함의 원인에 해당되는 것은?

① VSS(Vehicle Speed Sensor) 결함
② CPS(Crankshaft Position Sensor) 결함
③ MAP(Manifold Absolute Pressure Sensor) 결함
④ CTS(Coolant Temperature Sensor) 결함

해설 계기판의 엔진 회전계는 크랭크각 센서[CPS : Crankshaft Position Sensor]의 신호에 의해 작동한다.

3 주행계기판의 온도계가 작동하지 않을 경우 점검을 해야 할 곳은?

① 공기유량 센서
② 냉각수온 센서
③ 에어컨 압력 센서
④ 크랭크 포지션 센서

해설 계기판의 엔진 온도계는 냉각수 온도 센서[CTS : Coolant Temperature Sensor]의 신호에 의해 작동한다.

4 계기판의 주차 브레이크등이 점등되는 조건이 아닌 것은?

① 주차브레이크가 당겨져 있을 때
② 브레이크액이 부족할 때
③ 브레이크 페이드 현상이 발생했을 때
④ EBD 시스템에 결함이 발생했을 때

5 커먼레일 디젤 엔진 차량의 계기판에 경고등 및 지시등의 종류가 아닌 것은?

① 예열플러그 작동지시등
② DPF 경고등
③ 연료수분감지 경고등
④ 연료차단 지시등

해설 DPF[Diesel Particulate Filter]
디젤 엔진의 배기가스 중 PM(입자상 물질)을 물리적으로 포집하고 연소시켜 제거하는 배기 후처리 장치

정답 **1** ① **2** ② **3** ② **4** ③ **5** ④

6 자동차 전조등회로에 대한 설명으로 맞는 것은?

① 전조등 좌우는 직렬로 연결되어 있다.
② 전조등 좌우는 병렬로 연결되어 있다.
③ 전조등 좌우는 직병렬로 연결되어 있다.
④ 전조등 작동 중에는 미등이 소등된다.

해설 전조등 회로는 안전을 고려하여 좌·우 회로를 병렬로 연결한다.

7 전조등 종류 중 반사경, 렌즈, 필라멘트가 일체인 방식은?

① 실드빔형   ② 세미실드빔형
③ 분할형   ④ 통합형

해설 세미실드빔형은 렌즈와 반사경은 일체로 제작되며 전구만 교환이 가능하다.

8 전조등 광원의 광도가 20,000cd이며, 거리가 20m일 때 조도는?

① 50Lx   ② 100Lx
③ 150Lx   ④ 200Lx

해설
$$조도(LUX) = \frac{cd}{r^2}$$

여기서, cd : 광도
r : 거리

$$= \frac{20,000}{20^2}$$
$$= 50Lx$$

9 배선에 있어서 기호와 색의 연결이 틀린 것은?

① Gr : 보라   ② G : 녹색
③ R : 적색   ④ Y : 노랑

해설 배선의 기호 및 색상

기호	색 상	기호	색 상	기호	색 상
B	검은색 (Black)	Br	갈색 (Brown)	L	파란색 (Blue)
R	빨간색 (Red)	O	오렌지색 (Orange)	G	녹색 (Green)
W	흰색 (White)	Gr	회색 (Gray)	Y	노란색 (Yellow)

10 전조등회로의 구성품이 아닌 것은?

① 라이트 스위치
② 전조등 릴레이
③ 스테이터
④ 딤머 스위치

해설 딤머 스위치[dimmer switch]
전조등의 빔을 하이(Hi)와 로우(Low)로 전환시키며 점등시킨다.

11 차량 주위의 밝기에 따라 미등 및 전조등을 작동시키는 기능을 무엇이라 하는가?

① 레인센서 기능
② 자동와이퍼 기능
③ 오토라이트 기능
④ 램프 오토 컷 기능

12 다음 중 오토라이트에 사용되는 조도 센서는 무엇을 이용한 센서인가?

① 다이오드   ② 트랜지스터
③ 서미스터   ④ 광전도 셀

정답 6 ② 7 ① 8 ① 9 ① 10 ③ 11 ③ 12 ④

13 전조등의 광량을 검출하는 라이트 센서에서 빛의 세기에 따라 광전류가 변화되는 원리를 이용한 소자는?

① 포토다이오드   ② 발광다이오드
③ 제너다이오드   ④ 사이리스터

14 전조등의 조정 및 점검 시험 시 유의사항이 아닌 것은?

① 광도는 안전기준에 맞아야 한다.
② 광도 측정 시 헤드라이트를 깨끗이 닦아야 한다.
③ 타이어 공기압과는 관계가 없다.
④ 퓨즈는 항상 정격용량의 것을 사용해야 한다.

15 자동차 제동등이 다른 등화와 겸용하는 제동등일 경우 조작 시 그 광도가 몇 배 이상 증가하여야 하는가?

① 2배   ② 3배
③ 4배   ④ 5배

16 후퇴등은 등화의 중심점이 공차상태에서 어느 범위가 되도록 설치하여야 하는가?

① 지상 15㎝ 이상 – 100㎝ 이하
② 지상 20㎝ 이상 – 110㎝ 이하
③ 지상 15㎝ 이상 – 95㎝ 이하
④ 지상 25㎝ 이상 – 120㎝ 이하

17 적색 또는 청색 경광등을 설치하여야 하는 자동차가 아닌 것은?

① 교통단속에 사용되는 경찰용 자동차
② 범죄 수사를 위하여 사용되는 수사기관용 자동차
③ 소방용 자동차
④ 구급 자동차

18 자동차 전조등 주광축의 진폭 측정 시 10m 위치에서 우측 우향진폭 기준은 몇 ㎝ 이내이어야 하는가?

① 10   ② 20
③ 30   ④ 39

19 자동차 주행빔 전조등의 발광면은 상측, 하측, 내측, 외측의 몇 도 이내에서 관측 가능해야 하는가?

① 5   ② 10
③ 15   ④ 20

정답   **13** ①   **14** ③   **15** ②   **16** ④   **17** ④   **18** ③   **19** ①

산업안전관련 정보

I 산업안전관련 정보

1 안전기준 및 재해

산업재해는 생산 활동을 위한 업무수행 중 작업환경 또는 작업행동 등 업무상의 사유로 발생하는 근로자의 신체적 · 정신적 재해를 말한다.

(1) 산업안전관리의 목적

① 산업재해로부터 근로자의 생명과 재산을 보호
② 사고발생을 방지
③ 생산성 향상과 손실의 최소화

(2) 재해가 발생하는 원인

① 불안전한 행동 : 불안전한 자세, 안전장치의 제거, 작동 중인 기계의 점검 및 수리, 부적당한 복장 등
② 기계의 결함, 불완전한 작업환경, 안전장치의 결여, 방호장치의 결함 등
③ 안전교육의 미미, 안전수칙 미제정, 미비한 작업관리 등
④ 작업제한구역의 출입 및 작업자의 안전수칙 미준수

(3) 재해 예방의 4원칙

① 예방가능의 원칙
② 손실우연의 원칙
③ 원인연계기의 원칙
④ 대책선정의 원칙

(4) 재해 발생 형태

① 충돌 : 작업자와 기계 또는 적재물과 부딪쳐서 발생하는 재해

② 협착 : 중량물의 이동을 위하여 들어 올리거나 내릴 때 신체 일부가 중량물에 끼어서 발생하는 재해

③ 전도 : 작업자가 작업수행 중 미끄러지거나 넘어져서 발생하는 재해

④ 추락 : 작업자가 높은 곳에서 떨어져서 발생하는 재해

⑤ 낙하 : 떨어지는 물건에 의해 작업자가 맞아서 발생하는 재해

(5) 작업 전 안전점검

① 인적인 면 : 건강상태, 기능상태, 안전교육, 보호구 착용, 자격적격자 배치 등

② 물적인 면 : 기계 기구의 설비, 공구, 안전보호구, 전기시설 등

③ 관리적인 면 : 작업내용, 작업순서 및 방법, 긴급시 조치, 안전수칙 등

④ 환경적인 면 : 작업 장소, 환기, 조명, 온도, 분진, 청결 상태 등

(6) 안전점검을 실시할 때 유의사항

① 점검한 내용은 상호 이해하고 협조하여 시정책을 강구할 것

② 안전점검이 끝나면 강평을 실시하고 사소한 사항이라도 묵인하지 말 것

③ 과거에 재해가 발생한 곳에는 그 요인이 없어졌는지 확인할 것

④ 점검자의 능력에 적합한 점검내용을 활용할 것

(7) 산업체에서 안전을 지킴으로서 얻을 수 있는 이점

① 직장의 신뢰도를 높여준다.

② 상하 동료 간에 인간관계가 개선된다.

③ 회사 내 규율과 안전수칙이 준수되어 질서유지가 실현된다.

(1) 재해조사의 목적

재해의 원인과 결함 등을 규명하여 동종의 재해 및 유사재해가 다시 발생하는 것을 방지하기 위한 예방대책을 수립하기 위하여 실시한다.

(2) 사고예방 대책의 5단계

① 제1단계 : 조직(안전관리조직)

　안전관리조직과 책임부여, 안전관리규정 제정, 안전관리계획수립

② 제2단계 : 사실의 발견(현상파악)

　자료수집, 작업공정분석, 점검, 위험확인 검사 및 조사 실시

③ 제3단계 : 분석평가(원인 규명)

　재해조사 분석, 안전성 진단, 평가 작업환경측정

④ 제4단계 : 시정방법의 선정(대책선정)

　기술적 개선안, 관리적 개선안, 제도적 개선안

⑤ 제5단계 : 시정책의 적용(목표달성)

　목표설정, 실시, 재평가, 실시

(3) 재해율

① 천인율

평균 재적근로자 1000명에 대하여 발생한 재해자 수를 나타내어 1000배 한 것이다.

$$천인율 = \frac{재해자\ 수}{평균근로자\ 수} \times 1,000$$

② 연천인율

1000명의 근로자가 1년을 작업하는 동안에 발생한 재해 빈도를 나타낸 것이다.

$$연천인율 = \frac{재해자\ 수}{연평균\ 근로자\ 수} \times 1,000$$

③ 도수율

연근로 시간 100만 시간 동안에 발생한 재해의 빈도를 나타낸 것이다.

$$도수율 = \frac{재해발생\ 건수}{연근로\ 시간수} \times 1,000,000근로$$

④ 강도율

근로시간 1000시간당 재해로 인하여 근무하지 못한 근로손실일수로서 산업재해의 경·중의 정도를 알기 위한 재해율로 이용된다.

$$강도율 = \frac{근로손실\ 일수}{연근로\ 일수} \times 1,000$$

(4) 화재 및 소화

1) 화재의 종류

① A급 화재 : 일반 가연물에 의한 화재로 소화용기에 표시된 원형표식은 흰색이다.

② B급 화재 : 액체연료 화재로서 가솔린, 알코올, 석유 등의 유류화재로 소화용기에 표시된 원형표식은 황색이다.

③ C급 화재 : 전기기계, 기구 등에서 발생되는 화재로 소화용기에 표시된 원형표식은 청색이다.

④ D급 화재 : 마그네슘 등의 금속화재

⑤ E급 화재 : 가스 화재

2) 소화기의 분류

① 분말소화기 : ABC급 화재에 적용

② 포말소화기 : AB급 화재에 적용

③ 이산화탄소(CO_2)소화기 : BC급 화재에 및 전기화재에 적용

3) 소화작업

① 화재가 일어나면 화재경보를 한다.

② 배선의 부근에 물을 공급할 때에는 전기가 통하는지의 여부를 알아본 후에 한다.

③ 가스 밸브를 잠그고 전기 스위치를 끈다.

④ 카바이트 및 유류에는 물을 뿌리지 않는다.

(5) 작업환경 및 작업복

1) 작업장의 조명

① 초정밀 작업 : 750lux 이상

② 정밀작업 : 300lux 이상

③ 보통작업 : 150lux 이상

④ 기타 작업 : 75lux 이상

2) 작업복

① 작업복은 몸에 맞고 동작이 편하도록 제작한다.

② 소매나 바짓자락이 조여질 수 있어 기계에 말려 들어갈 위험이 없도록 한다.

③ 작업에 따라 보호구 등을 착용할 수 있어야 한다.

④ 화기사용 작업장에서는 방염성 및 불연성 소재로 제작한다.

⑥ 주머니가 적고 팔이나 발이 노출되지 않는 것이 좋다.

(6) 안전 · 보건표지의 종류

1) 금지표지

특정의 통행을 금지하는 표지로서 출입금지, 탑승금지, 보행금지, 사용금지 등 흰색 바탕에 기본모형은 빨강, 관련 부호 및 그림은 검은색이다.

2) 경고표지

위험물 또는 위험물에 대한 주의를 환기시키는 표지로 노란색 바탕에 기본모형은 검은색, 관련 부호 및 그림도 검은색이다.

3) 지시표시

보호구 착용을 지시하는 명령 표지로서 안전모 작용, 보안면 착용 등의 표시로 청색 바탕에 기본모형은 녹색, 관련 부호 및 그림은 청색이다.

4) 안내표지

비상구, 의무실, 구급 용구 등 위치를 알리는 표지로 녹색 바탕에 기본모형은 녹색, 관련 부호 및 그림은 흰색이다.

안전보건표지(산업안전보건법 제12조)

1 금지표지	101 출입금지	102 보행금지	103 차량통행금지	104 사용금지	105 탑승금지	106 금연	107 화기금지
108 물체이동금지	2 경고표지	201 인화성물질경고	202 산화성물질경고	203 폭발성물질경고	204 급성독성물질경고	205 부식성물질경고	206 방사성물질경고
207 고압전기경고	208 매달린물체경고	209 낙하물경고	210 고온경고	211 저온경고	212 몸균형상실경고	213 레이저광선경고	214 발암성·변이원성·생식독성·전신독성·호흡기과민성 물질 경고
215 위험장소 경고	3 지시표지	301 보안경착용	302 방독마스크착용	303 방진마스크착용	304 보안면착용	305 안전모착용	306 귀마개착용
307 안전화착용	308 안전장갑착용	309 안전복착용	4 안내표지	401 녹십자표지	402 응급구호 표지	403 들것	404 세안장치
405 비상용기구	406 비상구	407 좌측비상구	408 우측비상구	5 관계자외 출입금지	501 허가대상물질작업장 관계자외 출입금지 (허가물질 명칭) 제조/사용/보관중 보호구/보호복 착용 흡연및 음식물 섭취 금지		502 석면취급/해체작업장 관계자외 출입금지 석면 취급/해체중 보호구/보호복 착용 흡연및 음식물 섭취 금지
503 금지대상물질의 취급 실험실 등 관계자외 출입금지 발암물질 취급중 보호구/보호복 착용 흡연및 음식물 섭취 금지	6 문자 추가시 예시문	화기업금	■ 내 자신의 건강과 복지를 위하여 안전을 늘 생각한다. ■ 내 가정의 행복과 화목을 위하여 안전을 늘 생각한다. ■ 내 자신의 실수로써 동료를 해치지 않도록 안전을 늘 생각한다. ■ 내 자신이 일으킨 사고로 인한 회사의 재산과 손실을 방지하기 위하여 안전을 늘 생각한다. ■ 내 자신의 방심과 불안전한 행동이 조국의 번영에 장애가 되지 않도록 하기 위하여 안전을 늘 생각한다.				

II 작업상의 안전

(1) 차량을 이용한 운반 작업

① 차량의 동요로 안정이 파괴되기 쉬울 때는 비교적 무거운 물건을 아래로 적재한다.

② 여러 가지 물건을 적재할 때는 가벼운 물건을 위에 올린다.

③ 화물 위나 운반차량에 사람의 탑승은 절대 금한다.

④ 긴 물건을 실을 때에는 맨 끝부분에 위험표시를 해야 한다.

(2) 운반기계에 대한 안전수칙

① 무거운 물건을 운반할 경우에는 반드시 경종을 울린다.

② 흔들리는 화물은 로프 등으로 고정한다.

③ 기중기는 규정 용량을 초과하지 않는다.

④ 무거운 물건을 상승시킨 채 오랫동안 방치하지 않는다.

⑤ 무거운 것은 밑에 가벼운 것은 위에 쌓는다.

⑥ 긴 물건을 적재할 때는 끝에 반드시 위험표시를 한다.

  (적재물이 차량 적재함 밖으로 나올 때는 끝부분에 적색으로 위험표시를 한다.)

(3) 폭발의 우려가 있는 장소에서 금지하여 할 사항

① 화기의 사용금지

② 과열로 인한 점화의 원인이 될 우려가 있는 기계의 사용금지

③ 사용 도중 불꽃이 발생하는 공구의 사용금지

④ 가연성 재료의 사용금지

(4) 정비공장에서 지켜야 할 안전수칙

① 작업 중 입은 부상은 응급치료를 받고 즉시 보고한다.

② 밀폐된 실내에서는 시동을 걸지 않는다.

③ 통로나 마룻바닥에 공구나 부품을 방치하지 않는다.

④ 기름걸레나 인화 물질은 철제상자에 보관한다.

⑤ 전장 테스터 사용 중 정전이 되면 스위치를 Off에 놓아야 한다.

⑥ 액슬(허브) 작업을 할 때는 잭과 스탠드로 고정해야 한다.

⑦ 엔진을 시동하고자 할 때 소화기를 비치해야 한다.

(5) 변속기 떼어내기 작업

① 잭(jack)과 스탠드를 견고하게 받칠 것

② 자동차 밑에서 작업할 때는 보안경을 쓸 것

③ 신발은 안전화를 신을 것

④ 엔진의 작동을 정지시킨 상태에서 변속기 설치 볼트를 풀 것

(6) 잭(jack)으로 차체 등을 들어 올릴 때 주의사항

① 물체를 올리고 잭 손잡이를 뺀다.

② 잭을 올리고 나서 받침대(스탠드)로 받친다.

③ 잭은 물체의 중심위치에 설치한다.

(7) 감전사고 방지대책

① 고압의 전류가 흐르는 부분은 표시하여 주의하도록 한다.

② 전기 작업을 할 때는 절연용 보호구를 착용한다.

③ 스위치의 개폐는 오른손으로 하고 물기가 있는 손으로 전기장치나 기구에 손을 대지 않는다.

5
PART

자동차정비기능사

실전모의고사

1회 실전모의고사

01 인젝터 회로의 정상적인 파형이 그림과 같을 때 본선의 접촉 불량 시 나올 수 있는 파형 중 맞는 것은?

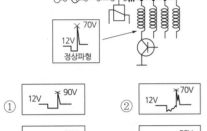

> **해설** 디젤 노크의 발생은 세탄가, 압축비, 착화지연기간, 연료 분사시기, 흡입공기온도, 연료의 분사량과 관련이 있다.

02 디젤 노크와 관련이 없는 것은?

① 연료분사량
② 연료 분사시기
③ 흡기온도
④ 엔진오일량

03 디젤기관에서 연료 분사펌프의 거버너는 어떤 작용을 하는가?

① 분사압력을 조정한다.
② 분사시기를 조정한다.
③ 착화시기를 조정한다.
④ 분사량을 조정한다.

> **해설** 분사펌프의 거버너(조속기)는 기관의 부하변동에 따라 자동적으로 연료 분사량을 가감하는 장치이다.

04 다음 중 EGR(exhaust gas recirculation) 밸브의 구성 및 기능 설명으로 틀린 것은?

① 배기가스 재순환장치
② EGR 파이프 EGR 밸브 및 서모밸브로 구성
③ 질소화합물(NO_x) 발생을 감소시키는 장치
④ 연료 증발가스(HC) 발생을 억제시키는 장치

> **해설** EGR(Exhaust Gas Recirculation) 밸브
> EGR밸브는 질소산화물(NO_x)를 저감시키기 위한 장치로 배기가스를 기관의 출력저하가 최소화되는 범위에서 연소실로 되돌려 연소온도를 낮춤으로써 질소산화물(NO_x)의 생성을 저감시킨다.

05 피스톤 평균속도를 높이지 않고 엔진 회전속도를 높이려면?

① 행정을 작게 한다.
② 행정을 크게 한다.
③ 실린더 지름을 크게 한다.
④ 실린더 지름을 작게 한다.

> **해설** 피스톤의 평균속도를 높이지 않고 엔진 회전속도를 높일 수 있는 기관은 단행정 기관이며 실린더 지름보다 행정 길이가 작은 기관이다.

정답 1 ④ 2 ③ 3 ④ 4 ④ 5 ①

6 탄소 1 kg을 완전 연소시키기 위한 순수 산소의 양은?

① 약 1.67 kg   ② 약 2.67 kg

③ 약 2.89 kg   ④ 약 5.56 kg

해설 탄소 1kg을 완전 연소시키기 위해 순수 산소 2.67kg이 필요하다.

7 어떤 물체가 초속도 10 m/s로 마루면을 미끄러진다면 m를 진행하고 멈추는가?

(단, 물체와 마루면 사이의 마찰계수는 0.5이다.)

① 0.51 m   ② 5.1 m

③ 10.2 m   ④ 20.4 m

해설 정지거리

$$S = \frac{V^2}{2 \cdot \mu \cdot g}$$

S : 정지거리(m)
V : 초속도(m/s)
μ : 마찰계수
g : 중력가속도$(9.8 m/s^2)$

$$S = \frac{10^2}{2 \times 0.5 \times 9.8}$$
$$= 10.2$$

8 규정 값이 내경 78 mm인 실린더를 실린더 보어 게이지로 측정한 결과 0.35 mm가 마모되었다. 실린더 내경을 얼마로 수정해야 하는가?

① 실린더 내경을 78.35 mm로 수정한다.

② 실린더 내경을 78.50 mm로 수정한다.

③ 실린더 내경을 78.75 mm로 수정한다.

④ 실린더 내경을 78.90 mm로 수정한다.

해설 실린더 보링 치수 계산

① 실린더 마멸량
    78 mm + 0.35 mm = 78.35 mm
② 수정 절삭 값
    78.35 mm + 0.2 mm = 78.55 mm
③ 오버사이즈 피스톤 값
    0.25, 0.50, 0.75~1.500이므로 오버사이즈 피스톤 값에 맞춰 78.75 mm로 수정한다.

9 전자제어 차량의 인젝터가 갖추어야 될 기본 요건이 아닌 것은?

① 정확한 분사량

② 내부식성

③ 기밀유지

④ 저항값은 무한대(∞)일 것

해설 가솔린 전자제어 장치에 사용되는 인젝터 코일의 저항값은 13~16Ω 정도이다.

10 흡기관 내 압력의 변화를 측정하여 흡입 공기량을 간접으로 검출하는 방식은?

① K–jetronic   ② D–jetronic

③ L–jetronic   ④ LH–jetronic

해설 전자제어 연료분사장치의 D–jetronic 방식은 흡기 다기관의 압력변화를 측정하여 연료 분사량을 제어하는 방식이다.

11 자동차가 24 km/h의 속도에서 가속하여 60 km/h의 속도를 내는데 5초 걸렸다. 평균가속도는?

① 10 ㎧   ② 5 ㎧

③ 2 ㎧   ④ 1.5 ㎧

$a = \dfrac{V_2 - V_1}{t}$

a : 가속도
V_2 : 나중속도
V_1 : 처음속도
t : 걸린시간

$a = \dfrac{60 - 24}{3.6 \times 5}$

$\quad = 2\,m/s^2$

12 PCV(positive crankcase ventilation)에 대한 설명으로 옳은 것은?

① 블로바이가스를 대기 중으로 방출하는 시스템이다.

② 고부하 때에는 블로바이가스가 공기 청정기에서 헤드커버 내로 공기가 도입된다.

③ 흡기다기관이 부압일 때는 크랭크케이스에서 헤드커버를 통해 공기청정기로 유입된다.

④ 헤드커버 안의 블로바이가스는 부하와 관계없이 서지탱크로 흡입되어 연소된다.

해설 PCV 밸브는 흡기다기관 진공에 의해 유량이 조절 되어 헤드커버 안의 블로바이가스를 서지탱크를 통해 연소실로 유입시킨다.

13 제동마력(BHP)을 지시마력(IHP)으로 나눈 값은?

① 기계효율　　② 열효율

③ 체적효율　　④ 전달효율

해설 기계효율 $= \dfrac{\text{제동마력}}{\text{지시마력}} \times 100$

14 화물자동차 및 특수자동차의 차량 총 중량은 몇 톤을 초과해서는 안 되는가?

① 20톤　　② 30톤

③ 40톤　　④ 50톤

15 실린더 벽이 마멸되었을 때 나타나는 현상 중 틀린 것은?

① 엔진오일의 희석 및 마모

② 피스톤 슬랩 현상 발생

③ 압축압력 저하 및 블로바이 과다 발생

④ 연료소모 저하 및 엔진 출력저하

해설 실린더 벽이 마멸되었을 때 기관에 미치는 영향
① 피스톤 슬랩 현상 및 블로바이가스 발생된다.
② 압축압력 및 폭발압력이 누설된다.
③ 기관시동 성능의 저하 및 기관 출력저하가 발생한다.
④ 연소실에 기관 윤활유가 올라올 수 있다.
⑤ 연료와 오일이 희석된다.

16 과급기가 설치된 엔진에서 장착된 센서로서 급속 및 증속에서 ECU로 신호를 보내주는 센서는?

① 부스터센서　　② 노크센서

③ 산소센서　　④ 수온센서

해설 과급기가 설치된 기관에서 부스터 센서는 기관의 부하 정도에 따른 부스터 압력을 검출하여 ECU로 보낸다.

17 분사펌프에서 딜리버리 밸브의 작용 중 틀린 것은?

① 노즐에서의 후적 방지

② 연료의 역류방지

③ 연료라인의 잔압유지

④ 분사시기 조정

해설 리버리 밸브의 기능

① 연료의 역류방지

② 고압 파이프 내 연료의 잔압유지

③ 분사노즐의 후적 방지

18 윤활유의 성질에서 요구되는 사항이 아닌 것은?

① 비중이 적당할 것

② 인화점 및 발화점이 낮을 것

③ 점성과 온도와의 관계가 양호할 것

④ 카본생성이 적으며 강인한 유막을 형성할 것

19 기동전동기가 정상 회전하지만 엔진이 시동되지 않는 원인과 관련이 있는 사항은?

① 밸브 타이밍이 맞지 않을 때

② 조향 핸들 유격이 맞지 않을 때

③ 현가장치에 문제가 있을 때

④ 산소센서의 작동이 불량일 때

20 캠축과 크랭크축의 타이밍 전동방식이 아닌 것은?

① 유압 전동방식   ② 기어 전동방식

③ 벨트 전동방식   ④ 체인 전동방식

해설 캠축의 구동방식에는 벨트구동방식, 체인구동방식, 기어구동방식이 있다.

21 실린더와 피스톤 사이의 틈새로 가스가 누출되어 크랭크 실로 유입된 가스를 연소실로 유도하여 재연소시키는 배출가스 정화장치는?

① 촉매변환기

② 배기가스 재순환 장치

③ 연료증발가스 배출 억제장치

④ 블로바이가스 환원장치

해설 블로바이 환원장치(PCV)는 크랭크실로 유입된 가스를 연소실로 유입시켜 재연소시킨다.

22 다음 중 기관 과열의 원인이 아닌 것은?

① 수온조절기 불량

② 냉각수 양 과다

③ 라디에이터 캡 불량

④ 냉각팬 모터 고장

해설 기관이 과열하는 원인

① 냉각수 부족

② 수온조절기가 닫혀서 고장 났거나 열리는 온도가 너무 높을 때

③ 라디에이터 코어가 과도하게 막혔을 때

④ 팬벨트의 장력이 약해졌거나 이완되었을 때

⑤ 물 펌프의 고장

⑥ 냉각수 통로에 물때가 많이 퇴적되거나 막혔을 때

정답   17 ④   18 ②   19 ①   20 ①   21 ④   22 ②

23 LPG의 특징 중 틀린 것은?

① 액체 상태의 비중은 0.5이다.

② 기체상태의 비중은 1.5~2.0이다.

③ 무색·무취이다.

④ 공기보다 가볍다.

24 클러치 디스크의 런 아웃이 클 때 나타날 수 있는 현상으로 가장 적합한 것은?

① 클러치의 단속이 불량해진다.

② 클러치 페달의 유격에 변화가 생긴다.

③ 주행 중 소리가 난다.

④ 클러치 스프링이 파손된다.

해설 추진축의 진동원인

① 요크 방향이 다르다.

② 밸런스웨이트가 떨어졌다.

③ 중간 베어링이 마모되었다.

④ 추진축이 휘었다.

⑤ 슬립조인트 스플라인이 마모되었다.

⑥ 플랜지부의 조임이 헐겁다.

25 추진축에서 지동이 생기는 원인으로 거리가 먼 것은?

① 요크 방향이 다르다.

② 밸런스웨이트가 떨어졌다.

③ 중간 베어링이 마모되었다.

④ 중공축을 사용하였다.

26 축거가 3.5m, 외측 바퀴의 최대 회전각 30°, 내측 바퀴의 최대 회전각은 45°일 때 최소 회전반경은?

(단, 바퀴 접지면 중심과 킹핀과의 거리

는 30cm이다.)

① 6.3 m ② 7.3 m

③ 8.3 m ④ 9.3 m

해설
$$R = \frac{L}{\sin\alpha} + r$$

여기서, R : 최소회전반경(m)
L : 축거(m)
$\sin\alpha$: 외측바퀴 조향각도
r : 바퀴접지면 중심과 킹핀과의 거리

$$R = \frac{3.5}{\sin 30°} + 0.3$$
$$= 7.3m$$

27 동력조향장치 정비 시 안전 및 유의사항으로 틀린 것은?

① 자동차 하부에서 작업할 때는 시야 확보를 위해 보안경을 벗는다.

② 공간이 좁으므로 다치지 않게 주의한다.

③ 제작사의 정비지침서를 참고하여 점검·정비한다.

④ 각종 볼트 너트는 규정 토크로 조인다.

28 타이어 호칭기호 215 60 R 17에서 17이 나타내는 것은?

① 림 직경(인치)

② 타이어 직경(mm)

③ 편평비(%)

④ 허용하중(kgf)

해설 타이어의 호칭 기호

① 215 : 타이어 폭(mm)

② 60 : 편평비(%)

③ R : 레이디얼 타이어

④ 17 : 림 직경(inch)

정답 23 ④ 24 ① 25 ④ 26 ② 27 ① 28 ①

29 유압식 제동장치의 작동에 대한 내용으로 맞는 것은?

① 브레이크 오일 파이프 내에 공기가 들어가면 페달의 유격이 작아진다.

② 마스터 실린더 푸시로드 길이가 길면 브레이크 작동 후 복원이 잘된다.

③ 브레이크 회로 내의 잔압은 작동 지연과 베이퍼록을 방지하다.

④ 마스터 실린더의 체크밸브가 불량하면 한쪽만 브레이크가 작동한다.

해설 ① 브레이크 회로에 공기가 혼입되면 스폰지 현상이 발생하여 유격이 커지며, 푸시로드 길이가 길면 브레이크 작동 후 복원이 불량하여 브레이크 끌림이 발생한다.
② 마스터실린더의 체크밸브가 불량하면 잔압 유지가 불량하여 제동지연 및 베이퍼록 현상과 휠 실린더에서 오일이 누출될 수 있다.

30 추진축의 스플라인 부의 마모가 심할 때의 현상으로 가장 적절한 것은?

① 차동기의 드라이브 피니언과 링 기어의 치합이 불량하게 된다.

② 차동기의 드라이브 피니언 베어링의 조임이 헐겁게 된다.

③ 동력을 전달할 때 충격 흡수가 잘 된다.

④ 주행 중 소음을 내고 추진축이 진동한다.

해설 추진축의 스플라인 부의 마모가 심하면 주행 중 소음 및 진동이 발생한다.

31 진공식 제동 배력장치에 관한 설명으로 맞는 것은?

① 공기빼기 작업은 시동을 끈 상태에서 한다.

② 마스터 백은 싱글형 마스터 실린더를 사용해야 한다.

③ 배력장치에 고장이 발생하면 보통의 마스터 실린더와 같은 압력으로 제동장치가 작동한다.

④ 하이드로 마스터는 마스터 실린더와 일체로 되어 있다.

해설 배력장치에 고장이 발생하면 배력작용 없이 운전자가 풋 브레이크를 밟아 마스터실린더에서 발생한 유압에 의해 브레이크가 작동한다.

32 자동차 앞 차륜 독립현가장치에 속하지 않는 것은?

① 트레일링 암 형식(trailing arm type)

② 위시본 형식(wishbone type)

③ 맥퍼슨 형식(macpherson type)

④ SLA 형식(short long arm type)

해설 독립현가장치에는 위시본(평행사변형, SLA) 형식, 더블 위시본 형식, 맥퍼슨 형식이 있다.

33 마스터 실린더 푸시로드에 작용하는 힘이 120 kgf이고 피스톤 단면적이 3 ㎠일 때 발생 유압은?

① 30 kgf/㎠   ② 40 kgf/㎠

③ 50 kgf/㎠   ④ 60 kgf/㎠

정답 29 ③   30 ④   31 ③   32 ①   33 ②

$$P = \frac{F}{A}$$

P: 발생유압(kgf/cm^2)
A: 피스톤 단면적(cm^2)
F: 마스터실린더에 작용하는 힘(kgf)

$$P = \frac{120kgf}{3\text{cm}^2}$$
$$= 40kgf/\text{cm}^2$$

34 변속기의 변속비(기어비)를 구하는 식은?

① 엔진의 회전수를 추진축의 회전수로 나눈다.
② 부축의 회전수를 엔진의 회전수로 나눈다.
③ 입력축의 회전수를 변속단 카운터 축의 회전수로 곱한다.
④ 카운터 기어 잇수를 변속단 카운터 기어 잇수로 곱한다.

해설 변속기의 변속비(기어비)는 기관의 회전수(변속기 입력축 회전수)와 추진축(변속기 출력축) 회전수와의 비를 말한다.

35 드럼식 브레이크에서 브레이크슈의 작동 형식에 의한 분류에 해당하지 않는 것은?

① 리딩 트레일링 슈 형식
② 3리딩 슈 형식
③ 서보 형식
④ 듀오 서보식

해설 드럼식 브레이크 작동형식에 의한 분류
① 넌 서보 브레이크
  브레이크가 작동될 때 해당 슈에만 자기작동 작용이 발생하는 형식
② 서보 브레이크
  브레이크가 작동될 때 모든 슈에 자기작동 작용이 발생하는 형식

• 유니 서보형식
  전진 방향에서만 자기작동 작용이 발생하고 후진에서는 자기작동 작용이 발생하지 않는 형식
• 듀오 서보형식
  전·후진 모두에서 자기작동 작용이 발생하는 형식

36 전차륜 정렬에 관계되는 요소가 아닌 것은?

① 타이어의 이상마모를 방지한다.
② 정지 상태에서 조향력을 가볍게 한다.
③ 조향 핸들의 복원성을 준다.
④ 조향방향의 안정성을 준다.

해설 휠 얼라인먼트(조향바퀴정렬)의 역할
① 조향 핸들의 조작 안정성 부여
② 조향들의 복원성 부여
③ 조향 핸들의 조작력을 가볍게 한다.
④ 타이어의 마멸을 최소가 되게 한다.

37 브레이크 장치에서 슈리턴스프링의 작용에 해당되지 않는 것은?

① 오일이 휠 실린더에서 마스터 실린더로 되돌아가게 한다.
② 슈와 드럼의 간극을 유지해 준다.
③ 페달력을 보강해 준다.
④ 슈의 위치를 확보한다.

해설 드럼식 브레이크 장치의 슈 리턴스프링은 확장된 슈를 제자리로 복귀시켜 슈와 드럼의 간극을 유지시키고 오일이 휠 실린더에서 마스터실린더로 리턴시킨다.

38 기관 rpm이 3570 rpm이고 변속비가 3.5 종감속비가 3일 때 오른쪽 바퀴가 420 rpm이면 왼쪽 바퀴 회전수는?

① 340 rpm　　　② 1480 rpm

③ 2.7 rpm　　　④ 260 rpm

해설 $T_{n1} = \dfrac{E_n}{Rt \times Rf} \times 2 - T_{n2}$

T_{n1} : 왼쪽바퀴 회전수
T_{n2} : 오른쪽바퀴 회전수
E_n　: 엔진의 회전수
Rt　: 변속비
Rf : 종감속비

$T_{n1} = \dfrac{3570}{3.5 \times 3} \times 2 - 420$
$\quad\quad = 260$

39 클러치 페달을 밟아 동력이 차단될 때 소음이 나타나는 원인으로 적합한 것은?

① 클러치 디스크가 마모되었다.

② 변속기어의 백래시가 작다.

③ 클러치 스프링 장력이 부족하다.

④ 릴리스 베어링이 마모되었다.

해설 릴리스 베어링이 소손되면 플라이휠과 함께 회전하는 클러치 스프링에 접촉할 때 소음이 발생된다.

40 앞차축 현가장치에서 맥퍼슨 형식의 특징이 아닌 것은?

① 위시본 형식에 비하여 구조가 간단하다.

② 로드홀딩이 좋다.

③ 엔진룸의 유효공간을 넓게 할 수 있다.

④ 스프링 아래 중량을 크게 할 수 있다.

해설 맥퍼슨 형식의 특징

① 구조가 간단하고 엔진룸의 유효공간을 넓게 할 수 있다.
② 스프링 아래 질량이 적어 로드홀딩이 우수하다.
③ 진동흡수율이 커 승차감이 좋다.

41 모터(기동전동기)의 형식을 맞게 나열한 것은?

① 직렬형, 병렬형, 복합형

② 직렬형, 복렬형, 병렬형

③ 직권형, 복권형, 복합형

④ 직권형, 분권형, 복권형

해설 기동전동기의 형식

① 직권식 : 전기자코일과 계자코일이 직렬 접속된 형식
② 분권식 : 전기자코일과 계자코일이 병렬 접속된 형식
③ 복권식 : 전기자코일과 계자코일이 직·병렬 접속된 형식

42 축전지를 급속충전할 때 주의사항이 아닌 것은?

① 통풍이 잘되는 곳에서 충전한다.

② 축전지의 +, − 케이블을 자동차에 연결한 상태로 충전한다.

③ 전해액의 온도가 45℃가 넘지 않도록 한다.

④ 충전 중인 축전지에 충격을 가하지 않도록 한다.

해설 축전지를 급속충전할 때 주의사항

① 축전지 용량의 50% 전류로 충전하고 충전시간은 가능한 짧게 한다.
② 충전장소는 환기가 잘되어야 한다.
③ 충전 중 축전지에 충격을 가하지 않도록 하고 축전지의 온도가 45℃ 이상 넘지 않도록 한다.
④ 자동차에서 떼어내지 않고 급속충전을 할 경우 반드시 축전지의 양극 단자(+, −)를 분리하고 충전한다.

정답 38 ④　39 ④　40 ④　41 ④　42 ②

43 다음 중 옴의 법칙을 바르게 표시한 것은?

(단, E:전압, I:전류, R:저항)

① R=IE ② R=I/E

③ R=I/E2 ④ R=E/I

해설 $E = I \cdot R$, $I = \dfrac{E}{R}$, $R = \dfrac{E}{I}$

44 점화플러그에 불꽃이 튀지 않는 이유 중 틀린 것은?

① 파워 TR 불량 ② 점화코일 불량

③ TPS 불량 ④ ECU 불량

해설 점화플러그에서 불꽃이 발생하지 않는 원인
① ECU 및 파워 TR 불량
② 점화코일 불량
③ 크랭크포지션 센서(CKPS) 불량
④ 고압 케이블 및 점화플러그 불량

45 20℃에서 양호한 상태인 100Ah의 축전지는 200A의 전기를 얼마 동안 발생시킬 수 있는가?

① 1시간 ② 2시간

③ 20분 ④ 30분

해설 $AH = A \times H$

AH: 배터리용량
A : 방전전류
H : 방전시간

$H = \dfrac{100}{20}$
$\quad = 0.5\,(30분)$

46 계기판의 충전경고등은 어느 때 점등되는가?

① 배터리 전압이 10.5V 이하일 때

② 알터네이터에서 충전이 안 될 때

③ 알터네이터에서 충전되는 전압이 높을 때

④ 배터리 전압이 14.7V 이상일 때

해설 충전경고등은 발전기에서 충전이 안 될 때 점등된다.

47 논리회로에서 OR+NOT에 대한 출력의 진리값으로 틀린 것은?

(단, 입력:A, B 출력:C)

① 입력A가 0이고 입력B가 1이면 축력C는 0이 된다.

② 입력A가 0이고 입력B가 0이면 출력C는 0이 된다.

③ 입력A가 1이고 입력B가 1이면 출력C는 0이 된다.

④ 입력A가 1이고 입력B가 0이면 출력C는 0이 된다.

해설 ① OR 회로 : 2개의 스위치가 병렬접속 된 것으로 A, B 스위치 중 어느 1개가 입력되면 출력은 1이 된다.
② NOT 회로 : 입력이 1이면 출력이 0이되는 부정회로 이다.

---

48 와이퍼 모터 제어와 관련된 입력요소를 나열한 것으로 틀린 것은?

① 와이퍼 INT 스위치

② 와셔 스위치

③ 와이퍼 HI 스위치

④ 전조등 HI 스위치

49 파워 윈도우 타이머 제어에 관한 설명으로 틀린 것은?

① IG 'ON'에서 파워 윈도우 릴레이를 ON한다.

② IG 'Off'에서 파워 윈도우 릴레이를 일정시간 동안 ON한다.

③ 키를 뺐을 때 윈도우가 열려 있다면 다시 키를 꽂지 않아도 일정시간 이내 윈도우를 닫을 수 있는 기능이다.

④ 파워 윈도우 타이머 제어 중 전조등을 작동시키면 출력을 즉시 Off한다.

해설 | 파워윈도우 타이머 기능은 점화스위치를 Off시켜도 일정시간 파워윈도우를 작동시킬 수 있게 하는 기능이다.

50 자동차의 종합경보장치에 포함되지 않는 제어기능은?

① 도어록 제어기능

② 감광식 룸램프 제어기능

③ 엔진 고장지시 제어기능

④ 도어 열림 경고 제어기능

51 드릴링 머신 작업할 때 주의사항으로 틀린 것은?

① 드릴 날이 무디어 이상한 소리가 날 때는 회전을 멈추고 드릴을 교환하거나 연마한다.

② 공작물을 제거할 때는 회전을 완전히 멈추고 한다.

③ 가공 중에 드릴이 관통했는지를 손으로 확인한 후 기계를 멈춘다.

④ 드릴 주축에 튼튼하게 장치하여 사용한다.

52 스패너 작업 시 유의할 점이다. 틀린 것은?

① 스패너의 입이 너트의 치수에 맞는 것을 사용해야 한다.

② 스패너의 자루에 파이프를 이어서 사용해서는 안 된다.

③ 스패너와 너트 사이에는 쐐기를 넣고 사용하는 것이 편리하다.

④ 너트에 스패너를 깊이 물리고 조금씩 앞으로 당기는 식으로 풀고 조인다.

53 큰 구멍을 가공할 때 가장 먼저 해야 할 작업은?

① 스핀들의 속도를 증가시킨다.

② 금속을 연하게 한다.

③ 강한 힘으로 작업한다.

④ 작은 치수의 구멍을 먼저 작업한다.

정답 48 ④ 49 ④ 50 ③ 51 ③ 52 ③ 53 ④

54 연소의 3요소에 해당되지 않는 것은?

① 물
② 공기(산소)
③ 점화원
④ 가연물

해설 연소의 3요소는 가연물, 점화원, 공기(산소)이다.

55 작업장 환경을 개선하면 나타나는 현상으로 틀린 것은?

① 좋은 품질의 생산품을 얻을 수 있다.
② 피로를 경감시킬 수 있다.
③ 작업능률을 향상시킬 수 있다.
④ 기계 소모가 많고 동력손실이 크다.

56 축전지 점검 시 육안점검 사항이 아닌 것은?

① 케이스 외부 전해액 누출상태
② 전해액의 비중측정
③ 케이스의 균열점검
④ 단자의 부식상태

57 사이드슬립 시험기 사용 시 주의할 사항 중 틀린 것은?

① 시험기의 운동 부분은 항상 청결하여야 한다.
② 시험기의 답판 및 타이어에 부착된 수분, 기름, 흙 등을 제거한다.
③ 시험기에 대하여 직각 방향으로 진입시킨다.
④ 답판 위에서 차속이 빠르면 브레이크를 사용하여 차속을 맞춘다.

58 자동차 소모품에 대한 설명이 잘못된 것은?

① 부동액은 차체 도색부분을 손상시킬 수 있다.
② 전해액은 차체를 부식시킨다.
③ 냉각수는 경수를 사용하는 것이 좋다.
④ 자동변속기 오일은 제작회사의 추천 오일을 사용한다.

59 변속기를 탈착할 때 가장 안전하지 않은 작업방법은?

① 자동차 밑에서 작업 시 보안경을 착용한다.
② 잭으로 올릴 때 물체를 흔들어 중심을 확인한다.
③ 잭으로 올린 ┌ 스탠드로 고정한다.
④ 사용 목적에 적합한 공구를 사용한다.

60 자동차 타이어 공기압에 대한 설명으로 적합한 것은?

① 비오는 날 빗길 주행시 공기압을 15% 정도 낮춘다.
② 좌우 바퀴의 공기압이 차이가 날 경우 제동력 편차가 발생할 수 있다.
③ 모래길 등 자동차 바퀴가 빠질 우려가 있을 때는 공기압을 15% 정도 높인다.
④ 공기압이 높으면 트레드 양단이 마모된다.

정답 **54** ① **55** ④ **56** ② **57** ④ **58** ③ **59** ② **60** ②

2회 실전모의고사

01 LPG 기관에서 액체상태의 연료를 기체상태의 연료로 전환시키는 장치는?

① 베이퍼라이저

② 솔레노이드밸브 유닛

③ 봄베

④ 믹서

해설 베이퍼라이저(Vaporizer : 기화기)
봄베에서 공급된 액체 LPG를 대기 압력으로 감압·기화시키는 기능을 한다.

02 기관의 압축압력 측정시험 방법에 대한 설명으로 틀린 것은?

① 기관을 정상작동 온도로 한다.

② 점화플러그를 전부 뺀다.

③ 엔진오일을 넣고도 측정한다.

④ 기관회전을 1000rpm으로 한다.

해설 압축압력측정 시험방법
① 기관을 정상작동 온도로 워밍업시킨다.
② 축전지가 완전충전 되었는지 확인한다.
③ 기관 ECU 퓨즈를 탈거하여 연료공급 및 점화장치가 작동하지 않도록 한다.
④ 모든 실린더의 점화플러그를 탈거한다.
⑤ 측정하고자 하는 실린더에 압력게이지를 설치한다.
⑥ 스로틀밸브를 완전개방하고 기관을 크랭킹 시키면서 (250~350rpm) 압축압력을 측정한다.
⑦ 압축압력이 규정값보다 낮게 측정되면 습식시험(기관 윤활유를 실린더에 10cc 정도 넣고 약 1~2분 후 재측정)을 실시하여 압축압력저하의 원인을 분석한다.

03 전자제어 분사장치의 제어 계통에서 엔진 ECU로 입력하는 센서가 아닌 것은?

① 공기유량 센서 ② 대기압 센서

③ 휠 스피드 센서 ④ 흡기온 센서

04 전자제어 가솔린 기관에서 흡기다기관의 압력과 인젝터에 공급되는 연료압력 편차를 일정하게 유지시키는 것은?

① 릴리프 밸브 ② MAP센서

③ 압력조절기 ④ 체크밸브

해설 연료압력 조절기는 흡기다기관의 압력변화에 대응하여 연료의 리턴량을 변화시켜 연료의 압력을 일정하게 조절한다.

05 흡기다기관의 진공시험 결과 진공계의 바늘이 20~40 cmhg 사이에서 정지되었다면 가장 올바른 분석은?

① 엔진이 정상일 때

② 피스톤링이 마멸되었을 때

③ 밸브가 소손되었을 때

④ 밸브 타이밍이 맞지 않을 때

해설 밸브 타이밍이 맞지 않으면 진공계 바늘이 30~40 cmHg 사이에 정지한다.

정답 1 ① 2 ④ 3 ③ 4 ③ 5 ④

6 디젤 분사펌프 시험기로 시험 할 수 없는 것은?

① 연료분사량 시험

② 조속기 작동시험

③ 분사시기의 조정시험

④ 디젤기관의 출력시험

분사펌프 시험기로 시험할 수 있는 항목은 연료분사량 측정 및 조정, 연료분사 시기 측정 및 조정, 조속기의 작동시험과 조정 등이다.

7 전자제어 가솔린 차량을 급감속 시 CO의 배출량을 감소시키고 시동 꺼짐을 방지하는 기능은?

① 퓨얼 커트(fuel cut)

② 대시포트(dash pot)

③ 패스트 아이들(fast idle)

④ 킥다운(kick down)

대시포트(dash-pot)는 급 감속 시 스로틀밸브가 급격히 닫히는 것을 방지하여 급격한 부압변화를 완화시킴으로써 미연소가스(CO)의 배출량을 감소시키고 시동 꺼짐을 방지한다.

8 기관 연소실 설계 시 고려할 사항으로 틀린 것은?

① 화염전파에 요하는 시간을 가능한 한 짧게 한다.

② 가열되기 쉬운 돌출부를 두지 않는다.

③ 연소실의 표면적이 최대가 되게 한다.

④ 압축행정에서 혼합기에 와류를 일으키게 한다.

연소실 설계 시 고려사항
① 화염전파에 필요한 시간을 최소로 짧게 하고 가열되기 쉬운 돌출부가 없을 것
② 연소실 내의 표면적은 최소화 하고 노킹을 일으키지 않는 형상일 것
③ 열효율이 높으며 배기가스의 유해한 성분이 적을 것
④ 밸브 면적을 크게 하여 흡기 및 배기 작용을 원활히 할 것
⑤ 압축행정 끝에 와류가 발생 되도록 할 것

9 다음 중 흡입공기량을 계량하는 센서는?

① 에어플로센서

② 흡기온도센서

③ 대기압센서

④ 기관 회전속도 센서

10 4행정 기관의 행정과 관계없는 것은?

① 흡입행정　　② 소기행정

③ 배기행정　　④ 압축행정

소기행정이란 2행정 사이클 기관에서 혼합기의 유입 및 배기가스의 배출 등을 말한다.

6 ④ **7** ② **8** ③ **9** ① **10** ②

11 사용 중인 라디에이터에 물을 넣으니 총 14L가 들어갔다. 이 라디에이터와 동일제품의 신품용량은 20L라고 하면 이 라디에이터 코어 막힘은 몇%인가?

① 20%　　② 25%

③ 30%　　④ 35%

> **해설**
>
> $$코어막힘률 = \frac{신품의 용량 - 구품의 용량}{신품의 용량} \times 100$$
>
> $$코어막힘률 = \frac{20 - 14}{20} \times 100$$
> $$= 30\%$$

12 커넥팅로드의 길이가 150㎜ 피스톤의 행정이 100㎜라면 커넥팅로드의 길이는 크랭크 회전반지름의 몇 배가 되는가?

① 1.5배　　② 3배

③ 3.5배　　④ 6배

> **해설**
>
> $$Cr = \frac{C_l \times 2}{L}$$
>
> Cr : 크랭크축 회전반경 비율
> C_l : 커넥팅로드 길이
> L : 피스톤 행정
>
> $$Cr = \frac{150 \times 2}{100}$$
> $$= 3$$

13 기관의 실린더 마멸량이란?

① 실린더 안지름의 최대 마멸량

② 실린더 안지름의 최대 마멸량과 최소 마멸량의 차이 값

③ 실린더 안지름의 최소 마멸량

④ 실린더 안지름의 최대 마멸량과 최소 마멸량의 평균값

> **해설** 실린더 마멸량 이란 실린더 안지름의 최대 마멸량과 최소 마멸량의 차이값을 말한다.

14 자동차 배출가스의 구분에 속하지 않는 것은?

① 블로바이가스　　② 연료증발가스

③ 배기가스　　④ 탄산가스

> **해설** 자동차에서 배출되는 배출가스에는 블로바이가스, 연료증발가스, 배기가스 등이 있다.

15 디젤기관의 분사노즐에 관한 설명으로 옳은 것은?

① 분사개시 압력이 낮으면 연소실 내에 카본 퇴적이 생기기 쉽다.

② 직접분사실식의 분사개시 압력은 일반적으로 100~120kgf/㎠이다.

③ 연료공급펌프의 송유압력이 저하하면 연료분사압력이 저하한다.

④ 분사개시 압력이 높으면 노즐의 후적이 생기기 쉽다.

> **해설**
>
> ① 분사개시 압력이 낮으면 연소실 내에 카본이 퇴적되기 쉽다.
> ② 직접분사실식의 분사 개시 압력은 일반적으로 150~300kgf/㎠ 정도이다.
> ③ 연료공급펌프의 송유압력이 저하되며 분사기기가 늦어진다.
> ④ 분사펌프의 딜리버리 밸브의 밀착이 불량하면 후적이 생기기 쉽다.

정답　**11** ③　**12** ②　**13** ②　**14** ④　**15** ①

16 스프링 상수가 2 kgf/mm의 자동차 코일 스프링을 3cm 압축하려면 필요한 힘은?

① 6 kgf
② 60 kgf
③ 600 kgf
④ 6000 kgf

해설 $K = \dfrac{w}{\sigma}$

K : 스프링상수
w : 하중(압축하는데 필요한 힘)
σ : 늘어난 길이

$w = 2kgf/\text{mm} \times 30\text{mm}$
  $= 60kgf$

17 크랭크 핀 축받이 오일 간극이 커졌을 때 나타나는 현상으로 옳은 것은?

① 유압이 높아진다.
② 유압이 낮아진다.
③ 실린더 벽에 뿜어지는 오일이 부족해진다.
④ 연소실에 올라가는 오일의 양이 적어진다.

해설 크랭크 핀과 축받이(베어링)의 간극이 커지면(오일 간극이 커지면) 나타나는 현상
① 유압이 낮아진다.
② 오일 소비가 증대된다.
③ 운행 중 소음과 진동이 발생한다.

18 윤활장치 내의 압력이 지나치게 올라가는 것을 방지하여 회로 내의 유압을 일정하게 유지하는 기능을 하는 것은?

① 오일펌프
② 유압조절기
③ 오일여과기
④ 오일냉각기

해설 릴리브 밸브(relief valve)
회로 내의 압력을 제한하기 위한 밸브로 특정 압력이상

에서 열려 압력이 과도하게 상승하는 것을 제한하여 회로와 펌프의 과부하를 방지한다.

19 가솔린 옥탄가를 측정하기 위한 가변압축비 기관은?

① 카르노기관
② CFR 기관
③ 린번기관
④ 오토사이클기관

해설 CFR 기관은 압축비를 변화시킬 수 있는 기관으로 가솔린 옥탄가를 측정할 때 사용되는 기관이다.

20 디젤기관에 사용되는 경유의 구비조건은?

① 점도가 낮을 것
② 세탄가가 낮을 것
③ 유황분이 많을 것
④ 착화성이 좋을 것

해설 디젤연료(경유)의 구비조건
① 자연발화 온도가 낮아야 한다.(착화온도가 낮을 것)
② 적당한 점도가 있고 황 함유량이 적어야 한다.
③ 인화점이 높고 발화점이 낮아야 한다.
④ 세탄가가 높고 발열량, 내폭성, 내한성이 커야 한다.
⑤ 고형 미립물이나 유해성분을 함유하지 않아야 한다.

21 부특성 서미스터(thermistor)에 해당되는 것으로 나열된 것은?

① 냉각수온 센서, 흡기온 센서
② 냉각수온 센서, 산소 센서
③ 산소센서, 스로틀포지션 센서
④ 스로틀포지션 센서, 크랭크앵글 센서

해설 부특성 서미스터 반도체 소자는 주로 온도를 계측하는 센서에 사용되며 종류로는 냉각수온도센서, 흡기온도 센

서, 유온 센서 등이 있다.

22 배기가스 중의 일부를 흡기다기관으로 재순환시킴으로써 연소온도를 낮춰 NO$_X$의 배출량을 감소시키는 것은?

① EGR 장치   ② 캐니스터

③ 촉매컨버터   ④ 과급기

> **해설** EGR(Exhaust Gas Recirculation) 밸브
> EGR 밸브는 질소산화물(NO$_X$)를 저감시키기 위한 장치로 배기가스를 기관의 출력저하가 최소화되는 범위에서 연소실로 되돌려 연소온도를 낮춤으로써 질소산화물(NO$_X$)의 생성을 저감시킨다.

23 4행정 기관의 밸브 개폐 시기가 다음과 같다. 흡기행정 기관과 밸브오버랩은 각각 몇 도인가?

> • 흡기밸브 열림 : 상사점 전 18°
> • 흡기밸브 닫힘 : 하사점 후 48°
> • 배기밸브 열림 : 하사점 전 48°
> • 배기밸브 열림 : 상사점 후 13°

① 흡기행정기간 : 246°, 밸브오버랩 : 18°

② 흡기행정기간 : 241°, 밸브오버랩 : 18°

③ 흡기행정기간 : 180°, 밸브오버랩 : 31°

④ 흡기행정기간 : 246°, 밸브오버랩 : 31°

> **해설** ① 흡기행정기간 : 18° + 180° + 48° = 246°
> ② 밸브오버랩
>   흡기밸브 열림 : 상사점 전 18°, 배기밸브 닫힘 : 상사점 후 13° 이므로 흡·배기밸브가 동시에 열려 있는 밸브오버랩은 18° + 13° =31°이다.

24 유압식 브레이크 장치의 공기빼기 작업방법으로 틀린 것은?

① 공기는 블리더 플러그에서 뺀다.

② 마스터 실린더에서 먼 곳의 휠 실린더부터 작업한다.

③ 마스터 실린더에 브레이크액을 보충하면서 작업한다.

④ 브레이크 파이프를 빼면서 작업한다.

25 조향장치가 갖추어야 할 조건으로 틀린 것은?

① 조향 조작이 주행 중의 충격을 적게 받을 것

② 조향 핸들의 회전과 바퀴의 선회차가 클 것

③ 회전반경이 작을 것

④ 조향하기 쉽고 방향전환이 원활하게 이루어질 것

> **해설** 조향장치의 구비조건
> ① 조향 조작이 주행 중의 충격에 형향을 받지 않을 것
> ② 조향하기 쉽고 방향전환이 원활하게 이루어질 것
> ③ 회전반경이 작아 좁은 곳에서도 방향전환을 할 수 있을 것
> ④ 조향 핸들의 회전과 바퀴의 선회차가 작을 것
> ⑤ 고속주행에서도 조향 핸들이 안정될 것
> ⑥ 수명이 길고 다루거나 정비가 쉬울 것

정답   **22** ①   **23** ④   **24** ④   **25** ②

26 유압식 동력조향장치의 구성요소로 틀린 것은?

① 브레이크 스위치
② 오일펌프
③ 스티어링 기어박스
④ 압력스위치

27 브레이크 장치의 유압회로에서 발생하는 베이퍼록의 원인이 아닌 것은?

① 긴 내리막길에서 과도한 브레이크 사용
② 비점이 높은 브레이크액을 사용했을 때
③ 드럼과 라이닝의 끌림에 의한 가열
④ 브레이크슈 리턴 스프링 쇠손에 의한 잔압 저하

해설 베이퍼록(vaporlock) 현상
회로 속의 유체가 비등·기화하여 발생된 기포가 유체의 흐름을 방해하는 현상으로 과도한 브레이크 사용, 오일의 변질이나 불량한 오일사용 및 리턴 스프링의 장력 감소로 인한 잔압 저하 등이 원인에 의해 발생한다.

28 구동력을 크게 하려면 축 회전력과 구동바퀴의 반경은 어떻게 되어야 하는가?

① 축 회전력 및 바퀴의 반경 모두 커져야 한다.
② 바퀴의 반경과는 관계가 없다.
③ 반경이 큰 바퀴를 사용한다.
④ 반경이 작은 바퀴를 사용한다.

해설 구동력은 구동 바퀴가 자동차를 움직이게 하는 힘을 말하며 관계식은 다음과 같다.

$$F = \frac{T}{R}$$
여기서, F: 구동력(kgf)
T: 기관회전력$(kgf \cdot m)$
R: 바퀴의 유효반경(m)

29 뒤 현가장치의 독립 현가식 중 세미 트레일링 암(semi trailing) 방식의 단점으로 틀린 것은?

① 공차시와 승차시 캠버가 변한다.
② 종감속 기어가 현가 암 위에 고정되기 때문에 그 진동이 현가장치로 전달되므로 차단할 필요성이 있다.
③ 구조가 복잡하고 가격이 비싸다.
④ 차실 바닥이 낮아진다.

30 구동바퀴가 자동차를 미는 힘을 구동력이라 하며, 이때 구동력의 단위는?

① kgf
② kgf·m
③ ps
④ kgf·m/sec

해설 구동력의 단위는 kgf이다.

31 브레이크슈의 리턴 스프링에 관한 설명으로 거리가 먼 것은?

① 리턴 스프링이 약하면 휠 실린더 내의 잔압이 높아진다.
② 리턴 스프링이 약하면 드럼을 과열시키는 원인이 될 수도 있다.
③ 리턴 스프링이 강하면 드럼과 라이닝의 접촉이 신속히 해제된다.
④ 리턴 스프링이 약하면 브레이크슈의 마멸이 촉진될 수 있다.

해설 브레이크 슈 리턴 스프링은 브레이크 페달을 놓으면 확장된 슈를 제자리로 되돌리는 기능을 하며 이때 휠 실린더에 공급된 브레이크 오일이 마스터 실린더로 되돌아간다. 브레이크 슈 리턴 스프링 장력이 약하면 휠 실린더 내의 잔압이 낮아지고 라이닝과 드럼의 끌림이 발생할 수 있다.

32 자동차 현가장치에 사용하는 토션 바 스프링에 대하여 틀린 것은?

① 단위 무게에 대한 에너지 흡수율이 다른 스프링에 비해 크며 가볍고 구조도 간단하다.

② 스프링의 힘은 바의 길이 및 단면적에 반비례한다.

③ 구조가 간단하고 가로 또는 세로로 자유로이 설치할 수 있다.

④ 진동의 감쇠작용이 없어 쇽업소버를 병용한다.

해설 토션바 스프링(torsion bar spring)의 특징
① 막대가 지지하는 비틀림 탄성을 이용하여 완충작용을 하며 스프링 장력은 바의 길이와 단면적에 의해 결정된다.
② 구조가 간단하며 단위 중량당 에너지 흡수율이 크다.
③ 쇽업소버와 병용해야 하고 좌·우의 구분이 있다.

33 자동차가 도로를 달리 때 발생하는 저항 중에서 자동차의 중량과 관계없는 것은?

① 공기저항

② 구름저항

③ 구배저항

④ 가속저항

해설 공기저항(air resistance)
자동차의 주행을 방해하는 공기의 저항으로 차체의 앞

34 앞바퀴를 위에서 아래로 보았을 때 앞쪽이 뒤쪽보다 좁게 되어 있는 상태를 무엇이라 하는가?

① 킹핀(king-pin) 경사각

② 캠버(camber)

③ 토인(toe-in)

④ 캐스터(caster)

해설 휠 얼라인먼트 요소 중 토인은 앞바퀴를 위에서 아래로 내려다보았을 때 바퀴의 앞쪽이 뒤쪽보다 좁게 되어있는 상태이다.

35 동력전달장치에서 추진축에서 진동하는 원인으로 가장 거리가 먼 것은?

① 요크 방향이 다르다.

② 밸런스웨이트가 떨어졌다.

③ 중간 베어링이 마모되었다.

④ 플랜지부를 너무 조였다.

해설 추진축에서 진동이 발생하는 원인
① 추진축이 휘었거나 밸런스가 불평형일 때
② 중간 베어링 또는 십자축 베어링의 마모
③ 요크 방향이 다르거나 체결부가 헐거울 때
④ 스플라인 부가 마모되었을 때

36 기관의 최고출력이 70PS인 자동차가 직진하고 있을 때 변속기 출력축의 회전수가 4800rpm 종감속비가 2.4:1이면 뒤 액슬의 회전속도는?

① 1000rpm   ② 2000rpm

③ 2500rpm   ④ 3000rpm

해설
$$Ran = \frac{Tpn}{Rf}$$

Ran : 뒤 엑슬축 회전속도
Tpn : 변속기 출력축 회전속도
Rf : 종감속비

$$Ran = \frac{4800}{2.4}$$
$$= 2000rpm$$

37 드럼식 제동장치에서 자기작동 작용을 하는 슈는?

① 리딩 슈   ② 앵커 슈

③ 트레일링 슈   ④ 패드 슈

해설 자기작동 작용
회전 중인 드럼에 제동을 걸면 슈는 마찰력에 의해 드럼과 회전하려는 성질이 발생하여 확장력이 커져 드럼과의 마찰력이 증대되는 작용으로 자기작동작용이 발생하는 슈를 리딩 슈 자기작동 작용이 없는 슈를 트레일링 슈라 한다.

38 변속기의 1단 감속비가 4:1이고 종 감속 기어의 감속비는 5:1일 때 총 감속비는?

① 0.8:1   ② 1.25:1

③ 20:1   ④ 30:1

39 종 감속장치(베벨기어식)에서 구동 피니언과 링 기어와의 접촉 상태 점검방법으로 틀린 것은?

① 힐 접촉   ② 페이스 접촉

③ 토(toe) 접촉   ④ 캐스터 접촉

해설 Tr = Rt × Tr
Tr : 총 감속비
Rt : 변속비
Tr : 종감속비
Tr = 4 × 5 = 20

40 클러치 페달을 밟을 때 무겁고 자유 간극이 없다면 나타나는 현상으로 거리가 먼 것은?

① 연료소비량이 증대된다.

② 기관이 과냉된다.

③ 주행 중 가속페달을 밟아도 차가 가속되지 않는다.

④ 등판성능이 저하된다.

해설 클러치 페달을 밟을 때 무겁고 자유 간극이 없으면 클러치가 미끄러지게 되며 동력 전달이 불량하게 되어 등판능력의 저하 및 가속 불량, 연료소비량이 증가한다.

41 발광다이오드의 특징을 설명한 것이 아닌 것은?

① 배전기의 크랭크 각 센서 등에서 사용된다.

② 발광할 때는 10mA 정도의 전류가 필요하다.

③ 가시광선으로부터 적외선까지 다양한 빛을 발생한다.

④ 역방향으로 전류를 흐르게 하면 빛이

발생한다.

발광다이오드는 순방향으로 전류를 흐르게 하면 (A에서 K방향) 빛을 발산하는 다이오드로 가시광선부터 적외선까지 여러 가지 빛이 발생하며 발광할 때는 10mA 정도의 전류가 필요하다. 자동차에서는 크랭크각 센서, TDC 센서, 조향 휠 각도 센서, 차고 센서 등에 사용된다.

42 HEI 코일(폐자로형 코일)에 대한 설명 중 틀린 것은?

① 유도작용에 의해 생성되는 자속이 외부로 방출되지 않는다.

② 1차 코일을 굵게 하면 큰 전류가 통과할 수 있다.

③ 1차 코일과 2차 코일은 연결되어 있다.

④ 코일 방열을 위해 내부에 절연유가 들어있다.

해설 폐자로형 점화코일의 특징
① 유도작용에 의해 생성되는 자속이 외부로 방출되지 않는다.
② 1차 코일을 굵게 하여 더욱 큰 자속을 형성시킬 수 있어 2차 전압을 향상시킬 수 있다.
③ 1차 코일과 2차 코일은 연결되어 있다.
④ 구조가 간단하고 내열 성능, 냉각 성능이 우수하여 성능 유지가 장시간 가능하다.

43 커먼레일 디젤 엔진 차량의 계기판에서 경고등 및 지시등의 종류가 아닌 것은?

① 예열플러그 작동지시등

② DPF 경고등

③ 연료수분 감지 경고등

④ 연료차단 지시등

44 오버러닝 클러치 형식의 기동전동기에서 기관이 시동된 후에도 계속해서 키 스위치를 작동시키면?

① 기동전동기의 전기자가 타기 시작하여 곧바로 소손된다.

② 기동전동기의 전기자는 무부하 상태로 공회전한다.

③ 기동전동기의 전기자가 정지된다.

④ 기동전동기의 전기자가 기관회전보다 고속 회전한다.

해설 오버러닝 클러치 형식의 기동전동기에서 기관이 시동된 후 계속해서 스위치를 작동시키면 기동전동기의 전기자는 무부하 상태로 공회전한다.

45 발전기 출력이 낮고 축전지 전압이 낮을 때 원인으로 해당되지 않는 것은?

① 충전회로에 높은 저항이 걸려 있을 때

② 발전기 조정전압이 낮을 때

③ 다이오드의 단락 및 단선이 되었을 때

④ 축전지 터미널에 접촉이 불량할 때

46 자동차에서 배터리의 역할이 아닌 것은?

① 기동장치의 전기적 부하를 담당한다.

② 캐니스터를 작동시키는 전원을 공급한다.

③ 컴퓨터를 작동시킬 수 있는 전원을 공급한다.

④ 주행상태에 따른 발전기의 출력과 부하와의 불균형을 조정한다.

해설 배터리의 기능

정답 42 ④ 43 ④ 44 ② 45 ④ 46 ②

① 기관시동 시 시동모터에 전원을 공급한다.
② 발전기가 고장일 때 주행을 확보하기 위한 전원을 공급한다.
③ 발전기의 출력과 부하와의 불균형을 조정한다.
④ 컴퓨터를 작동시킬 수 있는 전원을 공급한다.

47 발전기의 기전력 발생에 관한 설명으로 틀린 것은?

① 로터의 회전이 빠르면 기전력은 커진다.
② 로터코일을 통해 흐르는 여자전류가 크면 기전력은 커진다.
③ 코이르이 권수와 도선의 길이가 길면 기전력은 커진다.
④ 자극의 수가 많아지면 여자 되는 시간이 짧아져 기전력이 작아진다.

해설 반전기의 기전력은 ①,②,③항 이외에 자극의 수가 많아지면 여자되는 시간이 길어져 기전력이 커진다.

48 계기판의 주차 브레이크등이 점등되는 조건이 아닌 것은?

① 주차 브레이크가 당겨져 있을 때
② 브레이크액이 부족할 때
③ 브레이크 페이드 현상이 발생했을 때
④ EBD 시스템에 결함이 발생했을 때

해설 브레이크 페이드 현상은 잦은 브레이크 작동에 의해 브레이크 드럼과 라이닝에 마찰열이 축적되어 제동력이 감소되는 현상이다.

49 자동차용 축전지의 비중이 30℃에서 1.276이었다. 기준온도 20℃에서의 비중은?

① 1.269   ② 1.275
③ 1.283   ④ 1.290

해설 $S_{20} = S_t + 0.0007(t-20)$

S_{20} : 20℃에서의 전해액비중
S_t : 실측한 전해액 비중
t : 비중측정시 전해액온도
0.0007 : 온도 1℃ 변화에 따른 비중변화

$S_{20} = 1.276 + 0.0007(30-20)$
$= 1.283$

50 쿨롱의 법칙에서 자극의 강도에 대한 내용으로 틀린 것은?

① 자속의 양끝을 자극이라 한다.
② 두 자극 세기의 곱에 비례한다.
③ 자극의 세기는 자기량의 크기에 따라 다르다.
④ 거리에 반비례한다.

해설 쿨롱의 법칙이란 "전하 사이에 작용하는 힘(반발 또는 흡인)은 전하의 곱에 비례하고 전하 사이의 거리의 제곱에 반비례한다."라는 법칙이다.

51 작업현장의 안전표시 색체에서 재해나 상해가 발생하는 장소의 위험표시로 사용되는 색체는?

① 녹색   ② 파란색
③ 주황색   ④ 보라색

해설 녹색 : 안전, 피난, 보호표시
노란색 : 주의, 경고표시
파란색 : 지시, 수리 중 유도표시
보라색 : 방사능 위험표시
주황색 : 위험표시

52 산업재해 예방을 위한 안전시설점검의 가장 큰 이유는?

① 위해요소를 사전점검하여 조치한다.

② 시설장비의 가동상태를 점검한다.

③ 공장의 시설 및 설비 레이아웃을 점검한다.

④ 작업자의 안전교육 여부를 점검한다.

53 임팩트렌치의 사용 시 안전수칙으로 거리가 먼 것은?

① 렌치사용 시 헐거운 옷은 착용하지 않는다.

② 위험요소를 항상 점검한다.

③ 에어호스를 몸에 감고 작업을 한다.

④ 가급적 회전부에 떨어져서 작업한다.

54 조정렌치의 사용방법이 틀린 것은?

① 조정너트를 돌려 조(iaw)가 볼트에 꼭 끼게 한다.

② 고정 조에 힘이 가해지도록 사용해야 한다.

③ 큰 볼트를 풀 때는 렌치 끝에 파이프를 끼워서 세게 돌린다.

④ 볼트너트의 크기에 따라 조의 크기를 조절하여 사용한다.

55 일반적인 기계 동력전달장치에서 안전상 주의사항으로 틀린 것은?

① 기어가 회전하고 있는 곳은 뚜껑으로 잘 덮어 위험을 방지한다.

② 천천히 움직이는 벨트라도 손으로 잡지 않는다.

③ 회전하고 있는 벨트나 기어에 필요 없는 접근을 금한다.

④ 동력전달을 빨리하기 위해 벨트를 회전하는 풀리에 손으로 걸어도 좋다.

56 전자제어 가솔린 기관이 실린더헤드볼트를 규정대로 조이지 않았을 때 발생하는 현상으로 틀린 것은?

① 냉각수의 누출

② 스로틀밸브의 고착

③ 실린더헤드의 변형

④ 압축가스 누설

해설 헤드볼트의 조임 토크가 불량할 때 기관에 미치는 영향
① 압축압력 및 폭발압력이 누설된다.
② 냉각수와 윤활유가 섞인다.
③ 실린더 내로 냉각수가 유입될 수 있다.
④ 실린더헤드가 변형될 수 있다.
⑤ 냉각수와 윤활유가 외부로 누출된다.

57 휠 평형잡기의 시험 중 안전사항에 해당되지 않는 것은?

① 타이어의 회전방향에 서지 말아야 한다.

② 타이어를 과속으로 돌리거나 진동이 일어나게 해서는 안 된다.

③ 회전하는 휠에 손을 대지 말아야 한다.

④ 휠을 정지시킬 때는 손으로 정지시켜도 무방하다.

---

58 회로 시험기로 전기회로의 측정 점검 시 주의사항으로 틀린 것은?

① 테스트 리드의 적색은 [+] 단자에 흑색은 [−] 단자에 연결한다.

② 전류 측정 시는 테스터를 병렬로 연결하여야 한다.

③ 각 측정범위의 변경은 큰 쪽부터 작은 쪽으로 한다.

④ 저항 측정 시엔 회로 전원을 끄고 단품은 탈거한 후 측정한다.

해설 회로시험기로 전류를 측정할 때에는 측정하고자 하는 회로에 직렬로 회로시험기를 연결하고 측정한다.

59 타이어 압력 모니터링 장치(TPMS)의 점검정비 시 잘못된 것은?

① 타이어 압력센서는 공기주입 밸브와 일체로 되어 있다.

② 타이어 압력센서 장착용 휠은 일반 휠과 다르다.

③ 타이어 분리 시 타이어 압력센서가 파손되지 않게 한다.

④ 타이어 압력센서용 배터리 수명은 영구적이다.

60 자동차 정비작업 시 작업목 상태로 적합한 것은?

① 가급적 주머니가 많이 붙어 있는 것이 좋다.

② 가급적 소매가 넓어 편한 것이 좋다.

③ 가급적 소매가 없거나 짧은 것이 좋다.

④ 가급적 폭이 넓지 않은 긴 바지가 좋다.

정답 58 ② 59 ④ 60 ④

3회 실전모의고사

01 실린더 내경이 50mm 행정이 100mm인 4실린더 기관의 압축비가 11일 때 연소실 체적은?

① 약 40.1cc   ② 약 30.1cc

③ 약 15.6cc   ④ 약 19.6cc

해설 $V_c = \dfrac{V_s}{\epsilon - 1}$

V_c : 연소실체적
V_s : 행정체적
ϵ : 압축비

$$V_c = \dfrac{(\dfrac{3.14 \times 5^2}{4}) \times 10}{11 - 1}$$
$$= 19.6$$

02 실린더의 수가 4인 4행정 기관의 점화순서가 1-3-4-2일 때 2번 실린더가 압축행정을 할 때 4번 실린더는 어떤 행정을 하는가?

① 폭발행정   ② 배기행정

③ 흡기행정   ④ 압축행정

해설

03 공회전 속도조절장치라 할 수 없는 것은?

① 전자스로틀 시스템

② 아이들 스피드 액추에이터

③ 스텝 모터

④ 가변 흡기제어장치

해설 공전속도 조절기구(Idle speed controller)
공전속도 조절기구는 각종 센서들이 보내오는 정보를 바탕으로 ECU의 제어에 의해 최적의 기관 회전속도를 유지시키는 장치이다. 공전 속도 조절 모터의 종류에는 ISC-Servo 방식, 공전 액추에이터(ISA)방식, 스텝 모터(step-motor)방식, 전자스로틀(ETC)방식 등이 있다.

04 석유를 사용하는 자동차의 대체 에너지에 해당되지 않는 것은?

① 알코올   ② 전기

③ 중유   ④ 수소

05 직접 고압분사방식(CRDi) 디젤 엔진에서 예비분사를 실시하지 않는 경우로 틀린 것은?

① 엔진회전수가 고속인 경우

② 분사량의 보정제어 중인 경우

③ 연료압력이 너무 낮은 경우

④ 예비분사가 주 분사를 너무 앞지르는 경우

해설 ① 예비분사(Pilot injection)

정답   **1** ④   **2** ①   **3** ④   **4** ③   **5** ②

주분사 전에 미세한 연료를 사전에 분사하여 연소가 잘 이루어지도록 하기 위한 분사로 급격한 압력상승을 방지하여 소음과 진동을 감소시킨다.
② 예비분사를 실시하지 않는 경우
• 예비분사가 주 분사를 너무 앞지르는 경우
• 엔진 회전수가 3200rpm 이상일 때
• 연료 분사량이 너무 적은 경우
• 주 분사 시 연료량이 충분하지 않은 경우
• 연료압력이 최소값(100bar) 이하인 경우
• 기관 가동 중단에 오류가 있는 경우

6 가솔린 기관에서 완전연소 시 배출되는 연료가스 중 체적비율로 가장 많은 가스는?

① 산소
② 이산화탄소
③ 탄화수소
④ 질소

7 디젤기관에서 과급기의 사용 목적으로 틀린 것은?

① 엔진의 출력이 증대된다.
② 체적효율이 작아진다.
③ 평균유효압력이 향상된다.
④ 회전력이 증가한다.

해설 과급기의 사용 목적
① 체적효율 및 평균유효압력이 증대된다.
② 연료소비율이 감소하고 회전력이 증대된다.
③ 등일 압축비에서 출력이 향상된다.

8 자동차 기관의 크랭크축 베어링에 대한 구비조건으로 틀린 것은?

① 하중 부담능력이 있을 것
② 매입성이 있을 것
③ 내식성이 있을 것
④ 피로성이 있을 것

해설 크랭크축 베어링의 구비조건
① 폭발 압력에 대한 하중 부담능력이 있을 것
② 반복 하중에 대한 내피로성이 있을 것
③ 이물질을 베어링 자체에 흡수하는 매입성이 있을 것
④ 산화에 대하여 저항할 수 있는 내식성일 것
⑤ 열 전도성이 우수하고 길들임성이 좋을 것

9 배기가스 재순환장치는 주로 어떤 물질의 생성을 억제하기 위한 것인가?

① 탄소
② 이산화탄소
③ 일산화탄소
④ 질소산화물

해설 EGR(Exhaust Gas Recirculation) 밸브
EGR 밸브는 질소산화물(NO_X)를 저감시키기 위한 장치로 배기가스를 기관의 출력저하가 최소화되는 범위에서 연소실로 되돌려 연소온도를 낮춤으로써 질소산화물(NO_X)의 생성을 저감시킨다.

10 LPG기관에서 액체를 기체로 변화시키는 것을 목적으로 설치된 것은?

① 솔레노이드 스위치
② 베이퍼라이저
③ 봄베
④ 기상 솔레노이드 밸브

해설 베이퍼라이저(Vaporizer : 기화기)
봄베에서 공급된 액체 LPG를 대기 압력으로 감압·기화시키는 기능을 한다.

11 실린더 내경 75㎜ 행정 75㎜ 압축비가 8:1인 4실린더 기관의 총 연소실 체적은?

① 약 239.38cc ② 약 159.76cc

③ 약 189.24cc ④ 약 318.54cc

해설 $V_{ct} = \dfrac{V_s}{\epsilon - 1}$

V_{ct} : 총 연소실 체적
V : 총 배기량
ϵ : 압축비

$V_c = \dfrac{(\dfrac{3.14 \times 7.5^2 \times 7.5}{4}) \times 4}{8 - 1}$
$= 189.24$

12 자동차 기관의 기본 사이클이 아닌 것은?

① 역 브레이튼 사이클

② 정적 사이클

③ 정압 사이클

④ 복합 사이클

해설 내연기관의 열역학적 사이클
① 오토(정적) 사이클 : 가솔린 기관의 기본 사이클
② 디젤(정압) 사이클 : 저속 디젤 기관의 기본 사이클
③ 사바테(복합) 사이클 : 고속 디젤 기관의 기본 사이클

13 밸브스프링의 서징현상에 대한 설명으로 옳은 것은?

① 밸브가 열릴 때 천천히 열리는 현상

② 흡·배기밸브가 동시에 열리는 현상

③ 밸브가 고속회전에서 저속으로 변화할 때 스프링의 장력의 차가 생기는 현상

④ 밸브스프링의 고유진동수와 캠 회전수가 공명에 의해 밸브스프링이 공진하는 현상

해설 밸브의 서징 현상
고속에서 밸브스프링의 신축이 심하여 스프링의 고유진동수와 캠 회전속도 공명에 의해 스프링이 공진하는 현상이다.

14 기관이 과열하는 원인으로 틀린 것은?

① 냉각팬의 파손

② 냉각수 흐름저항 감소

③ 엔진의 과부하

④ 냉각수 이물질 혼입

해설 기관의 과열원인
① 냉각수 부족
② 수온조절기가 닫혀서 고장 났거나 열리는 온도가 너무 높을 때
③ 라디에이터 코어가 과도하게 막혔을 때
④ 팬벨트의 장력이 약해졌거나 이완되었을 때
⑤ 물 펌프의 고장
⑥ 냉각수 통로에 물때가 많이 퇴적되거나 막혔을 때

15 자동차의 성능기준에서 제동등이 다른 등화와 겸용하는 경우 제동조작 시 그 광도가 몇 배 이상 증가하여야 하는가?

① 2배 ② 3배

③ 4배 ④ 5배

해설 핫와이어 방식의 에어플로 센서는 공기 흡입통로에 설치하여 ECU로부터 공급된 전류에 의해 가열되는 백금선의 온도를 일정하게 유지시키는 데 필요한 전류에 의해서 흡입 공기량을 계측한다.

16 열선식 흡입공기량 센서에서 흡입공기량이 많아질 경우 변화하는 물리량은?

① 열량 ② 시간
③ 전류 ④ 주파수

17 승용차에서 전자제어식 가솔린 분사기관을 채택하는 이유로 거리가 먼 것은?

① 고속 회전수 향상
② 유해배출가스 저감
③ 연료소비율 개선
④ 신속한 응답성

18 기관의 총배기량을 구하는 식은?

① 총배기량 = 피스톤 단면적×행정
② 총배기량 = 피스톤 단면적×행정×실린더 수
③ 총배기량 = 피스톤의 길이×행정
④ 총배기량 = 피스톤의 길이×행정×실린더 수

19 기관의 윤활유 점도지수(viscosity index) 또는 점도에 대한 설명으로 틀린 것은?

① 온도변화에 의한 점도변화가 적을 경우 점도지수가 높다.
② 추운 지방에서는 점도가 큰 것일수록 좋다.
③ 점도지수는 온도변화에 대한 점화의 변화 정도를 표시한 것이다.
④ 점도란 윤활유의 끈적끈적한 정도를 나타내는 척도이다.

해설 점도지수(viscosity index)

오일의 온도변화에 따라 점도 변화를 표시하는 수치로 점도지수가 높을수록 온도에 의한 점도변화가 적다. 추운 지방에서는 오일의 유동성을 감안하여 점도가 낮은 것이 좋다.

20 그림과 같은 커먼레일 인젝터 파형에서 주분사 구간을 가장 알맞게 표시한 것은?

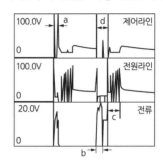

① a ② b
③ c ④ d

21 산소센서에 대한 설명으로 옳은 것은?

① 농후한 혼합기가 연소된 경우 센서 내부에서 외부 쪽으로 산소이온이 이동한다.
② 산소센서의 내부에는 배기가스와 같은 성분의 가스가 봉입되어 있다.
③ 촉매 전·후의 산소센서는 서로 같은 기전력을 발생하는 것이 정상이다.
④ 광역산소 센서에서 히팅 코일 접지와 신호접지 라인은 항상 0V이다.

정답 **16** ③ **17** ① **18** ② **19** ② **20** ④ **21** ①

22 4행정 디젤기관에서 실린더 내경 100 mm, 행정 127 mm, 회전수 1200 rpm, 도시 평균유효압력 7 kgf/cm², 실린더 수가 6이라면 도시 마력(PS)은?

① 약 49 ② 약 56
③ 약 80 ④ 약 112

해설

$$IHP = \frac{Pmi \times A \times L \times N \times Z}{75 \times 60 \times 2}$$

IHP : 지시마력
Pmi : 지시평균유효압력(kgf/cm^2)
A : 실린더단면적(cm^2)
L : 피스톤행정(mm)
N : 기관의 회전수(rpm)
Z : 실린더수

$$IHP = \frac{7 \times (\frac{3.14 \times 10^2 \times 12.7}{4}) \times 1200 \times 6}{75 \times 60 \times 2 \times 100}$$
$$= 56PS$$

23 기관에서 블로바이가스의 주성분은?

① N_2 ② HC
③ CO ④ NO_X

해설 블로바이가스의 주성분은 탄화수소(HC)이다.

24 주행저항 중 자동차의 중량과 관계없는 것은?

① 구름저항
② 구배저항
③ 가속저항
④ 공기저항

해설 공기저항
자동차가 주행 중 받는 공기의 저항으로 자동차의 앞면 수평투영 면적과 관계가 있다.

25 유압식 동력조향장치에서 안전밸브(safety check valve)의 기능은?

① 조향 조작력을 가볍게 하기 위한 것이다.
② 코너링 포스를 유지하기 위한 것이다.
③ 유압이 발생하지 않을 때 수동조작으로 대처할 수 있도록 하는 것이다.
④ 조향 조작력을 무겁게 하기 위한 것이다.

해설 안전밸브(safety check valve)는 유압이 발생하지 않을 때 수동으로 조향장치의 조작을 가능하게 한다.

26 수동변속기 차량에서 클러치의 필요조건으로 틀린 것은?

① 회전 관성이 커야 한다.
② 내열성이 좋아야 한다.
③ 방열이 잘되어 과열되지 않아야 한다.
④ 회전부분의 평형이 좋아야 한다.

해설 클러치의 구비조건
① 동력차단이 신속하고 확실할 것
② 회전 부분의 평형이 좋고 회전 관성이 작을 것
③ 방열이 잘 되어 과열되지 않을 것
④ 동력전달을 시작할 때는 서서히 전달되고 접속이 완료된 후에는 미끄러지지 않을 것

27 조향장치에서 차륜정렬의 목적으로 틀린 것은?

① 조향 휠의 조작안정성을 준다.
② 조향 휠의 주행안정성을 준다.
③ 타이어의 수명을 연장시켜 준다.
④ 조향 휠의 복원성을 경감시킨다.

해설 휠 얼라인먼트의 필요성
① 조향 핸들의 조작력을 경감시킨다.
② 조향 핸들의 조작을 확실하게 하고 안정성을 준다.
③ 조향 핸들의 복원성을 준다.
④ 주행 중 사이드 슬립을 방지하여 타이어의 마멸을 최소화한다.

28 드라이브라인에서 추진축의 구조 및 설명에 대한 내용으로 틀린 것은?

① 길이가 긴 추진축은 플랙시블 자재이음을 사용한다.
② 길이와 각도 변화를 위해 슬립이음과 자재이음을 사용한다.
③ 사용회전속도에서 공명이 일어나지 않아야 한다.
④ 회진 시 평형을 유지하기 위해 평행추가 설치되어 있다.

해설 ① 플랙시블 이음은 요크 사이에 가죽이나 경질고무로 만든 커플링(coupling)을 끼우고 볼트로 체결하는 형식으로 주유가 필요 없고 회전이 정숙하나 동력전달효율이 낮다.
② 길이가 긴 추진축은 추진축을 2~3개로 분할하고 각축의 뒷부분을 센터 베어링으로 프레임에 지지하여 설치하며 비틀림 진동을 방지하기 위한 토션댐퍼(torsional damper)를 둔다.

29 종감속 기어의 감속비가 5:1일 때 링 기어

가 2회전하려면 구동 피니언은 몇 회전하는가?

① 12회전   ② 10회전
③ 5회전   ④ 1회전

해설

$$Pn = Rf \times Rn$$

여기서, Pn : 구동피니언의 잇수
           Rf : 종감속비
           Rn : 링기어의 회전수
           $= 5 \times 2 = 10$

30 유압식 동력조향장치에서 주행 중 핸들이 한쪽으로 쏠리는 원인으로 틀린 것은?

① 토인 조정불량
② 타이어 편 마모
③ 좌·타이어의 이종 사양
④ 파워 오일펌프 불량

해설 주행 중 조향 핸들이 한쪽으로 쏠리는 원인
① 좌·이 타이어의 공기압 불균일
② 좌·이 타이어의 이종사양
③ 한쪽 현가장치의 고장
④ 휠 얼라인먼트의 불량
⑤ 한쪽 브레이크의 편 제동
⑥ 브레이크 라이닝 간극조정 불량

31 유압식 동력조향장치에 사용되는 오일펌프 종류가 아닌 것은?

① 베인펌프   ② 로터리펌프
③ 슬리퍼펌프   ④ 벤딕스기어펌프

해설 동력조향장치에 사용되는 오일펌프의 종류에는 베인펌프, 로터리펌프, 슬리퍼펌프, 기어펌프 등이 있다.

32 드럼방식 브레이크 장치와 비교했을 때 디스크 브레이크의 장점은?

① 자기작동 효과가 크다.

② 오염이 잘되지 않는다.

③ 패드의 마모율이 낮다.

④ 패드의 교환이 용이하다.

디스크 브레이크의 특징

① 방열성이 좋아 페이드 현상이 잘 일어나지 않는다.

② 제동력의 변화가 적어 성능이 안정된다.

③ 한쪽만 제동되는 경우가 적다.

④ 구조가 간단하고 패드의 교환이 용이하다.

⑤ 마찰면적이 적어 패드를 압착하는 힘이 커야 한다.

⑥ 자기작동 작용을 하지 않는다.

⑦ 패드를 강도가 큰 재료로 만들어야 하며 패드의 마멸이 빠르다.

33 유압식 제동장치에서 제동 시 제동력 상태가 불량할 경우 고장 원인으로 거리가 먼 것은?

① 브레이크액의 누설

② 브레이크슈 라이닝의 과대 마모

③ 브레이크액 부족 또는 공기유입

④ 비등점이 높은 브레이크액 사용

제동 시 제동력 상태가 불량한 원인

① 브레이크액이 부족한 경우

② 브레이크 회로에 공기가 혼입된 경우

③ 브레이크 패드 및 라이닝의 과대 마모

④ 페이드 현상이 발생한 경우

⑤ 베이퍼록 현상이 발생한 경우

34 주행 중 브레이크 드럼과 슈가 접촉하는 원인에 해당하는 것은?

① 마스터 실린더 리턴포트가 열려 있다.

② 슈의 리턴 스프링이 소손되었다.

③ 브레이크액의 양이 부족하다.

④ 드럼과 라이닝의 간극이 과대하다.

브레이크 슈와 드럼이 마찰하는 원인
(브레이크가 끌리는 원인)

① 슈 리턴 스프링의 장력약화 또는 절손

② 드럼과 라이닝과의 간극이 불량(과소)한 경우

③ 마스터 실린더 리턴 포트 막힘

35 마스터 실린더 푸시로드에 작용하는 힘이 120kgf이고 피스톤 면적이 4㎠일 때 유압은?

① 20 kgf/㎠　　② 30 kgf/㎠

③ 40 kgf/㎠　　④ 50 kgf/㎠

$P = \dfrac{F}{A}$

P : 작용유압$(kgf/㎠)$

F : 마스터실린더에 가해지는 힘$(120 kgf)$

A : 실린더 단면적$(㎠)$

$P = \dfrac{120 \, kgf}{4 \, ㎠}$

$\quad = 30 \, kgf$

36 주행 중 가속페달 작동에 따라 출력전압의 변화가 일어나는 센서는?

① 공기온도센서

② 수온센서

③ 유온센서

④ 스로틀포지션센서

---

32 ④　**33** ④　**34** ②　**35** ②　**36** ④

37 클러치 페달 유격 및 디스크에 대한 설명으로 틀린 것은?

① 페달 유격이 작으면 클러치가 미끄러진다.

② 페달의 리턴 스프링이 약하면 동력차단이 불량하게 된다.

③ 클러치판에 오일이 묻으면 미끄럼의 원인이 된다.

④ 페달 유격이 크면 클러치 끊김이 나빠진다.

해설 클러치 페달의 리턴 스프링이 약하면 페달이 신속히 원위치 되지 못하여 클러치가 미끄러지는 원인이 되어 동력전달이 불량하게 된다.

38 수동변속기 내부구조에서 싱크로 메시(synchro-mesh) 기구의 작용은?

① 배력작용   ② 가속작용

③ 동기치합작용   ④ 감속작용

해설 동기물림방식 수동변속기에서 싱크로 메시 기구는 변속하려는 기어와 메인 스플라인과의 회전수를 일치시켜 기어의 이 물림을 쉽게 한다.

39 타이어 폭이 180(mm)이고 타이어 단면높이가 90(mm)이면 편평비(%)는?

단면높이(H)
타이어내경
타이어외경
타이어폭(W)

① 500%   ② 50%

③ 600%   ④ 60%

해설 편평비 $= \dfrac{\text{높이}}{\text{너비}} \times 100$

$= \dfrac{90}{180} \times 100$

$= 50\%$

40 현가장치에서 판스프링의 구조에 대한 내용으로 거리가 먼 것은?

① 스펜(span)

② 유(U)볼트

③ 스프링아이(spring eye)

④ 너클(knuckle)

해설 너클은 조향장치의 구성 부분으로 타이로드의 운동에 의해 바퀴를 조향시킨다.

41 용량과 전압이 같은 축전지 2개를 직렬로 연결할 때의 설명으로 옳은 것은?

① 용량은 축전지 2배와 같다.

② 전압이 2배로 증가한다.

③ 용량과 전압 모두 2배로 증가한다.

④ 용량은 2배로 증가하지만 전압은 같다.

해설 용량과 전압이 같은 축전지 2개를 직렬 연결하면 전압은 연결 한 수만큼 증가하고 용량은 1개일 때와 같다.

42 교류발전기 발전원리에 응용되는 법칙은?

① 플레밍의 왼손법칙

② 플레밍의 오른손법칙

③ 옴의 법칙

④ 자기포화의 법칙

해설 교류발전기는 플레밍의 오른손법칙을 응용한 것이다.

43 납산 축전지의 온도가 낮아졌을 때 발생되는 현상이 아닌 것은?

① 전압이 떨어진다.
② 용량이 적어진다.
③ 전해액의 비중이 내려간다.
④ 동결하기 쉽다.

해설 축전지 용량과 온도와의 관계
① 축전지의 용량 및 전압이 낮아진다.
② 전해액의 비중이 올라간다.
③ 동결하기 쉽다.

44 ECU에 입력되는 스위치 신호라인에서 Off 상태의 전압이 5V로 측정되었을 때 설명으로 옳은 것은?

① 스위치의 신호는 아날로그 신호이다.
② ECU 내부의 인터페이스는 소스(source)방식이다.
③ ECU 내부의 인터페이스는 싱크(sink)방식이다.
④ 스위치를 닫았을 때 2.5V 이하면 정상적으로 신호처리를 한다.

45 편의장치 중 중앙집중식 제어장치(ETACS 또는 ISU) 입·출력요소의 역할에 대한 설명으로 틀린 것은?

① INT 볼륨스위치 : INT 볼륨위치 검출
② 모든 도어스위치 : 각 도어 잠김 여부 검출

46 브레이크등 회로에서 12V 축전지에 24W의 전구 2개가 연결되어 점등된 상태라면 합성저항은?

① 2Ω
② 3Ω
③ 4Ω
④ 6Ω

해설 $R = \dfrac{E^2}{P}$, R: 저항, E: 전압, P: 전력

$$R = \frac{12^2}{(2.4+2.4)}$$
$$= 3$$

47 차륜 정렬에서 토인의 조정은 무엇으로 할 수 있는가?

① 시임의 두께
② 와셔의 두께
③ 드레그 링크의 두께
④ 타이로드의 길이

해설 토인의 조정은 타이로드의 길이를 변화시켜 조정한다.

48 전자제어 배전점화방식(DLI, Distributer Less Ignition)에 사용되는 구성품이 아닌 것은?

① 파워트랜지스터
② 원심진각장치
③ 점화코일
④ 크랭크각 센서

49 반도체에 대한 특징으로 틀린 것은?

① 극히 소형이며 가볍다.
② 예열시간이 불필요하다.
③ 내부 전력손실이 크다.
④ 정격값 이상이 되면 파괴된다.

해설 반도체의 특징
① 극히 소형이며 가볍고 기계적으로 강하다.
② 내부전력손실이 적다.
③ 작동에 필요한 예열이 불필요하다.
④ 역내압에 약하고 정격값 이상 되면 파괴된다.
⑤ 열에 약하다.

50 기동전동기에 많은 전류가 흐르는 원인으로 옳은 것은?

① 높은 내부저항
② 내부접지
③ 전기자 코일의 단선
④ 계자코일의 단선

해설 기동전동기 내부 접지가 발생하면 많은 전류가 흐른다.

51 줄 작업에서 줄에 손잡이를 꼭 기우고 사용하는 이유는?

① 평형을 유지하기 위해
② 중량을 높이기 위해
③ 보관에 편리하도록 하기 위해
④ 사용자에게 상처를 입히지 않기 위해

52 일반 가연성 물질의 화재로서 물이나 소화기를 이용하여 소화하는 화재의 종류는?

① A급화재   ② B급화재
③ C급화재   ④ D급화재

해설 화재의 종류
A급 화재 : 일반화재
B급 화재 : 유류화재
C급 화재 : 전기화재
D급 화재 : 금속화재

53 산소용접에서 안전한 작업수칙으로 옳은 것은?

① 기름이 묻은 복장으로 작업한다.
② 산소밸브를 먼저 연다.
③ 아세틸렌밸브를 먼저 연다.
④ 역화하였을 때에는 아세틸렌밸브를 빨리 잠근다.

해설 토치에 점화시킬 때에는 아세틸렌 밸브를 먼저 열어 점화시킨 후 산소밸브를 열어 불꽃의 세기를 조정하며 역화가 발생했을 때는 산소밸브를 빨리 잠근다.

54 기계부품에 작용하는 하중에서 안전율을 가장 크게 하여야 할 하중은?

① 정하중   ② 교번하중
③ 충격하중   ④ 반복하중

정답 49 ③   50 ②   51 ④   52 ①   53 ③   54 ③

55 공기압축기 및 압축공기 취급에 대한 안전 수칙으로 틀린 것은?

① 전기배선 터미널 및 전선 등에 접촉될 경우 전기쇼크의 위험이 있으므로 주의하여야 한다.

② 분해 시 공기압축기 공기탱크 및 관로 안의 압축공기를 완전히 배출한 뒤에 실시한다.

③ 하루에 한 번씩 공기탱크에 고여 있는 응축수를 제거한다.

④ 작업 중 작업자의 땀이나 열을 식히기 위해 압축공기를 호흡하면 작업효율이 좋아진다.

56 계기 및 보안장치의 정비 시 안전사항으로 틀린 것은?

① 엔진이 정지 상태이면 계기판은 점화스위치 On 상태에서 분리한다.

② 충격이나 이물질이 들어가지 않도록 주의한다.

③ 회로 내에 규정치보다 높은 전류가 흐르지 않도록 한다.

④ 센서의 단품점검 시 배터리 전원을 직접 연결하지 않는다.

57 기관정비 시 안전 취급주의 사항에 대한 내용으로 틀린 것은?

① TPS, ISC Servo 등은 솔벤트로 세척하지 않는다.

② 공기압축기를 사용하여 부품을 세척시 눈에 이물질이 튀지 않도록 한다.

③ 캐니스터 점검 시 흔들어서 연료증발가스를 활성화시킨 후 점검한다.

④ 배기가스 시험 시 환기가 잘되는 곳에서 측정한다.

58 운반기계에 취급과 안전수칙에 대한 내용으로 틀린 것은?

① 무거운 물건은 운반할 때에는 반드시 경종을 울린다.

② 기중기는 규정용량을 지킨다.

③ 흔들리는 큰 화물은 보조자가 탑승하여 움직이지 못하도록 한다.

④ 무서운 것은 밑에 가벼운 것은 위헤 쌓는다.

59 납산축전지 취급 시 주의사항으로 틀린 것은?

① 배터리 접속 시 [+] 단자부터 접속한다.

② 전해액이 옷에 묻지 않도록 주의한다.

③ 전해액이 부족하면 시냇물로 보충한다.

④ 배터리 분리 시 [−]단자부터 분리한다.

60 브레이크 파이프 내에 공기가 유입되었을 때 나타나는 현상으로 옳은 것은?

① 브레이크액이 냉각된다.

② 마스터 실린더에서 브레이크액이 누설된다.

③ 브레이크 페달의 유격이 커진다.

④ 브레이크가 지나치게 급히 작동한다.

정답   55 ④   56 ①   57 ③   58 ③   59 ③   60 ③

4회 실전모의고사

01 4행정 기관과 비교한 2행정 기관(2 stroke engine)의 장점은?

① 각 행정의 작용이 확실하여 효율이 좋다.

② 배기량이 같을 때 발생 동력이 크다.

③ 연료소비율이 적다.

④ 윤활유 소비량이 적다.

해설 2행정 기관과 4행정 기관의 비교

구분	4행정 기관	2행정 기관
장점	· 각행정의 구분이 뚜렷하다. · 열적 부하가 적다. · 회전속도 범위가 넓다. · 체적 효율이 높다. · 연료소비율이 적다.	· 4행정 기관의 1.6~1.7배의 출력을 얻는다. · 회전력의 변동이 적다. · 마력당 중량이 적고 값이 싸다. · 배기량이 같을 때 발생 동력이 크다.
단점	· 밸브기구가 복잡하다. · 충격이나 기계적 소음이 크다. · 실린더 수가 적을 경우 사용이 곤란하다. · 마력당 중량이 무겁다.	· 유효행정이 짧아 흡·배기가 불완전하다. · 연료소비율이 많다. · 저속회전이 어렵고 역화발생이 쉽다. · 피스톤과 링의 소손이 많다.

02 엔진오일의 유압이 낮아지는 원인으로 틀린 것은?

① 베어링의 오일 간극이 크다.

② 유압조절밸브의 스프링 장력이 크다.

③ 오일 팬 내의 윤활유 양이 적다.

④ 윤활유 공급라인에 공기가 유입되었다.

해설 윤활장치의 유압이 낮아지는 원인
① 기관 내 윤활유량이 부족하다.
② 오일의 점도가 낮아졌다.
③ 크랭크축 오일 간극이 크다.
④ 유압조절밸브의 스프링 장력이 약화되었다.
⑤ 유압회로 내 공기가 유입되었다.

3 디젤기관에서 연료 분사시기가 과도하게 빠를 경우 발생할 수 있는 현상으로 틀린 것은?

① 노크를 일으킨다.

② 배기가스가 흑색이다.

③ 기관의 출력이 저하된다.

④ 분사압력이 증가한다.

해설 디젤기관에서 연료분사시기가 과도하게 빠르면 발생할 수 있는 현상
① 착화지연기간이 길어지며 디젤 노크가 발생한다.
② 흑색의 배기가스가 배출된다.
③ 기관출력이 저하된다.
④ 저속회전이 불량하다.

4 디젤 노크를 일으키는 원인과 직접적인 관계가 없는 것은?

① 압축비　　　　② 회전속도

③ 옥탄가　　　　④ 엔진의 부하

해설 디젤 노크 발생요인
① 경유의 세탄가
② 기관의 압축비와 온도 및 회전속도
③ 연료의 분사시기 및 분사된 연료의 형상(미립화)

정답　1 ②　2 ②　3 ④　4 ③

④ 착화지연기간 및 흡입공기 온도

05 가솔린 기관의 이론공연비는?

① 12.7:1   ② 13.7:1

③ 14.7:1   ④ 15.7:1

해설 가솔린 기관의 이론공연비는 14.7(공기) : 1(연료) 이다.

06 스로틀밸브의 열림 정도를 감지하는 센서는?

① APS   ② CKPS

③ CMPS   ④ TPS

해설 센서의 기능
① APS(액셀레이터 포지션 센서) : 가속페달 밟은 량을 검출
② CKPS : (크랭크각 센서) : 크랭크축 위치 검출
③ CMPS : (캠축각 센서) : 캠축 위치 검출
④ TPS : (스로틀포지션 센서) : 스로틀밸브 열림량 검출

07 다음 중 단위 환산으로 틀린 것은?

① $1j = 1N \cdot m$

② $-40℃ = -48℉$

③ $-273℃ = 0K$

④ $1 \, kgf/cm^2 = 1.42 \, psi$

해설 $1 \, kgf/cm^2 = 14.2 \, psi$

08 예혼합(믹서)방식 LPG 기관의 장점으로 틀린 것은?

① 점화플러그의 수명이 연장된다.

② 연료펌프가 불필요하다.

③ 베이퍼록 현상이 없다.

④ 가솔린에 비해 냉시동성이 좋다.

해설 예혼합(믹서)방식 LPG 기관의 특징
① 가솔린에 비해 옥탄가가 높다 (100~120)
② 노크가 잘 발생하지 않는다.
③ 점화시기는 가솔린보다 빠르며 점화플러그의 수명이 길다.
④ 베이퍼록(증기폐쇄) 현상이 없다.
⑤ 겨울철 시동성이 가솔린에 비해 나쁘다.
⑥ 가속성능이 가솔린 차량에 비해 나쁘다.

09 연료실 압축압력이 규정 압축압력보다 높을 때 원인으로 옳은 것은?

① 연소실 내 카본 다량 부착

② 연소실 내에 돌출부 없어짐

③ 압축비가 작아짐

④ 옥탄가가 지나치게 높음

해설 압축압력이 규정압력보다 높아지는 원인은 연소실의 카본이 다량 퇴적되었기 때문이다.

10 120PS의 디젤기관이 24시간 동안에 360ℓ의 연료를 소비하였다면 이 기관의 연료소비율(g/PS·h)은?

(단, 연료의 비중은 0.9이다)

① 약 125   ② 약 450

③ 약 113   ④ 약 513

해설 $be = \dfrac{w}{ps \times h}$

be : 연료소비율
w : 연료의 중량(부피×비중)
ps : 기관출력
h : 기관가동시간

$be = \dfrac{360\ell \times 0.9 \times 1000}{12 \times 24}$
$\quad = 112.5g/ps{\cdot}h$

11 피스톤 재질의 요구특성으로 틀린 것은?

① 무게가 가벼워야 한다.

② 고온강도가 높아야 한다.

③ 내마모성이 좋아야 한다.

④ 열팽창계수가 커야 한다.

해설 피스톤의 구비조건
① 고온·고압에 견딜 수 있는 강성이 있을 것
② 열전도성이 클 것
③ 열팽창률이 적을 것
④ 무게가 가벼울 것
⑤ 내마모성이 좋을 것

12 기화기식과 비교한 전자제어 가솔린 연료 분사장치의 장점으로 틀린 것은?

① 고출력 및 혼합비 제어에 유리하다.

② 연료소비율이 낮다.

③ 부하변동에 따라 신속하게 응답한다.

④ 적절한 혼합비 공급으로 유해 배출가스가 된다.

해설 전자제어 가솔린 분사기관의 특성
① 기관운전 상태에 적정한 혼합기를 각 실린더에 균일하게 공급한다.(이론공연비 14.7:1)
② 벤츄리가 없어 공기 흐름 저항이 감소한다.
③ 연료소비율이 낮고 냉간 시동성이 좋다.
④ 적정한 혼합기 공급으로 유해 배출가스가 감소한다.

13 4행정 V6 기관에서 실린더가 모두 1회의 폭발을 하였다면 크랭크축은 몇 회전하는가?

① 2회전   ② 3회전

③ 6회전   ④ 9회전

해설 4행정 1사이클 기관은 크랭크축 2바퀴에 캠축이 1회전하는 동안 모든 실린더가 1회씩 폭발한다.

14 배기밸브가 하사점 전 55°에서 열리고 상사점 후 15°에서 닫혀진다면 배기밸브의 열림각은?

① 70°   ② 195°

③ 325°   ④ 250°

해설 배기밸브의 열림 각도
배기밸브가 열린 각도 + 180 + 배기밸브 닫힘 각도
150° + 180° + 15° = 250°

15 자동차의 구조·장치의 변경승인을 얻은 자동차정비업자로부터 구조·장치의 변경과 그에 따른 정비를 받고 얼마 이내에 구조변경검사를 받아야 하는가?

① 완료일로부터 45일 이내

② 완료일로부터 15일 이내

③ 승인받은 날로부터 45일 이내

④ 승인받은 날로부터 15일 이내

정답 11 ④   12 ④   13 ①   14 ④   15 ③

16 스텝 모터 방식의 공전속도 제어장치에서 스텝 수가 규정에 맞지 않는 원인으로 틀린 것은?

① 공전속도 조정 불량
② 메인 듀티 S/V 고착
③ 스로틀밸브 오염
④ 흡기다기관 진공누설

17 배기장치(머플러) 교환 시 안전 및 유의사항으로 틀린 것은?

① 분해 전 촉매가 정상온도가 되도록 한다.
② 배기가스 누출이 되지 않도록 조립한다.
③ 조립 할 때 개스킷은 신품으로 교환한다.
④ 조립 후 다른 부분과의 접촉 여부를 점검한다.

18 소형 승용차 기관의 실린더헤드를 알루미늄 합금으로 제작하는 이유는?

① 가볍고 열전달이 좋기 때문에
② 부식성이 좋기 때문에
③ 주철에 비해 열팽창계수가 작기 때문에
④ 연소실 온도를 높여 체적효율을 낮출 수 있기 때문에

해설 알루미늄 합금 실린더헤드의 특징
① 무게가 가볍고 열전도율이 높다.
② 압축비를 높일 수 있다.
③ 조기점화의 원인이 되는 돌출부가 잘 생기지 않는다.

19 기관이 지나치게 냉각되었을 때 기관에 미치는 영향으로 옳은 것은?

① 출력저하로 연료소비율 증대
② 연료 및 공기흡입 과잉
③ 점화불량과 압축과대
④ 엔진오일의 열화

해설 기관이 과냉 하면 기관 출력저하로 연료소비율이 증가한다.

20 바이널리 출력방식의 산소센서 점검 및 사용 시 주의사항으로 틀린 것은?

① O_2 센서의 내부저항을 측정치 말 것
② 전압측정 시 디지털 미터를 사용할 것
③ 출력전압을 쇼트시키지 말 것
④ 유연 가솔린을 사용할 것

해설 산소센서 점검 시 주의사항
① 산소(O_2) 센서의 내부 저항을 측정하지 말 것
② 전압을 측정할 때에는 디지털미터(회로시험기)나 오실로스코프를 사용할 것
③ 출력전압을 쇼트시키지 말 것
④ 무연가솔린을 사용할 것

21 산소센서 신호가 희박으로 나타날 때 연료계통의 점검사항으로 틀린 것은?

① 연료필터의 막힘 여부
② 연료펌프의 작동전류 점검
③ 연료펌프 전원의 전압강하 여부
④ 릴리프 밸브의 막힘 여부

해설 산소센서 신호가 희박할 때 연료계통의 점검사항
① 연료펌프 작동전류 점검
② 연료필터 막힘 여부 점검
③ 연료펌프 전원의 전압강하 여부 점검

④ 인텍터 코일 저항 및 작동 점검

⑤ 연료 압력 조절기작동상태(열려서 고장 났는지) 점검

22 흡기매니폴드 내의 압력에 대한 설명으로 옳은 것은?

① 외부 펌프로부터 만들어진다.

② 압력은 항상 일정하다.

③ 압력변화는 항상 대기압에 의해 변화한다.

④ 스로틀밸브의 개도에 따라 달라진다.

해설 흡기다기관(매니폴드) 내의 압력변화는 스로틀밸브의 열림량(개도량)에 따라 변화한다.

23 배기가스가 삼원 촉매 컨버터를 통과할 때 산화·환원되는 물질로 옳은 것은?

① N_2, CO

② N_2, H_2

③ N_2, O_2

④ N_2, CO_2, H_2O

해설 삼원 촉매 컨버터는 배출가스 속의 CO, HC, NOx를 N_2, CO_2, H_2O로 산화·환원시킨다.

24 수동변속기 정비 시 측정 할 항목이 아닌 것은?

① 주축 엔드플레이

② 주축의 휨

③ 기어의 직각도

④ 슬리브와 포크의 간극

해설 수동변속기 정비 시 점검항목은 주축 엔드플레이, 주축의 휨, 싱크로메시 기구, 슬리브와 포크의 간극, 기어의

백래시 등이다.

25 브레이크 장치(brake system)에 관한 설명으로 틀린 것은?

① 브레이크 작동을 계속 반복하면 드럼과 슈에 마찰열이 축적되어 제동력이 감소되는 것을 페이드 현상이라 한다.

② 공기 브레이크에서 제동력을 크게 하기 위해서는 언로더 밸브를 조절한다.

③ 브레이크 페달의 리턴 스프링 장력이 약해지면 브레이크 풀림이 늦어진다.

④ 마스터 실린더의 푸시로드 길이를 길게 하면 라이닝이 수축하여 잘 풀린다.

해설 마스터 실린더의 푸시로드 길이를 길게 하면 라이닝&슈가 확장되어 브레이크가 끌린다.

26 유효 반지름이 0.5 m인 바퀴가 600 rpm으로 회전할 때 차량의 속도는 약 얼마인가?

① 약 10.95 km/h

② 약 25 km/h

③ 약 50.92 km/h

④ 약 113.04 km/h

해설
$$V = \frac{\pi \times D \times N}{R_t \times R_f} \times \frac{60}{1000}$$

V : 자동차의 속도(km/h)
D : 바퀴의 지름(m)
N : 기관의 회전수(rpm)
R_t : 변속비
R_f : 종감속비

$$V = 3.14 \times (0.5 \times 2) \times 600 \times \frac{60}{1000}$$
$$= 113.04 km/h$$

27 유압식 동력조향장치의 주요 구성부 중에서 최고 유압을 규제하는 릴리프 밸브가 있는 곳은?

① 동력부   ② 제어부

③ 안전 점검부   ④ 작동부

해설 릴리브 밸브(relief valve)

회로 내의 압력을 제한하기 위한 밸브로 특정 압력이상에서 열려 압력이 과도하게 상승하는 것을 제한하여 회로와 펌프의 과부하를 방지한다.

28 파워 스티어링에서 오일 압력 스위치의 역할은?

① 공연비 조절

② 점화시기 조절

③ 공회전속도 조절

④ 연료펌프 구동 조절

29 클러치 페달을 밟을 때 무겁고 자유간극이 없다면 나타나는 현상으로 거리가 먼 것은?

① 연료 소비량이 증대된다.

② 기관이 과냉된다.

③ 주행 중 가속 페달을 밟아도 차가 가속되지 않는다.

④ 등판성능이 저하된다.

해설 클러치 페달을 밟을 때 무겁고 자유간극이 없는 원인은 클러치 디스크의 과대 마모 시 발생하며 클러치가 미끄러지는 원인이 되어 연료소비량 증가, 가속 불량, 등판능력이 저하된다.

30 제어밸브와 동력 실린더가 일체로 결합된 것으로 대형트럭이나 버스 등에서 사용되는 동력조향장치는?

① 조합형   ② 분리형

③ 혼성형   ④ 독립형

해설 조합형 동력조향장치는 제어밸브와 동력 실린더가 일체로 결합된 형태로 대형트럭이나 버스 등에 사용된다.

31 기관의 회전수가 2400 rpm, 변속비는 1.5, 종감속비가 4.0일 때 링기어는 몇 회전하는가?

① 400 rpm   ② 600 rpm

③ 800 rpm   ④ 1000 rpm

해설 링기어 회전수 $= \dfrac{\text{엔진회전수}}{\text{종감속비}}$

$$\text{링기어회전수} = \frac{2400rpm}{1.5 \times 4}$$
$$= 400rpm$$

32 제동장치에서 편제동의 원인이 아닌 것은?

① 타이어 공기압 불평형

② 마스터 실린더 리턴 포트의 막힘

③ 브레이크 패드의 마찰계수 저항

④ 브레이크 디스크에 기름 부착

해설 마스터 실린더 리턴 포트가 막히면 브레이크가 풀리지 않는다.

33 브레이크 계통을 정비한 후 공기빼기 작업을 하지 않아도 되는 경우는?

① 브레이크 파이프나 호스를 떼어낸 경우
② 브레이크 마스터 실린더에 오일을 보충한 경우
③ 베이퍼록 현상이 생긴 경우
④ 휠 실린더를 분해 수리한 경우

해설 공기빼기 작업은 유압회로가 해체되는 작업 후 베이퍼록 현상 발생 및 브레이크 오일 교환 시 실시한다.

34 종감속 장치에서 하이포이드 기어의 장점으로 틀린 것은?

① 기어 이의 물림률이 크기 때문에 회전이 정숙하다.
② 기어의 편심으로 차체의 전고가 높아진다.
③ 추진축의 높이를 낮게 할 수 있어 거주성이 향상된다.
④ 이면의 접촉 면적이 증가되어 강도를 향상시킨다.

해설 하이포이드 기어의 특징
① 기어 이의 물림률이 크기 때문에 회전이 정숙하다.
② 기어의 편심으로 차체의 전고가 낮아진다.
③ 추진축의 높이를 낮게 할 수 있어 거주성이 향상된다.
④ 동일한 조건에서 스파이럴 베벨기어에 비해 구동 피니언을 크게 할 수 있어 강도가 증가한다.
⑤ 제작이 어렵고 이의 물림률이 커 극압 윤활유를 사용해야 한다.

35 사이드 슬립 테스터의 지시 값이 4m/km 일 때 1km 주행에 대한 앞바퀴의 슬립량은?

① 4 mm
② 4 ㎝
③ 40 ㎝
④ 4 m

해설 사이드 슬립 테스터의 지시 값이 4m/km일 때 1km 주행에 대한 사이드 슬립(옆방향 미끄러짐)량은 4m이다.

36 제동 배력장치 중에서 진공을 이용한 것이 아닌 것은?

① 하이드로 마스터
② 마스터 백
③ 뉴 바이커
④ 에어 마스터

해설 에어 마스터는 압축공기의 압력과 대기압력의 압력차를 이용하여 배력 작용을 한다.

37 타이어의 표시 235 55R 19에서 55는 무엇을 나타내는가?

① 편평비
② 림 경
③ 부하능력
④ 타이어의 폭

해설 타이어의 표기 235 / 55 R 19에서 235는 타이어 폭, 55는 편평비 R은 레디디얼 타이어 19는 휠의 지름(inch)을 각각 나타낸다.

정답 33 ② 34 ② 35 ④ 36 ④ 37 ①

38 자동차의 진동현상에 대해서 바르게 설명된 것은?

① 바운싱 : 차체의 상하 운동
② 피칭 : 차체의 좌우 흔들림
③ 롤링 : 차체의 앞뒤 흔들림
④ 요잉 : 차체의 비틀림 진동하는 현상

해설 차체의 진동 현상

① 바운싱 : 차체의 상·하운동
② 피칭 : 차체의 앞·뒤 흔들림
③ 롤링 : 차체의 좌·이 흔들림
④ 요잉 : 차체의 회전운동

39 수동변속기에서 싱크로메시 기구는 어떤 작용을 하는가?

① 가속작용   ② 감속작용
③ 동기작용   ④ 배력작용

해설 싱크로메시 기구는 기어변속 시 작용하여 주축과 변속되는 기어의 원주속도를 동기(일치)시켜 기어의 물림을 원활하게 하기 위한 장치이다.

40 앞바퀴의 옆 흔들림에 따라서 조향 휠의 회전축 주위에 발생하는 진동을 무엇이라 하는가?

① 시미   ② 휠 플러터
③ 바우킹   ④ 킥업

해설 시미현상은 앞바퀴의 좌·이 흔들림에 의한 조향 휠의 회전축 주위에 발생하는 진동이다.

41 IC 방식의 전압조정기가 내장된 자동차용 교류발전기의 특징으로 틀린 것은?

① 스테이터 코일 여자전류에 의한 출력이 향상된다.
② 접점이 없기 때문에 조정전압의 변동이 적다.
③ 접점방식에 비해 내진선 내구성이 크다.
④ 접점 불꽃에 의한 노이즈가 없다.

해설 교류(AC)발전기 출력조정은 로터코일의 여자전류 제어에 의해 조정된다.

42 그림과 같이 측정했을 때 저항값은?

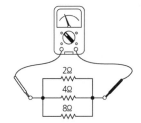

① $14\,\Omega$ ② $\dfrac{1}{4}\,\Omega$

③ $\dfrac{8}{7}\,\Omega$ ④ $\dfrac{7}{8}\,\Omega$

해설 병렬합성저장

$$\frac{1}{R} = \frac{1}{R} + \frac{1}{R} + \frac{1}{R} \cdots \frac{1}{n}$$

$$= \frac{1}{2} + \frac{1}{4} + \frac{1}{8} = \frac{4+2+1}{8}$$

$$= \frac{8}{7}\,\Omega$$

43 축전기(condenser)에 저장되는 정전용량을 설명한 것으로 틀린 것은?

① 가해지는 전압에 정비례한다.
② 금속판 사이의 거리에 정비례한다.
③ 상대하는 금속판의 면적에 정비례한다.
④ 금속판 사이 절연체의 절연도에 정비례한다.

해설 축전지(condenser) 정전 용량
① 가해지는 전압에 정비례한다.
② 금속판 사이의 거리에 반비례한다.
③ 상대하는 금속판의 면적에 정비례한다.
④ 금속판 사이 절연체의 절연도에 정비례한다.

44 가솔린기관의 점화코일에 대한 설명으로 틀린 것은?

① 1차 코일의 저항보다 2차 코일의 저항이 크다.
② 1차 코일의 굵기보다 2차 코일의 굵기가 가늘다.
③ 1차 코일의 유도전압보다 2차 코일의 유도전압이 낮다.
④ 1차 코일의 권수보다 2차 코일의 권수가 많다.

해설 가솔린 기관의 점화코일
1차 코일에서 자기유도작용이 발생하고 2차 코일의 상호유도 작용에 의해 1차 코일에서 발생된 전압보다 더 큰 유도전압이 발생한다.

45 배선에 있어서 기호와 색의 연결이 틀린 것은?

① Gr : 보라   ② G : 녹색
③ R : 적색   ④ Y : 노랑

해설 배선의 기호와 색

기호	색상	기호	색상
B	검은색(Black)	Gr	회색(Gray)
R	빨간색(Red)	L	파란색(Blue)
W	흰색(White)	G	녹색(Green)
Br	갈색(Brown)	Y	노란색(Yellow)
O	오렌지색(Orange)	P	분홍색(Pink)

46 완전 충전된 납산축전지에서 양극판의 성분(물질)으로 옳은 것은?

① 과산화납   ② 납
③ 해면상납   ④ 산화물

해설 납산축전지 완전 충전된 화학식
+극판은 PbO_2(과산화납), −극판은 Pb(해면상납)이다.

47 축전지 단자의 부식을 방지하기 위한 방법으로 옳은 것은?

① 경유를 바른다
② 그리스를 바른다.
③ 엔진오일을 바른다.
④ 탄산나트륨을 바른다.

해설 축전지 단자의 부식을 방지하기 위하여 축전지 단자에 얇게 그리스를 바른다.

48 도어 록 제어(door lock control)에 대한 설명으로 옳은 것은?

① 점화 스위치 ON 상태에서만 도어를 unlock으로 제어한다.

② 점화 스위치를 OFF로 하면 모든 도어 중 하나라도 록 상태일 경우 전 도어를 록(lock)시킨다.

③ 도어 록 상태에서 주행 중 충돌 시 에 에백 ECU로부터 에어백 전개신호를 입력받아 모든 도어를 unlock 시킨다.

④ 도어 unlock 상태에서 주행 중 차량 충 돌 센서로부터 충돌정보를 입력받아 승객의 안전을 위해 모든 도어를 잠김 (lock)으로 한다.

해설 도어 록(door lock control)
주행속도가 제어속도에 도달하면 모든 도어를 록(lock) 시켜 문이 열리는 것을 방지하고 점화스위치 Off 시 모 든 도어를 언록(un lock)시킨다. 도어 록 상태에서 주행 중 충돌 시 에어백 ECU로부터 에어백 전개 신호를 입 력받아 모든 도어를 언록(un lock)시킨다.

49 계기판의 속도계가 작동하지 않을 때 고 장부품으로 옳은 것은?

① 차속 센서

② 크랭크 각 센서

③ 흡기매니폴드 압력센서

④ 냉각수온 센서

해설 계기판의 속도계가 작동하지 않을 때는 차속 센서(VSS) 의 고장 여부를 확인한다.

50 기관에 설치된 상태에서 시동 시(크랭킹 시) 기동전동기에 흐르는 전류와 회전수를 측정하는 시험은?

① 단선시험　　② 단락시험

③ 접지시험　　④ 부하시험

해설 기동전동기 부하시험은 기동전동기가 기관에 설치된 상 태에서 크랭킹 시 기동전동기에 흐르는 전류와 회전수 를 측정하는 시험이다.

51 드릴머신 작업의 주의사항으로 틀린 것 은?

① 회전하고 있는 주축이나 드릴에 손이나 걸레를 대거나 머리를 가까이 하지 않 는다.

② 드릴 탈부착은 회전이 완전히 멈춘 다 음 행한다.

③ 가공 중 드릴에서 이상음이 들리면 회 전상태로 그 원인을 찾아 수리한다.

④ 작은 물건은 바이스를 사용하여 고정한 다.

해설 드릴머신 작업 중 드릴에서 이상음이 들리면 즉시 회전 을 멈추고 전원을 Off 시킨 후 그 원인을 찾아 수리한다.

52 정밀한 기계를 수리할 때 부속품의 세척 (청소)방법으로 가장 안전한 방법은?

① 걸레로 닦는다.

② 와이어브러시를 사용한다.

③ 에어건을 사용한다.

④ 솔을 사용한다.

53 어떤 제철공장에서 400명의 종업원이 1년간 작업하는 가운데 신체장애 등급 11급 10명과 1급 1명이 발생하였다. 재해 강도율은 약 얼마인가?

(단, 1일 6시간 작업하고 연 300일 근무한다.)

① 10.98% ② 11.98%

③ 12.98% ④ 13.98%

해설 ① 연평균근로시간

= 연간근로자수×1일 근로시간×연간근로일수

= 400×8×300

= 960,000시간

② 근로손실일수

= 근로손실일수+{휴업일수×연간근로시간/365}

· 장애등급 1급 1명＝7,500일

· 장애등급 11급 10명＝4,000일

· 총 근로손실일수＝7,500+4,000

＝11,500일

③강도율 = $\dfrac{근로손실일수}{연평균 근로일수}×1000$

$= \dfrac{11,500}{960,000}×1000 = 11.98\%$

54 해머작업 시 안전수칙으로 틀린 것은?

① 해머는 처음과 마지막 작업 시 타격력을 크게 할 것

② 해머로 녹슨 것을 때릴 때는 반드시 보안경을 쓸 것

③ 해머의 사용면이 깨진 것은 사용하지 말 것

④ 해머작업 시 타격 가공하려는 곳에 눈을 고정시킬 것

55 화재 발생 시 소화 작업방법으로 틀린 것은?

① 산소의 공급을 차단한다.

② 유류 화재 시 표면에 물을 붓는다.

③ 가연 물질의 공급을 차단한다.

④ 점화원을 발화점 이하의 온도로 낮춘다.

56 하이브리드 자동차의 정비 시 주의사항에 대한 내용으로 틀린 것은?

① 하이브리드 모터 작업 시 휴대폰 신용카드 등은 휴대하지 않는다.

② 고전압 케이블(U, V, W상)의 극성은 올바르게 연결한다.

③ 도장 후 고압 배터리는 헝겊으로 덮어두고 열처리한다.

④ 엔진룸의 고압 세차는 하지 않는다.

57 유압식 브레이크 정비에 대한 설명으로 틀린 것은?

① 패드는 안쪽과 바깥쪽을 세트로 교환한다.

② 패드는 좌·이 어느 한쪽이 교환시기가 되면 좌·이 동시에 교환한다.

③ 패드 교환 후 브레이크 페달을 2~3회 밟아준다.

④ 브레이크액은 공기와 접촉 시 비등점이 상승하여 제동성능이 향상된다.

58 자동차의 기동전동기 탈부착 시 안전에 대한 유의사항으로 틀린 것은?

① 배터리 단자에서 터미널을 분리시킨 후 작업한다.

② 차량 아래에서 작업 시 보안경을 착용하고 작업한다.

③ 기동전동기를 고정시킨 후 배터리 단자를 접속한다.

④ 배터리 벤트플러그는 열려있는지 확인 후 작업한다.

해설 자동차에서 축전지를 교환할 때 축전지(−) 단자를 먼저 떼어내고 설치할 때에는 축전지(=) 단자를 먼저 체결한다.

59 실린더의 마멸량 및 내경 측정에 사용되는 기구와 관계가 없는 것은?

① 버니어 캘리퍼스

② 실린더 게이지

③ 외측 마이크로미터와 텔레스코핑 게이지

④ 내측 마이크로미터

해설 실린더 마모량 측정기구
① 실린더 보어 게이지
② 내측 마이크로미터
③ 외측 마이크로미터와 텔레스코핑 게이지

60 차량에 측전지를 교환할 때 안전하게 작업하려면 어떻게 하는 것이 제일 좋은가?

① 두 케이블을 동시에 함께 연결한다.

② 점화 스위치를 넣고 연결한다.

③ 케이블 연결 시 접지 케이블을 나중에 연결한다.

④ 케이블 탈착 시 (+)케이블을 먼저 떼어낸다.

정답 58 ④ 59 ① 60 ③

5회 실전모의고사

01 아날로그 신호가 출력되는 센서로 틀린 것은?

① 옵티컬 방식의 크랭크 각 센서
② 스로틀 포지션 센서
③ 흡기온도 센서
④ 수온센서

해설 전자제어기관 센서

센서	출력신호 형식
크랭크 각 센서 (CKPS)	· 옵티컬방식 : 디지털 · 홀방식 : 디지털 · 마그네틱방식 : 아날로그
캠축 각 센서 (CMPS)	디지털
스로틀포지션센서 (TPS)	아날로그
냉각수온도센서 (WTS)	아날로그
흡입공기량계측센서 (AFS)	· 칼만와류방식 : 디지털 · 베인방식 : 아날로그 · 핫와이어(필름)방식 : 아날로그 · Map센서 : 아날로그
흡기온도센서 (ATS)	아날로그
노크센서 (Knock sensor)	아날로그
산소(O$_2$)센서	아날로그

02 엔진이 작동 중 과열되는 원인으로 틀린 것은?

① 냉각수의 부족
② 라디에이터 코어의 막힘
③ 전동 팬 모터 릴레이의 고장
④ 수온조절기가 열린 상태로 고장

해설 기관이 과열하는 원인
① 냉각수 부족
② 수온조절기가 닫혀서 고장 났거나 열리는 온도가 너무 높을 때
③ 라디에이터 코어가 과도하게 막혔을 때
④ 팬벨트의 장력이 약해졌거나 이완되었을 때
⑤ 라디에이터 전동 팬 고장
⑥ 물 펌프의 고장
⑦ 냉각수 통로에 물때가 많이 퇴적되거나 막혔을 때

03 가솔린 엔진의 작동온도가 낮을 때와 혼합비가 희박하여 실화되는 경우에 증가하는 배출가스는?

① 산소(O$_2$)
② 탄화수소(HC)
③ 질소산화물(NO$_X$)
④ 이산화탄소(CO$_2$)

해설 탄화수소(HC)의 생성원인
① 연소실의 온도가 낮아 화염이 연소실 안쪽에 도달하기 전에 꺼져 미연소 가스가 탄화수소로 배출
② 희박한 혼합기에 의한 실화
③ 농후한 연료에 의한 불완전 연소
④ 밸브 오버랩에 의한 혼합가스 누출

정답 1 ② 2 ④ 3 ②

04 전자제어 점화장치의 파워 TR에서 ECU에 의해 제어되는 단자는?

① 베이스 단자 ② 콜렉터 단자

③ 이미터 단자 ④ 접지단자

해설 파워 트랜지스터는 점화코일 - 단자와 연결된 컬렉터(C), ECU제어 단자인 베이스(B), 접지와 연결된 이미터(E)로 구성되어 있으며 전류는 ECU의 베이스 신호에 의해 컬렉터(C)에서 이미터(E)로 흐른다.

05 센서 및 액추에이터 점검·정지 시 적절한 점검 조건이 잘못 짝지어진 것은?

① AFS-시동상태

② 컨트롤 릴레이-점화스위치 ON상태

③ 점화코일-주행 중 감속상태

④ 크랭크 각 센서-크랭킹상태

06 디젤기관에서 분사시기가 빠를 때 나타나는 현상으로 틀린 것은?

① 배기가스의 색이 흑색이다.

② 노크 현상이 일어난다.

③ 배기가스의 색이 백색이 된다.

④ 저속회전이 잘 안 된다.

해설 디젤기관에서 연료분사시기가 과도하게 빠르면 발생할 수 있는 현상
① 착화지연기간이 길어지며 디젤노크가 발생한다.
② 흑색의 배기가스가 배출된다.
③ 기관출력이 저하된다.
④ 저속회전이 불량하다.

07 176°F는 몇 °C인가?

① 76 ② 80

③ 144 ④ 176

해설 $°C = \dfrac{5}{9}(°F - 32)$

$= \dfrac{5}{9} \times (176 - 32)$

$= 80°C$

08 가솔린 연료에서 노크를 일으키기 어려운 성질을 나타내는 수치는?

① 옥탄가 ② 점도

③ 세탄가 ④ 베이퍼록

해설 옥탄가란 가솔린 기관의 앤티노크성(내폭성)을 수치로 표시한 것이다.

09 가솔린의 조성 비율(체적)이 이소옥탄 80 노멀헵탄 20인 경우 옥탄가는?

① 20 ② 40

③ 60 ④ 80

해설 옥탄가는 이소옥탄의 함량 비율에 따라 결정되며 옥탄가는 다음 공식으로 산출한다.

$옥탄가 = \dfrac{이소옥탄}{이소옥탄 + 노멀헵탄} \times 100$

$= \dfrac{80}{80 + 20} \times 100 = 80$

10 압축압력 시험에서 압축압력이 떨어지는 요인으로 가장 거리가 먼 것은?

① 헤드개스킷 소손

② 피스톤링 마모

③ 밸브시트 마모

④ 밸브가이드 고무 마모

해설 밸브가이드 고무는 실린더헤드의 윤활유가 연소실로 유입되는 것을 방지한다.

11 기관의 윤활장치를 점검해야 하는 이유로 거리가 먼 것은?

① 윤활유 소비가 많다.

② 유압이 높다.

③ 유압이 낮다.

④ 오일 교환을 자주한다.

12 다음 ( )에 들어갈 말로 옳은 것은?

> NO_x는 (㉠)의 화합물이며 일반적으로 (㉡)에서 쉽게 반응한다.

① ㉠ 일산화질소와 산소 ㉡ 저온

② ㉠ 일산화질소와 산소 ㉡ 고온

③ ㉠ 질소와 산소 ㉡ 저온

④ ㉠ 질소와 산소 ㉡ 고온

해설 질소산화물(NO_x)는 산소와 질소의 화합물로 고온에서 쉽게 반응한다.

13 전자제어 가솔린 엔진에서 인젝터의 고장으로 발생될 수 있는 현상으로 가장 거리가 먼 것은?

① 연료소모 증가 ② 배출가스 감소

③ 가속력 감소 ④ 공회전 부조

해설 인젝터가 고장일 때 발생되는 현상으로는 가속불량, 연료소모량증가, 공회전부조, 배출가스가 증가 및 시동성이 불량해진다.

14 밸브 오버랩에 대한 설명으로 옳은 것은?

① 밸브 스프링을 이중으로 사용하는 것

② 밸브시트와 면의 접촉 면적

③ 흡·배기밸브가 동시에 열려 있는 상태

④ 로커 암에 의해 밸브가 열리기 시작할 때

해설 밸브 오버랩[valve over lap]
상사점 부근에서 흡·배기밸브가 동시에 열려 있는 기간을 말하며 흡·배기 효율을 높이기 위해 둔다.

15 베어링이 하우징 내에서 움직이지 않게 하기 위하여 베어링의 바깥 둘레를 하우징의 둘레보다 조금 크게 하여 차이를 두는 것은?

① 베어링 크러시

② 베어링 스프레드

③ 베어링 돌기

④ 베어링 어셈블리

16 LPG기관에서 냉각수 온도 스위치의 신호에 의하여 기체 또는 액체 연료를 차단하거나 공급하는 역할을 하는 것은?

① 과류방지 밸브

② 유동밸브

③ 안전밸브

④ 액·기상 솔레노이드밸브

해설 LPG 기관 ECU는 냉각수온도 15℃를 기준으로 15℃이하에서는 기상 솔레노이드밸브를, 15℃ 이상에서는 액상 솔레노이드밸브를 제어하여 LPG를 베이퍼라이저로 공급한다.

---

17 4행정 가솔린 기관에서 각 실린더에 설치된 밸브가 3-밸브(3-valve)인 경우 옳은 것은?

① 2개의 흡기밸브와 흡기보다 직경이 큰 1개의 배기밸브

② 2개의 흡기밸브와 흡기보다 직경이 작은 1개의 배기밸브

③ 2개의 흡기밸브와 흡기보다 직격이 작은 1개의 배기밸브

④ 2개의 배기밸브와 배기보다 직경이 같은 1개의 배기밸브

해설 3-밸브 형식이란 2개의 흡기밸브와 흡기밸브보다 밸브 지름이 큰 1개의 배기밸브를 두는 형식이다.

18 차량 총중량이 3.5톤 이상인 화물자동차에 설치되는 후부 안전판의 너비로 옳은 것은?

① 자동차 너비의 60% 이상

② 자동차 너비의 80% 미만

③ 자동차 너비의 100% 미만

④ 자동차 너비의 120% 이상

19 스프링 정수가 5kgf/㎠의 코일을 1㎝ 압축하는데 필요한 힘은?

① 5kgf   ② 10kgf

③ 50kgf   ④ 100kgf

해설 $K = \dfrac{w}{\sigma}$

K: 스프링정수

w: 하중

σ: 늘어난길이

$w = 5㎜ \times 10㎜$

　$= 50kgf$

20 단위에 대한 설명으로 옳은 것은?

① 1PS는 75kgf·m/h의 일률이다.

② 1J은 0.24cal이다.

③ 1Kw는 1000kgf·m/s의 일률이다.

④ 초속 1m/s는 시속 36km/h와 같다.

해설 ① 1PS는 75kgf·m/s의 일률이다.

② 1kw는 102kgf·m/s의 일률이다.

③ 시속 36km/h는 초속 1m/s와 같다.

21 행정별 피스톤의 압축 링의 호흡 작용에 대한 내용으로 틀린 것은?

① 흡입 : 피스톤의 홈과 링의 윗면이 접촉하여 홈에 있는 소량의 오일의 침입을 막는다.

② 압축 : 피스톤이 상승하면 링은 아래로 밀리게 되어 위로부터의 혼합기가 아래로 누설되지 않게 한다.

③ 동력 : 피스톤의 홈과 링의 윗면이 접촉하여 링의 윗면으로부터 가스가 누설되는 것은 방지한다.

④ 배기 : 피스톤이 상승하면 링은 아래로 밀리게 되어 위로부터의 연소가스가 아래로 누설되지 않게 한다.

해설 동력 행정에서는 높은 폭발압력에 의해 피스톤링이 아래로 밀리게 되어 링의 아래 면으로부터 가스가 누설되는 것을 방지한다.

정답　**17** ①　**18** ③　**19** ③　**20** ③　**21** ③

22 기관에서 공기 과잉률이란?

① 이론공연비

② 실제공연비

③ 공기흡입량÷연료소비량

④ 실제공연비÷이론공연비

해설 공기과잉률(λ) = $\dfrac{\text{실제공연비}}{\text{이론공연비}}$

23 디젤 연료분사 펌프의 플런저가 하사점에서 플런저 배럴의 흡·배기 구멍을 달기까지 즉 송출 직전까지의 행정은?

① 예비행정

② 유효행정

③ 변행정

④ 정행정

해설 디젤연료분사 펌프의 플런저가 하사점에서 플런저 배럴의 송출구에 닫기까지를 예비행정이라 한다.

24 현가장치에서 스프링에 대한 설명으로 틀린 것은?

① 스프링은 훅의 법칙에 따라 가해지는 힘에 의해 변형량은 비례한다.

② 스프링의 상수는 스프링에 세기를 표시한다.

③ 스프링 상수를 일정하게 하고 하중을 증가시키면 진동수는 증가한다.

④ 스프링의 진동수는 스프링 상수에 비례하고 하중에 반비례한다.

해설 스프링의 진동수는 하중에 반비례하므로 스프링의 상수를 일정하게 하고 하중을 증가시키면 진동수는 감소한다.

25 제동장치에서 전진방향 주행 시 자기작동이 발생되는 슈를 무엇이라 하는가?

① 서브슈

② 리딩슈

③ 트레일링슈

④ 역전슈

해설 제동장치에서 전진 방향 주행 시 자기작동작용이 발생하는 슈를 리딩슈 자기작동작용이 없는 슈를 트레일링슈라 한다.

26 우측으로 조향을 하고자 할 때 앞바퀴의 내측 조향각이 45°, 외측 조향각이 42°이고 축간거리는 1.5m, 킹핀과 바퀴 접지면까지 거리가 0.3m일 경우 최소회전반경은?(단, sin30° = 0.5, sin42° = 0.67, sin45° = 0.71)

① 약 2.41m

② 약 2.54m

③ 약 3.30m

④ 약 5.21m

해설 $R = \dfrac{L}{\sin\alpha} + r$

R: 최소회전반경(m)
L: 축간거리
$\sin\alpha$: 외측바퀴 조향각
r : 바퀴접지면 중심과 킹핀과의 거리

$R = \dfrac{1.5}{\sin 42°} + 0.3 = 2.54m$

27 링 기어 중심에서 구동 피니언을 편심시킨 것으로 추진축의 높이를 낮게 할 수 있는 종감속 기어는?

① 직선 베벨기어

② 스파이럴 베벨기어

③ 스퍼기어

④ 하이포이드기어

정답 22 ④ 23 ① 24 ③ 25 ② 26 ② 27 ④

하이포이드 기어의 특징
① 기어 이의 물림 율이 크기 때문에 회전이 정숙하다.
② 기어의 편심으로 차체의 전고가 낮아진다.
③ 추진축의 높이를 낮게 할 수 있어 거주성이 향상된다.
④ 동일한 조건에서 스파이럴 베벨 기어에 비해 구동 피니언을 크게 할 수 있어 강도가 증가한다.
⑤ 제작이 어렵고 이의 물림률이 커 극압 윤활유를 사용해야 한다.

28 수동변속기 차량에서 클러치의 구비조건으로 틀린 것은?

① 동력 전달이 확실하고 신속할 것
② 방열이 잘되어 과열되지 않을 것
③ 회전 부분의 평형이 좋을 것
④ 회전 관성이 클 것

클러치의 구비조건
① 회전 관성이 작을 것
② 동력전달 및 차단이 신속하고 확실할 것
③ 회전 부분의 평형이 좋을 것
④ 방열이 잘 되고 과열되지 않을 것

29 4륜 조향장치(4WS)의 적용 효과에 해당되지 않는 것은?

① 저속에서 선회할 때 최소 회전 반지름이 증가한다.
② 차로변경이 쉽다.
③ 주차 및 일렬주차가 편리하다.
④ 고속 직진 성능이 향상된다.

4륜 조향장치(4WS)의 적용 효과
① 저속에서 선회할 때 최소 회전 반지름이 감소한다.
② 차로변경이 용이하다.
③ 주차 및 일렬주차가 편리하다.
④ 고속 직진성능이 향상된다.

30 빈번한 브레이크 조작으로 인해 온도가 상승하여 마찰계수 저하로 제동력이 떨어지는 현상은?

① 베이퍼록 현상
② 페이드 현상
③ 피칭 현상
④ 시미 현상

페이드 현상[fade] 브레이크 페달의 조작을 반복하여 드럼과 슈에 마찰열이 축적되어 마찰계수 저하로 제동력이 떨어지는 현상이다.

31 조향장치의 동력전달 순서로 옳은 것은?

① 핸들→타이로드→조향기어박스→피트먼 암
② 핸들→섹터 축→조향기어박스→피트먼 암
③ 핸들→조향기어박스→센터 축→피트먼 암
④ 핸들→섹터 축→조향기어박스→타이로드

32 기관의 회전수가 2400 rpm이고 총 감속비가 8 : 1 타이어 유효 반경이 25 ㎝일 때 자동차의 시속은?

① 약 14km/h
② 약 18km/h
③ 약 21km/h
④ 약 28km/h

해설
$$V = \frac{\pi \times D \times N}{R_t \times R_f} \times \frac{60}{1000}$$

V : 자동차의 속도(km/h)
D : 바퀴의 지름(m)
N : 기관의 회전수(rpm)
R_t : 변속비
R_f : 종감속비

$$V = \frac{3.14 \times (0.25 \times 2) \times 2400}{8} \times \frac{60}{1000}$$
$$= 28.26 km/h$$

33 선회 주행 시 자동차가 기울어짐을 방지하는 부품으로 옳은 것은?

① 너클 암
② 섀클
③ 타이로드
④ 스태빌라이저

해설 스태빌라이저[stabilizer]
스태빌라이저는 독립현가방식 차량에 설치되어 선회 시 차체의 롤링(rolling)을 방지하며 차체의 기울기를 감소시켜 평형을 유지한다.

34 마스터 실린더의 내경이 2㎝ 푸시로드에 10kgf의 힘이 작용하면 브레이크 파이프에 작용하는 유압은?

① 약 25kgf/㎠
② 약 32kgf/㎠
③ 약 50kgf/㎠
④ 약 200kgf/㎠

해설
$$P = \frac{F}{A}$$

P: 발생유압$(kgf/㎠)$
A : 피스톤 단면적$(㎠)$
F : 마스터실린더에 작용하는 힘(kgf)

$$P = \frac{100 kgf}{\left(\frac{3.14 \times 2^2}{4}\right)}$$
$$= 31.84 kgf/㎠$$

35 기계식 주차 레버를 당기기 시작(0%)하여 완전작동(100%)할 때까지 범위 중 주차가능 범위로 옳은 것은?

① 10~20%
② 15~30%
③ 50~70%
④ 80~90%

해설 기계식 주차 브레이크의 주차 가능 범위는 50~70% 범위이다.

36 타이어의 스탠딩 웨이브 현상에 대한 내용으로 옳은 것은?

① 스탠딩 웨이브를 줄이기 위해 고속주행 시 공기압을 10% 정도 줄인다.
② 스탠딩 웨이브가 심하면 타이어 박리현상이 발생할 수 있다.
③ 스탠딩 웨이브는 바이어스 타이어보다 레이디얼 타이어에서 많이 발생한다.
④ 스탠딩 웨이브 현상은 하중과 무관하다.

해설 스탠딩 웨이브[standing wave]
차량의 하중에 의해 타이어 접지 면에서 발생한 찌그러짐이 회복되지 않고 물결 모양의 찌그러짐이 남는 현상으로 스탠딩 웨이브가 심하면 타이어 박리현상이 발생할 수 있다.

37 수동변속기 내부에서 싱크로나이저 링의 기능이 작용하는 시기는?

① 변속기 내에서 기어가 빠질 때
② 변속기 내에서 기어가 물릴 때
③ 클러치 페달을 밟을 때
④ 클러치 페달을 놓을 때

해설 싱크로메시 기구는 변속기 내의 기어가 물릴 때 작동하여 기어의 원주 속도를 일치시켜 기어의 물림을 원활하게 한다.

38 차륜 정렬 측정 및 조정을 해야 할 이유와 거리가 먼 것은?

① 브레이크의 제동력이 약할 때
② 현가장치를 분해·조립했을 때
③ 핸들이 흔들리거나 조작이 불량할 때
④ 충돌 사고로 인해 차체에 변형이 생겼을 때

해설 차륜 정렬(휠 얼라인먼트) 측정 및 조정요인
① 핸들이 흔들리거나 조작이 불량할 때
② 차량이 주행 중 한쪽으로 쏠릴 때
③ 충돌 사고로 인해 차체에 변형이 생겼을 때
④ 현가장치를 분해·조립했을 때
⑤ 조향장치를 분해·조립했을 때

39 조향장치에서 조향기어비가 직진영역에서는 크게 되고 조향각이 큰 영역에서는 작게 되는 형식은?

① 웜 섹터형
② 웜 롤러형
③ 가변 기어비형
④ 볼 너트형

해설 가변 기어비형은 조향 기어비를 변화시킬 수 있는 형식으로 직진영역에서는 크게 되고 조향각이 큰 영역에서는 작게 된다.

40 제3의 브레이크(감속 제동장치)로 틀린 것은?

① 엔진 브레이크
② 배기 브레이크
③ 와전류 브레이크
④ 주차 브레이크

해설 감속 브레이크의 종류에는 엔진 브레이크, 배기 브레이크, 와전류 브레이크가 있다.

41 디젤 승용자동차의 시동장치 회로구성 요소로 틀린 것은?

① 축전지
② 기동전동기
③ 점화코일
④ 예열·시동스위치

해설 디젤기관은 압축착화기관으로 점화장치가 필요 없다.

42 방향으로 흐르는가?

① 컬렉터에서 베이스로
② 이미터에서 베이스로
③ 베이스에서 이미터로
④ 베이스에서 컬렉터로

해설 PNP 트랜지스터의 순방향 전류는 이미터(E)에서 베이스(B)로 흐른다.

43 전자제어 방식의 뒷 유리 열선제어에 대한 설명으로 틀린 것은?

① 엔진 시동상태에서만 작동된다.
② 열선은 병렬회로로 연결되어 있다.
③ 정확한 제어를 위해 릴레이를 사용하지 않는다.
④ 일정시간 작동 후 자동으로 Off된다.

해설 뒷유리 열선제어는 엔진 시동상태에서 작동하며 병렬회로로 구성되어 있으며 일정시간 작동 후 자동 Off된다.

정답 38 ①　39 ③　40 ④　41 ③　42 ②　43 ③

44 현재의 연료소비율 평균속도 항속 가능거리 등의 정보를 표시하는 시스템으로 옳은 것은?

① 종합경보 시스템(ETACS 또는 ETWIS)
② 엔진·변속기 통합제어 시스템(ECM)
③ 자동주차 시스템(APS)
④ 트립(trip) 정보 시스템

해설 트립(Trip) 정보 시스템이란 차량 계기판에 현재의 연료소비율, 평균속도, 항속 가능 거리 등의 정보를 표시하는 시스템을 말한다.

45 엔진오일 압력이 일정 이하로 떨어졌을 때 점등되는 경고등은?

① 연료잔량 경고등
② 주차브레이크 등
③ 엔진오일 경고등
④ ABS 경고등

46 발전기 스테이터 코일의 시험 중 그림은 어떤 시험인가?

① 코일과 철심의 절연시험
② 코일의 단선시험
③ 코일과 브러시의 단락시험
④ 코일과 철심의 전압시험

47 축전지 극판이 영구 황산납으로 변하는 원인으로 틀린 것은?

① 전해액이 모두 증발되었다.
② 방전된 상태로 장기간 방치하였다.
③ 극판이 전해액에 담겨있다.
④ 전해액의 비중이 너무 높은 상태로 관리하였다.

해설 극판의 영구 황산납[설페이션]화란 축전지의 방전상태가 오랫동안 지속되어 극판이 결정화되는 현상으로 원인은 다음과 같다.
① 축전지를 방전상태로 장기간 방치했을 때
② 전해액이 부족하여 극판이 공기 중에 노출되었을 때
③ 전해액 비중이 너무 높거나 낮을 때
④ 불충분한 충전이 되었을 때

48 트랜지스터(TR)의 설명으로 틀린 것은?

① 증폭작용을 한다.
② 스위칭 작용을 한다.
③ 아날로그 신호를 디지털 신호로 변환하여 ECU로 보낸다.
④ 이미터 베이스 컬렉터의 리드로 구성되어 있다.

해설 아날로그 신호를 디지털 신호로 변환하는 장치는 A/D 컨버터이다.

49 점화코일의 1차 저항을 측정할 때 사용하는 측정기로 옳은 것은?

① 진공시험기
② 압축압력 시험기
③ 회로시험기
④ 축전지 용량시험기

50 납산축전지(Battery)의 방전 시 화학반응에 대한 설명으로 틀린 것은?

① 극판의 과산화납은 점점 황산납으로 변한다.
② 극판의 해면상납은 점점 황산납으로 변한다.
③ 전해액은 물만 남게 된다.
④ 전해액의 비중은 점점 높아진다.

51 공기압축기에서 공기필터의 교환 작업 시 주의사항으로 틀린 것은?

① 공기압축기를 정지시킨 후 작업한다.
② 고정된 볼트를 풀고 뚜껑을 열어 먼지를 제거한다.
③ 필터는 깨끗이 닦거나 압축공기로 이물질을 제거한다.
④ 필터에 약간의 기름칠을 하여 조립한다.

52 안전사고율 중 도수율(빈도율)을 나타내는 표현식은?

① (연간 사상자수 / 평균 근로자수) ×1000
② (사고건수 / 연 근로시간 수)×1,000,000
③ (노동 손실일수 / 노동 총시간수)×1000
④ (사고건수 / 노동 총시간수)×1000

53 정비용 기계의 검사 유지 수리에 대한 내용으로 틀린 것은?

① 동력 기계의 급유 시에는 서행한다.
② 동력 기계의 이동장치에는 동력차단 장치를 설치한다.
③ 동력차단 장치는 작업자 가까이에 설치한다.
④ 청소할 때는 운전을 정지한다.

54 정 작업 시 주의할 사항으로 틀린 것은?

① 정 작업 시에는 보호안경을 사용할 것
② 철재를 절단할 때는 철편이 튀는 방향에 주의할 것
③ 자르기 시작할 때와 끝날 무렵에는 세게 칠 것
④ 담금질 된 재료는 깎아내지 말 것

정답 49 ③ 50 ④ 51 ④ 52 ② 53 ① 54 ③

55 산업안전보건법 상 작업현장 안전·보건표지 색채에서 화학물질 취급 장소에서의 유해·위험 경고 용도로 사용되는 색채는?

① 빨간색　　② 노란색

③ 녹색　　④ 검은색

화학물질 취급 장소에서의 유해·위험 경고 용도로 사용되는 색채는 빨간색이다.

56 축전지를 차에 설치한 채 급속충전을 할 때의 주의사항으로 틀린 것은?

① 축전지 각 셀(cell)의 플러그를 열어 놓는다.

② 전해액 온도가 45℃를 넘지 않도록 한다.

③ 축전지 가까이에서 불꽃이 튀지 않도록 한다.

④ 축전지의 양(+, −)을 단단히 고정하고 충전한다.

축전지를 급속충전할 때 주의사항
① 충전장소는 환기가 잘 되어야 한다.
② 충전 중 축전지에 충격을 가하지 않는다.
③ 충전장소에서 인화물질을 사용해서는 안 된다.
④ 충전전류는 축전지 용량의 50% 전류로 가능한 짧은 시간에 충전한다.
⑤ 축전지 전해액의 온도가 45℃가 넘지 않게 한다.
⑥ 차량에서 축전지를 떼어내지 않고 충전할 때는 반드시 양극(+,−) 단자를 분리하고 충전한다.

57 운반기계에 대한 안전수칙으로 틀린 것은?

① 무거운 물건을 운반할 경우에는 반드시 경종을 울린다.

② 흔들리는 화물은 사람이 승차하여 붙잡도록 한다.

③ 기중기는 규정 용량을 초과하지 않는다.

④ 무거운 물건을 상승시킨 채 오랫동안 방치하지 않는다.

58 가솔린 기관의 진공도 측정 시 안전에 관한 내용으로 적합하지 않은 것은?

① 기관의 벨트에 손이나 옷자락이 닿지 않도록 주의한다.

② 작업 시 주차 브레이크를 걸고 고임목을 괴어둔다.

③ 리프트를 눈높이까지 올린 후 점검한다.

④ 화재 위험이 있을 수 있으니 소화기를 준비한다.

59 전동공구 사용 시 전원이 차단되었을 경우 안전한 조치방법은?

① 전기가 다시 들어오는지 확인하기 위해 전동공구를 ON 상태로 둔다.

② 전기가 다시 들어올 때까지 전동공구의 ON−OFF를 계속 반복한다.

③ 전동공구 스위치는 OFF 상태로 전환한다.

④ 전동공구는 플러그를 연결하고 스위치는 ON 상태로 하여 대피한다.

60 브레이크에 페이드 현상이 일어났을 때 운전자가 취할 응급처치로 가장 옳은 것은?

① 자동차의 속도를 조금 올려준다.

② 자동차를 세우고 열이 식도록 한다.

③ 브레이크를 자주 밟아 열을 발생시킨다.

④ 주차 브레이크를 대신 사용한다.

해설 페이드 현상이란 잦은 브레이크 사용에 의해 라이닝과 드럼에 마찰열의 축적되어 브레이크 성능이 저하되는 현상으로 페이드 현상이 발생하면 자동차를 세우고 열을 식힌다.

정답 **60** ②

01 흡기계통의 핫 와이어(hot wire) 공기량 계측방식은?

① 간접 계량방식

② 공기질량 검출방식

③ 공기체적 검출방식

④ 흡입부압 감지방식

해설 공기유량센서(AFS) 종류와 계측방식

AFS	매스플로 방식	칼만와류식 (체적질량 유량 계측)
		베인식(체적 유량 계측)
		핫와이어(필름)식 (질량 유량 계측)
	스피드덴시티 방식	맵센서(흡기다기관의 부압과 대기압과의 차이)

02 전자제어기관에서 인젝터의 연료분사량에 영향을 주지 않는 것은?

① 산소(O₂) 센서

② 공기유량 센서(AFS)

③ 냉각수온 센서(WTS)

④ 핀 서모(pin thermo) 센서

해설 핀 서모(pin thermo) 센서
증발기(에바포레이터)에 설치되어 증발기 코어핀의 온도를 검출하여 전자동에어컨(FATC) ECU로 입력시킨다.

03 디젤 엔진에서 연료공급펌프 중 프라이밍 펌프의 기능은?

① 기관이 작동하고 있을 때 펌프에 연료를 공급한다.

② 기관이 정지되고 있을 때 수동으로 연료를 공급한다.

③ 기관이 고속운전을 하고 있을 때 분사펌프의 기능을 돕는다.

④ 기관이 가동하고 있을 때 분사펌프에 있는 연료를 빼내는 데 사용한다.

해설 프라이밍 펌프는 기관이 정지하고 있을 때 수동으로 연료를 공급하는 수동펌프로 공기 빼기 작업 시에도 사용한다.

04 기관 정비작업 시 피스톤 리의 이음간극을 측정할 때 측정도구로 가장 알맞은 것은?

① 마이크로미터

② 다이얼게이지

③ 시크니스게이지

④ 버니어캘리퍼스

해설 간극이나 틈새를 측정할 수 있는 측정기기는 시그니스게이지(필러게이지)이다.

정답   1 ②   2 ④   3 ②   4 ③

05 자기진단 출력이 10진법 2개 코드방식에서 코드 번호가 55일 때 해당하는 신호는?

① (신호 파형)
② (신호 파형)
③ (신호 파형)
④ (신호 파형)

06 LPG 기관에서 연료공급 경로로 맞는 것은?

① 봄베→솔레노이드밸브→베이퍼라이저→믹서
② 봄베→베이퍼라이저→솔레노이드밸브→믹서
③ 봄베→베이퍼라이저→믹스→솔레노이드밸브
④ 봄베→믹서→솔레노이드밸브→베이퍼라이저

07 LPG 연료에 대한 설명으로 틀린 것은?

① 기체상태는 공기보다 무겁다.
② 저장은 가스 상태로만 한다.
③ 연료 중진은 탱크 용량의 약 85% 정도로 한다.
④ 주변 온도변화에 따라 봄베의 압력변화가 나타난다.

해설 | LPG 연료의 특징
① 프로판과 부탄이 주성분이며 기체상태의 가스를 액화하여 봄베에 저장한다.
② LPG 액체의 비중은 물보다 가볍고 기체의 비중은 공기보다 무겁다.
③ LPG는 무색, 무미, 무취이다.
④ LPG를 봄베에 충전할 때는 용적의 85% 정도로 한다.
⑤ 옥탄가는 90~120 정도이다.

08 피스톤 행정이 84 mm 기관의 회전수가 3000 rpm인 4행정 사이클 기관의 피스톤 평균속도는 얼마인가?

① 4.2 m/s ② 8.4 m/s
③ 9.4 m/s ④ 10.4 m/s

해설 $S = \dfrac{2 \cdot N \cdot L}{60}$

S : 피스톤평균속도(m/s)
N : 기관의 회전수(rpm)
L : 피스톤행정(mm)

$S = \dfrac{2 \times 3000 \times 84}{60 \times 1000}$
$\quad = 8.4 m/s$

09 기관의 밸브장치에서 기계식 밸브 리프트에 비해 유압식 밸브 리프트의 장점으로 맞는 것은?

① 구조가 간단하다.
② 오일펌프와 상관없다.
③ 밸브 간극 조정이 필요 없다.
④ 워밍업 전에만 밸브 간극 조정이 필요하다.

해설 | 유압식 밸브 리프터
기관윤활장치의 유압을 이용하여 기관의 온도변화에 관계없이 밸브 간극을 0으로 유지한다.

유압식 밸브 리프터의 장·단점
① 장점
· 밸브 개폐 시기가 정확하다.
· 작동이 정숙하며 밸브 간극 조정이 필요 없다.
· 충격을 완화하므로 밸브 기구의 수명이 길어진다.
② 단점
· 윤활장치 고장 시 작동이 정지된다.

정답   5 ④   6 ①   7 ②   8 ②   9 ③

· 윤활계통에 이상이 있으면 작동이 불량하다.

10 내연기관의 윤활장치 유압이 낮아지는 원인으로 틀린 것은?

① 기관 내 오일 부족

② 오일 스트레이너 막힘

③ 유압조절밸브의 스프링 장력 과대

④ 캠축 베어링의 마멸로 오일간극 커짐

해설 윤활장치의 유압이 낮아지는 원인
① 기관 내 윤활유량이 부족하다.
② 오일의 점도가 낮아졌다.
③ 크랭크축 오일 간극이 크다.
④ 유압조절밸브의 스프링 장력이 약화되었다.
⑤ 오일펌프의 기어가 마모되었다.
⑥ 유압회로 내 공기가 유입되었다.

11 엔진의 흡기장치 구성요소에 해당하지 않는 것은?

① 촉매장치

② 서지탱크

③ 공기청정기

④ 레조네이터(resonator)

해설 흡입계통의 수성요소
공기청정기, 공기유량센서, 흡기호스, 서지탱크, 스로틀 보디, 흡기다기관 등으로 구성된다.

※ 레조네이터(resonator)
흡입공기의 소음 및 맥동 저항을 감소시키는 정치

12 내연기관에서 언더스퀘어 엔진은 어느 것인가?

① 행정/실린더 내경 = 1

② 행정/실린더 내경 〈 1

③ 행정/실린더 내경 〉 1

④ 행정/실린더 내경 ≦ 1

해설 언더스퀘어 엔진(장행정 기관)의 행정(L)/ 내경(D)의 값이 1보다 큰 기관이다.

13 디젤기관의 연소실 중 피스톤 헤드부의 요철에 의해 생성되는 연소실은?

① 예연소실식

② 공기실식

③ 와류실식

④ 직접분사실식

해설 직접 분사실식의 연소실은 실린더헤드와 피스톤 헤드에 설치된 요철에 의해 형성되며 연소실에 직접연료를 분사하는 방식이다.

14 기관에 이상이 있을 때 또는 기관의 성능이 현저하게 저하되었을 때 분해 수리의 여부를 결정하기 위한 적합한 시험은?

① 캠각시험

② CO가스 측정

③ 압축압력시험

④ 코일의 용량시험

해설 압축압력시험은 기관에 이상이 있을 때 또는 기관의 성능이 현저히 떨어졌을 때 해체정비 여부를 결정하기 위해 실시하는 시험으로 규정압력의 70% 이하일 때 해체정비를 실시한다.

정답 10 ③ 11 ① 12 ③ 13 ④ 14 ③

15 여지 반사식 매연측정기의 시료 채취관을 배기관에 삽입 시 가장 알맞은 깊이는?

① 20㎝   ② 40㎝

③ 50㎝   ④ 60㎝

> **해설** 여지 반사식 매연측정기의 시료채취관은 배기관에서 20 ㎝ 이상 삽입하여 측정한다.

16 EGR(Exhaust Gas Recirculation) 밸브에 대한 설명 중 틀린 것은?

① 배기가스 재순환 장치이다.

② 연소실 온도를 낮추기 위한 장치이다.

③ 증발가스를 포집하였다가 연소시키는 장치이다.

④ 질소산화물(NO_X) 배출을 감소하기 위한 장치이다.

> **해설** EGR(Exhaust Gas Recirculation) 밸브
> EGR밸브는 질소산화물(NO_X)를 저감시키기 위한 장치로 배기가스를 기관의 출력저하가 최소화되는 범위에서 연소실로 되돌려 연소온도를 낮춤으로써 질소산화물(NO_X)의 생성을 저감시킨다.

17 수냉식 냉각장치의 장·단점에 대한 설명으로 틀린 것은?

① 공랭식보다 소음이 크다.

② 공랭식보다 보수 및 취급이 복잡하다.

③ 실린더 주위를 균일하게 냉각시켜 공랭식보다 냉각효과가 좋다.

④ 실린더 주위를 저온으로 유지시키므로 공랭식보다 체적효율이 좋다.

> **해설** 수냉식 냉각장치의 장단점
> ① 장점 : 냉각효과가 균일하고 효율적이다.

② 단점 : 냉각계통이 복잡하고 냉각수를 사용하므로 냉각수의 누출이나 동결에 따른 동파 우려가 있다.

18 다음 중 디젤기관에 사용되는 과급기의 역할은?

① 윤활성의 증대

② 출력의 증대

③ 냉각효율의 증대

④ 배기의 증대

> **해설** 과급장치(터보차저)의 기능
> 실린더로 들어가는 공기를 과급하여 체적효율을 향상시켜 기관 출력을 증대시킨다.

19 연료분사장치에서 산소 센서의 설치 위치는?

① 라디에이터

② 실린더헤드

③ 흡입 매니폴드

④ 배기 매니폴드 또는 배기관

> **해설** 산소(O_2) 센서는 배기가스 속의 잔존 산소량을 계측하는 센서로 배기 매니폴드 또는 배기관에 설치한다.

20 가솔린 엔진에서 점화장치 점검 방법으로 틀린 것은?

① 흡기온도센서의 출력 값을 확인한다.

② 점화코일의 1차, 2차 코일저항을 확인한다.

③ 오실로스코프를 이용하여 점화파형을 확인한다.

④ 고압 케이블을 탈거하고 크랭킹 시 불꽃 방전시험으로 확인한다.

정답   **15** ①   **16** ③   **17** ①   **18** ②   **19** ④   **20** ①

점화장치의 점검방법
① 점화 1차, 2차 코일의 저항을 측정한다.
② 오실로스코프를 이용하여 점화 파형을 측정한다.
③ 고압 케이블을 탈거하여 크랭킹 시 불꽃방전시험으로 점검한다.

21 엔진이 2000rpm으로 회전하고 있을 때 그 출력이 65PS라고 하면 이 엔진의 회전력은 몇 m-kgf인가?

① 23.27   ② 24.45
③ 25.48   ④ 26.38

해설 $BHP = \dfrac{T \times N}{716}$

BHP: 제동(축)마력
T: 기관의 회전력
N: 기관의 회전수

$T = \dfrac{716 \times 65}{2000}$
$\quad = 23.27 m \cdot kgf$

22 엔진의 내경 9cm 행정 10cm인 1기통 배기량은?

① 약 666cc   ② 약 656cc
③ 약 646cc   ④ 약 636cc

해설 $V_s = \dfrac{\pi \cdot D^2 \cdot L}{4}$

V_s : 실린더배기량(cc)
D : 실린더 내경(cm)
L : 피스톤행정(cm)

$V_s = \dfrac{\pi \times 9^2 \times 10}{4} = 635.85 cc$

23 기관의 동력을 측정할 수 있는 장비는?

① 멀티미터   ② 볼트미터

③ 타코미터   ④ 다이나모미터

해설 회전력의 동력적 측정 및 시험을 수행하는 시험설비를 통칭하여 다이나모미터라고 하며 엔진 회전동력을 측정할 때에는 엔진 다이나모미터를 사용한다.

24 축거가 1.2 m인 자동차를 왼쪽으로 완전히 꺾었을 때 오른쪽 바퀴의 조향각이 30°이고 왼쪽 바퀴의 조향각도가 45°일 때 차의 최소회전반경은?(단, r값은 무시)

① 1.7 m   ② 2.4 m
③ 3.0 m   ④ 3.6 m

해설 $R = \dfrac{L}{\sin\alpha} + r$

R: 최소회전반경(m)
L: 축간거리
$\sin\alpha$: 외측바퀴 조향각
r : 바퀴접지면 중심과 킹핀과의 거리

$R = \dfrac{1.2}{\sin 30°} = 2.4 m$

25 수동변속기에서 가장 큰 토크를 발생하는 변속단은?

① 오버드라이브 단에서
② 1단에서
③ 2단에서
④ 직결 단에서

26 자동차의 앞바퀴정렬에서 토(toe) 조정은 무엇으로 하는가?

① 와셔의 두께
② 시임의 두께
③ 타이로드의 길이

④ 드래그 링크의 길이

토(toe) 조정은 타이로드 길이로 한다.

27 제동장치에서 디스크 브레이크의 형식으로 적합한 것은?

① 앵커 핀 형

② 2리딩 형

③ 유니서보 형

④ 플로팅 캘리퍼 형

해설 디스크 브레이크의 형식에는 플로팅 캘리퍼 형식과 대향 피스톤 형식이 있다.

28 자동차가 200m를 통과하는데 10초 걸렸다면 이 자동차의 속도는?

① 68km/h ② 72km/h

③ 86km/h ④ 92km/h

해설

$$V = \frac{L}{t}$$

여기서, V: 속도(km/h)
L: 주행거리(m)
t : 걸린시간(h)

$$V = \frac{200 \times 60 \times 60}{10 \times 1000}$$
$$= 72\,km/h$$

29 유압식 브레이크는 무슨 원리를 이용한 것인가?

① 뉴톤의 법칙

② 파스칼의 원리

③ 베르누이의 정리

④ 아르키메데스의 원리

해설 파스칼의 원리

"밀폐된 용기에 담긴 비압축성 유체에 가해진 압력은 유체의 모든 지점에 같은 크기로 전달된다"는 원리이다.

30 자동차 주행 시 차량 후미가 좌·우로 흔들리는 현상은?

① 바운싱 ② 피칭

③ 롤링 ④ 요잉

해설 요잉은 자동차의 Z축을 기준으로한 회전운동이며 주행 시 차량의 후미가 좌·우로 흔들리는 현상이 발생한다.

31 수동변속기의 필요성으로 틀린 것은?

① 회전반향을 역으로 하기 위해

② 무부하 상태로 공전운전할 수 있게 하기 위해

③ 발진시 각부에 응력의 완화와 마멸을 최대화하기 위해

④ 차량발진 시 중량에 의한 관성으로 인해 큰 구동력이 필요하기 때문에

해설 수동변속기의 필요성
① 자동차가 주행할 때 적당한 회전력과 속도를 변화시킬 수 있다.
② 출발 및 등판 주행 시 큰 회전력을 얻을 수 있다.
③ 엔진을 무부하 상태로 유지할 수 있다.
④ 자동차이 후진을 가능하게 한다.

32 다음 중 수동변속기 기어의 2중 결합을 방지하기 위해 설치한 기구는?

① 앵커 블록

② 시프트 포크

③ 인터록 기구

④ 싱크로나이저 링

해설 수동변속기의 인터록 기구는 변속기어의 2중 물림을 방지한다.

되어 추진축의 각도 변화를 가능하게 한다.

33 자동차의 무게 중심위치와 조향특성과의 관계에서 조향각에 의한 선회반지름보다 실제 주행하는 선회 반지름이 작아지는 현상은?

① 오버 스티어링
② 언더 스티어링
③ 파워 스티어링
④ 뉴트럴 스티어링

해설 자동차가 조향 각도를 일정하게 하고 선회할 때 선회 반지름이 작아지는 현상을 오버스티어링이라 한다.

34 진공식 브레이크 배력장치의 설명으로 틀린 것은?

① 압축공기를 이용한다.
② 흡기다기관의 부압을 이용한다.
③ 기관의 진공과 대기압을 이용한다.
④ 배력장치가 고장 나면 일반적인 유압 제동장치로 작동한다.

35 십자형 자재이음에 대한 설명 중 틀린 것은?

① 십자 축과 두 개의 요크로 구성되어 있다.
② 주로 후륜구동식 자동차의 추진축에 사용된다.
③ 롤러베어링을 사이에 두고 축과 요크가 설치되어 있다.
④ 자재이음과 슬립이음 역할을 동시에 하는 형식이다.

해설 십자형 자재이음은 후륜구동방식 차량의 추진축에 설치

36 자동차 주행 중 가속페달 작동에 따라 출력전압의 변화가 일어나는 센서는?

① 공기온도센서
② 수온센서
③ 유온센서
④ 스로틀포지션센서

해설 스로틀밸브는 스로틀밸브 축과 함께 회전하는 가변저항으로 운전자의 가속 페달 조작에 의해 스로틀밸브가 움직이면 가변저항값에 따라 출력전압이 변화된다.

37 유압식 동력 조향장치의 구성요소가 아닌 것은?

① 유압펌프　② 유압제어밸브
③ 동력 실린더　④ 유압식 리타터

해설 유압식 동력조향장치의 주요 3부분
① 동력부 : 유압펌프
② 제어부 : 제어밸브
③ 작동부 : 동력 실린더

38 차축에서 1/2, 하우징이 1/2 정도의 하중을 지지하는 차축형식은?

① 전부동식　② 반부동식
③ 3/4부동식　④ 독립식

해설 액슬축 지지방식
① 전부동식 : 차축 하우징이 차량에 하중을 지지하며 액슬축은 동력만 전달하는 형식으로 바퀴를 떼어내지 않고 차축을 빼낼 수 있다.
② 반부동식 : 차량의 하중을 차축에서 1/2, 차축 하우징이 1/2을 지지하는 형식
③ 3/4부동식 : 차량의 하중을 차축에서 1/4, 액슬축 하

정답　**33** ①　**34** ①　**35** ③　**36** ④　**37** ④　**38** ②

우징이 3/4을 지지하는 형식

39 클러치 마찰면에 작용하는 압력이 300N 클러치판의 지름이 80㎝ 마찰계수 0.3일 때 기관의 전달회전력은 약 몇 N·m인가?

① 36 　　　　② 56

③ 62 　　　　④ 72

해설
$$E_t = C_p \cdot \mu \cdot C_r$$

E_t : 기관의 전달회전력
C_p : 클러치마찰면에 작용하는 압력
μ : 클러치판에 작용하는 마찰계수
C_r : 클러치판의 반지름

$$E_t = 300N \times 0.3 \times 0.4m$$
$$= 36 \, N \cdot m$$

40 레이디얼 타이어 호칭이 "175 / 70 SR 14"일 때 "70"이 의미하는 것은?

① 편평비
② 타이어 폭
③ 최대속도
④ 타이어 내경

해설 175 / 70 / R14에서 175는 타이어 폭 70은 평편비 SR 레이디얼 14는 휠의 지름(inch)을 각각 표시한 것이다.

41 계기판의 엔진 회전계가 작동하지 않는 결함의 원인에 해당되는 것은?

① VSS (Vehicle Speed Sensor) 결함
② CPS (Crank shaft Position Sensor) 결함
③ MAP (Manifold Absolute Sensor) 결함
④ CTS (Coolant Temperature Sensor) 결함

해설 계기판의 엔진회전계가 작동하지 않는 원인은 CKPS(크랭크각 센서)의 결함이다.

42 기동전동기의 작동원리는 무엇인가?

① 렌츠 법칙
② 앙페르 법칙
③ 플레밍 왼손법칙
④ 플레밍 오른손법칙

해설 기동전동기는 플레밍의 왼손법칙을 응용한 것이다.

43 백워닝(후방경보) 시스템의 기능과 가장 거리가 먼 것은?

① 차량 후방의 장애물을 감지하여 운전자에게 알려주는 장치이다.
② 차량 후방의 장애물은 초음파 센서를 이용하여 감지한다.
③ 차량 후방의 장애물을 감지 시 브레이크가 작동하여 차속을 감속시킨다.
④ 차량 후방의 장애물 형상에 따라 감지되지 않을 수도 있다.

해설 백워닝(후방경보) 시스템
차량 후방의 장애물을 초음파 센서를 이용하여 감지한 후 운전자에게 알려주는 장치로 물체의 형상에 따라 장애물이 감지되지 않을 수도 있다.

44 저항이 4Ω인 전구를 12V의 축전지에 의하여 점등했을 때 접속이 올바른 상태에서 전류(A)는 얼마인가?

① 4.8A   ② 2.4A

③ 3.0A   ④ 6.0A

해설 $E = I \cdot R$

E : 전압, I : 전류, R : 저항

$I = \dfrac{E}{R} = \dfrac{12}{4} = 3A$

45 발전기의 3상 교류에 대한 설명으로 틀린 것은?

① 3조의 코일에서 생기는 교류 파형이다.

② Y결선을 스타결선, △결선을 델타결선 이라 한다.

③ 각 코일에 발생하는 전압을 선간전압이라 하며 스테이터 발생전류는 직류 전류가 발생한다.

④ △결선은 코일의 각 끝과 시작점을 서로 묶어서 각각의 접속점을 외부단자로 한 결선방식이다.

해설 교류발전기의 스테이터 코일의 결선 방법에는 Y결선과 △결선이 있으며 각 코일에 발생하는 전압을 선간전압이라 하고 교류전류가 발생한다.

46 2개 이상의 배터리를 연결하는 방식에 따라 용량과 전압 관계의 설명으로 맞는 것은?

① 직렬연결 시 1개 배터리 전압과 같으며 용량은 배터리 수만큼 증가한다.

② 병렬연결 시 용량은 배터리 수만큼 증가하지만 전압은 1개 배터리 전압과 같다.

③ 병렬연결이란 전압과 용량이 동일한 배터리 2개 이상을 (+)단자와 연결대상 배터리(−) 단자에 (−)단자는 (+)단자로 연결하는 방식이다.

④ 직렬연결이란 전압과 용량이 동일한 배러리 2개 이상을 (+)단자와 연결대상 배터리의 (+)단자에 서로 연결하는 방식이다.

해설 배터리의 연결방식에 따른 용량과 전압의 변화
① 직렬연결
배터리의 직렬연결이란 같은 용량의 축전지 2개 이상을 (+)단자와 다른 축전지의 (−)단자에 서로 연결하는 방식이며 전압을 연결 전압은 연결한 개수만큼 증가하고 용량은 1개 일 때와 같다.
② 병렬연결
배터리의 병렬연결이란 같은 용량의 축전지 2개 이상을 (+)단자와 다른 축전지의 (+)단자에 (−)단자는 (−)단자에 서로 연결하는 방식이며 용량은 연결한 갯수 만큼 증가하지만 전압은 1개일 때와 같다.

47 다음 그림의 기호는 어떤 부품을 나타내는 기호인가?

① 실리콘 다이오드

② 발광 다이오드

③ 트랜지스터

④ 제너 다이오드

---

48 다음 중 가속도(G) 센서가 사용되는 전자 제어 장치는?

① 에어백(SRS) 장치
② 배기장치
③ 정속주행장치
④ 분사 장치

해설 가속도(G) 센서는 에어백 장치와 전자제어 현가장치에 사용된다.

49 전자제어 가솔린 엔진에서 점화시기에 가장 영향을 주는 것은?

① 퍼지 솔레노이드 밸브
② 노킹 센서
③ EGR 솔레노이드 밸브
④ PCV (positive crankcase ventilation)

해설 노크 센서의 신호가 ECU에 입력되면 ECU는 점화시기를 지각(늦춰)시켜 노킹을 방지한다.

50 자동차용 납산 축전지에 관한 설명으로 맞는 것은?

① 일반적으로 축전지의 음극단자는 양극 단자보다 크다.
② 정전류 충전이란 일정한 충전전압으로 충전하는 것을 말한다.
③ 일반적으로 충전시킬 때는 (+)단자는 수소가 (−)단자는 산소가 발생한다.
④ 전해액의 황산 비율이 증가하면 비중은 높아진다.

해설 납산축전지를 충전할 때 (+)전극에서는 산소가스가 (−)전극에서는 수소가스가 발생한다.

51 평균 근로자 500명인 직장에서 1년간 8명의 재해가 발생하였다면 연천인율은?

① 12   ② 14
③ 16   ④ 18

해설 연천인율 $= \dfrac{\text{재해자수}}{\text{평균근로자수}} \times 1000$

$\qquad = \dfrac{8}{500} \times 1000 = 16$

52 단조작업의 일반적인 안전사항으로 틀린 것은?

① 해머작업을 할 때는 주위 사람을 보면서 한다.
② 재료를 자를 때에는 정면에 서지 않아야 한다.
③ 물품에 열이 있기 때문에 화상에 주의한다.
④ 형(die) 공구류는 사용 전에 예열한다.

해설 단조작업이란 금속을 해머로 두드려서 필요한 형체로 만드는 금속 가공으로 해머작업을 할 때는 타격 가공하는 곳에 시선을 두고 작업한다.

53 수공구의 사용방법 중 잘못된 것은?

① 공구를 청결한 상태에서 보관할 것
② 공구를 취급할 때에 올바른 방법으로 사용할 것
③ 공구는 지정된 장소에 보관할 것
④ 공구는 사용 전후 오일을 발라 둘 것

정답 48 ① 49 ② 50 ④ 51 ③ 52 ① 53 ④

54 소화 작업의 기본요소가 아닌 것은?

① 가연 물질을 제거한다.
② 산소를 차단한다.
③ 점화원을 냉각시킨다.
④ 연료를 기화시킨다.

55 선반작업 시 안전수칙으로 틀린 것은?

① 선반 위에 공구를 올려놓은 채 작업하지 않는다.
② 돌리개는 적당한 크기의 것을 사용한다.
③ 공작물을 고정한 후 렌치류는 제거해야 한다.
④ 날 끝의 칩 제거는 손으로 한다.

56 정비공장에서 엔진을 이동시키는 방법가운데 가장 적합한 방법은?

① 체인블록이나 호이스트를 사용한다.
② 지렛대를 이용한다.
③ 로프를 묶고 잡아당긴다.
④ 사람이 들고 이동한다.

57 호이스트 사용 시 안전사항 중 틀린 것은?

① 규격 이상의 하중을 걸지 않는다.
② 무게 중심 바로 위에서 달아 올린다.
③ 사람이 짐에 타고 운반하지 않는다.
④ 운반 중에는 물건이 흔들리지 않도록 짐에 타고 운반한다.

58 엔진 작업에서 실린더헤드 볼트를 올바르게 풀어내는 방법은?

① 반드시 토크렌치를 사용한다.
② 풀기 쉬운 것부터 푼다.
③ 바깥쪽에서 안쪽을 향하여 대각선 방향으로 푼다.
④ 시계방향으로 차례대로 푼다.

해설 | 헤드 볼트를 풀 때는 바깥쪽에서 안쪽을 향하여 대각선으로 푼다.

59 전기장치의 배선 연결부 점검 작업으로 적합한 것을 모두 고른 것은?

a. 연결부의 풀림이나 부식을 점검한다.
b. 배선 피복의 절연 균열 상태를 점검한다.
c. 배선이 고열 부위로 지나가는지 점검한다.
d. 배선이 날카로운 부위로 지나가는지 점검한다.

① a-b
② a-b-d
③ a-b-c
④ a-b-c-d

해설 | 헤드볼트를 풀 때는 바깥쪽에서 안쪽을 향하여 대각선으로 푼다.

정답   54 ④   55 ④   56 ①   57 ④   58 ③   59 ④

60 차량 밑에서 정비할 경우 안전조치 사항으로 틀린 것은?

① 차량은 반드시 평지에 받침목을 사용하여 세운다.

② 차를 들어 올리고 작업할 때에는 반드시 잭으로 들어 올린 다음 스탠드로 지지해야 한다.

③ 차량 밑에서 작업할 때에는 반드시 앞치마를 이용한다.

④ 차량 밑에서 작업할 때에는 반드시 보안경을 착용한다.

7회 실전모의고사

1 전자제어 연료분사 차량에서 크랭크 각 센서의 역할이 아닌 것은?

① 냉각수 온도 검출
② 연료의 분사시기 결정
③ 점화시기 결정
④ 피스톤의 위치 결정

해설 크랭크각 센서는 크랭크축의 위치 및 회전속도를 검출하며 크랭크축 핀 저널에 커넥팅로드로 연결된 피스톤의 위치가 검출되며 점화시기 및 분사시기 기준신호가 된다.

2 이소옥탄 60% 정헵탄 40%의 표준연료를 사용했을 때 옥탄가는 얼마인가?

① 40%
② 50%
③ 60%
④ 70%

해설 옥탄가는 이소옥탄의 비율이며 옥탄가를 구하는 공식은 다음과 같다.

$$옥탄가 = \frac{이소옥탄}{이소옥탄 + 노멀헵탄} \times 100$$

$$= \frac{60}{60 + 40} \times 100 = 60\%$$

3 디젤 엔진의 정지방법에서 인테이크 셔터 (intake shutter)의 역할에 대한 설명으로 옳은 것은?

① 연료를 차단
② 흡입공기를 차단
③ 배기가스를 차단
④ 압축압력차단

해설 인테이크 셔터(intake shutter)의 역할은 실린더 내로 흡입되는 공기를 차단한다.

4 다음 중 전자제어 엔진에서 연료분사 피드백(feed back) 제어에 가장 필요한 센서는?

① 스로틀 포지션센서
② 대기압센서
③ 차속센서
④ 산소(O_2)센서

해설 산소(O_2)센서는 피드백 센서로도 불리며 배기가스 속의 산소와 대기 중의 산소농도 차에 의해 기전력이 발생한다. 공연비에 따라 출력전압이 변화하며 지르코니아 산소센서의 출력전압은 농후할 때 1V, 희박공연비에서 0V에 가까운 기전력을 발생하며 이 신호값에 따라 분사량을 제어하는 것을 피드백 제어라 한다.

5 연료탱크 내장형 연료펌프(어셈블리)의 구성부품에 해당되지 않는 것은?

① 체크밸브
② 릴리프 밸브
③ DC 모터
④ 포토다이오드

해설 연료펌프는 DC 모터를 사용하며 펌프 내 역류를 방지하고 잔압을 유지하는 체크밸브와 특정 압력 이상 압력상승을 방지하는 릴리프밸브가 있다.

정답 1 ④ 2 ③ 3 ② 4 ④ 5 ④

06 가솔린 자동차의 배기관에서 배출되는 배기가스와 공연비와의 관계를 잘못 설명한 것은?

① CO는 혼합기가 희박할수록 적게 배출된다.

② HC는 혼합기가 농후할수록 많이 배출된다.

③ NO_x는 이론공연비 부근에서 최소로 배출된다.

④ CO_2는 혼합기가 농후할수록 적게 배출된다.

해설 질소산화물(NO_x)는 이론공연비 부근에서 최대로 발생한다.

07 전자제어 차량의 흡입공기량 계측방법으로 매스플로(mass flow) 방식과 스피드덴시티(speed density) 방식이 있는데 매스플로 방식이 아닌 것은?

① 맵 센서식(Map sensor type)

② 핫 필름식(hot film type)

③ 베인식(vane type)

④ 칼만 와류식(karman vortex type)

해설 공기유량센서(AFS) 종류와 계측방식

AFS	매스플로 방식	칼만와류식(체적질량유량 계측)
		베인식(체적유량 계측)
		핫와이어(필름)식(질량유량 계측)
	스피드덴시티 방식	맵센서 (흡기다기관의 부압과 대기압과의 차이)

08 연료의 저위발열량 10,500 kcal 제동마력 93PS 제동열효율 31%인 지관의 시간당 연료소비량(kgf/h)는?

① 약 18.07 ② 약 17.07

③ 약 16.07 ④ 약 5.53

해설
$$\eta = \frac{632.3 \times BHP}{B \times H_L} \times 100$$

BHP : 제동마력
B : 연료소비량
H_L : 저위발열량

$$B = \frac{632.3 \times BHP}{H_L \times \eta} = \frac{632.3 \times 93}{10500 \times 0.31}$$
$$= 18.07\, kgf/h$$

09 윤중에 대한 정의이다. 옳은 것은?

① 자동차가 수평으로 있을 때 1개의 바퀴가 수직으로 지면을 누르는 중량

② 자동차가 수평으로 있을 때 차량 중량이 1개 바퀴에 수평으로 걸리는 중량

③ 자동차가 수평으로 있을 때 차량 총중량이 2개의 바퀴에 수직으로 걸리는 중량

④ 자동차가 수평으로 있을 때 공차중량이 4개의 바퀴에 수직으로 걸리는 중량

해설 차량이 수평으로 있을 때 1개의 바퀴가 수직으로 지면을 누르는 중량을 윤중이라 한다.

10 가솔린 기관에서 고속회전 시 토크가 낮아지는 원인으로 가장 적합한 것은?

① 체적효율이 낮아지기 때문이다.

② 화염전파 속도가 상승하기 때문이다.

③ 공련비가 이론공연비에 근접하기 때문이다.

④ 점화시기가 빨라지기 때문이다.

해설 가솔린 기관이 고속회전에서 토크가 낮아지는 원인은 체적효율이 낮아지기 때문이다.

11 엔진 실린더 내부에서 실제로 발생한 마력으로 혼합기가 연소 시 발생하는 폭발압력을 측정한 마력은?

① 지시마력   ② 경제마력

③ 정미마력   ④ 정격마력

해설 ① 지시마력: 실린더 내에서 연료가 연소할 때 발생되는 이론 출력
② 경제마력: 열효율이 가장 높을 때 기관에서 발생하는 출력
③ 제동마력: 실제 유효하게 이용되는 출력
④ 정격마력: 일정한 조건에서 엔진이 무리 없이 작동하여 낼 수 있는 최대 출력

12 디젤기관의 노킹을 방지하는 대책으로 알맞은 것은?

① 실린더 벽의 온도를 낮춘다.

② 착화진연기간을 길게 유도한다.

③ 압축비를 낮게 한다.

④ 흡기온도를 높인다.

해설 디젤기관의 노크방지 대책
① 세탄가가 높은 연료를 사용한다.
② 압축압력 및 실린더 벽의 온도를 높인다.

③ 착화지연기간을 짧게 한다.
④ 분사초기 연료 분사량을 적게 한다.
⑤ 흡입공기 온도를 높게 한다.

13 디젤기관에 쓰이는 연소실이다. 복실식 연소실이 아닌 것은?

① 예연소실식   ② 직접분사식

③ 공기실식   ④ 와류실식

해설 디젤기관 연소실의 분류

디젤기관 연소실	단실식	직접분사실식
	복실식	예연소실식
		와류실식
		공기실식

14 실린더 지름이 100㎜의 정방형 엔진이다, 행정 체적은 약 얼마인가?

① 600㎤   ② 785㎤

③ 1,200㎤   ④ 1,490㎤

해설 $V_s = \dfrac{\pi \cdot D^2 \cdot L}{4}$ 이므로 $0.785 \times D^2 \times L$와 같다.

$V_s = 0.785 \times 10^2 \times 10 = 785㎤$

15 4행정 사이클 기관에서 크랭크축이 4회전 할 때 캠축은 몇 회전하는가?

① 1회전   ② 2회전

③ 3회전   ④ 4회전

해설 4행정 1사이클 기관은 크랭크축이 2바퀴 회전할 때 캠축은 1회전하여 1사이클을 완성한다.

16 기관에 윤활유를 공급하는 목적과 관계없는 것은?

① 연소촉진작용　② 동력손실감소

③ 마멸방지　④ 냉각작용

해설 윤활유의 작용
① 밀봉작용(기밀유지작용)
② 냉각작용(열전도작용)
③ 감마작용(마멸방지작용)
④ 응력분산작용(충격완화작용)
⑤ 방청작용(부식방지작용)
⑥ 세척작용(청정작용)

17 실린더 블록이나 헤드의 평면도 측정에 알맞은 게이지는?

① 마이크로미터

② 다이얼게이지

③ 버니어 캘리퍼스

④ 직각자와 필러게이지

해설 실린더헤드 변형도는 직각자와 필러게이지를 이용하여 측정한다.

18 자동차 엔진의 냉각장치에 대한 설명 중 적절하지 않은 것은?

① 강제 순환식이 많이 사용된다.

② 냉각장치 내부에 물때가 많으면 과열의 원인이 된다.

③ 서모스탯에 의해 냉각수 흐름이 제어된다.

④ 엔진과열 시에는 즉시 라디에이터 캡을 열고 냉각수를 보급하여야 한다.

해설 자동차에서 사용하고 있는 냉각방식은 밀봉압력식을 사용하고 있어 엔진이 과열할 때 냉각장치 내부에는 높은

압력이 걸리게 되므로 기관을 정지시키고 엔진이 충분히 냉각된 후 라디에이터 캡을 개방하여 냉각수를 보충한다.

19 LPI 엔진에서 연료의 부탄과 프로판의 조성비를 결정하는 입력요소로 맞는 것은?

① 크랭크 각 센서, 캠각 센서

② 연료온도 센서, 연료압력 센서

③ 공기유량 센서, 읍기온도 센서

④ 산소센서, 냉각수온 센서

해설 LPI 엔진에서 부탄과 프로판의 조성비는 연료 온도센서와 연료 압력센서의 입력값에 의해 결정된다.

20 연소란 연료의 산화반응을 말하는데 연소에 영향을 주는 요소 중 가장 거리가 먼 것은?

① 배기유동과 난류

② 공연비

③ 연소온도와 압력

④ 연소실 형상

해설 연소에 영향을 주는 요소로는 공연비, 연소실의 형상, 압축비, 연소온도와 압력 등이 있다.

21 피스톤에 옵셋(offset)을 두는 이유로 가장 올바른 것은?

① 피스톤의 틈새를 크게 하기 위하여

② 피스톤의 마멸을 방지하기 위하여

③ 피스톤의 측압을 적게 하기 위하여

④ 피스톤 스커트부에 열전달을 방지하기 위하여

정답　**16** ①　**17** ④　**18** ④　**19** ②　**20** ①　**21** ③

해설 피스톤에 옵셋(Offset)을 두는 이유는 피스톤의 측압을 감소시키기 위해 둔다.

22 공기청정기가 막혔을 때의 배기가스 색으로 가장 알맞은 것은?

① 무색   ② 백색

③ 흑색   ④ 청색

해설 공기청정기가 순간 막히게 되면 흡입공기량이 줄어들어 흑색 연기가 발생한다.

23 피스톤 링의 3대 작용으로 틀린 것은?

① 와류작용   ② 기밀작용

③ 오일제어 작용   ④ 열전도작용

해설 피스톤링의 3대 작용
① 기밀작용(밀봉작용)
② 열전도작용(냉각작용)
③ 오일제어작용

24 전자제어식 제동장치(ABS)에서 제동 시 타이어 슬립률이란?

① $\dfrac{차륜속도 - 차체속도}{차체속도} \times 100$

② $\dfrac{차체속도 - 차륜속도}{차체속도} \times 100$

③ $\dfrac{차체속도 - 차륜속도}{차륜속도} \times 100$

④ $\dfrac{차륜속도 - 차체속도}{차륜속도} \times 100$

해설

$$타이어의 슬립률 = \dfrac{차체속도 - 차륜속도}{차체속도} \times 100$$

25 승용자동차에서 주 제동 브레이크에 해당되는 것은?

① 디스크 브레이크

② 배기 브레이크

③ 엔진 브레이크

④ 와전류 리타터

해설 엔진 브레이크, 배기 브레이크, 와전류 리타터는 감속 브레이크에 속한다.

26 추진축의 슬립이음은 어떤 변화를 가능하게 하는가?

① 축의 길이   ② 드라이브 각

③ 회전 토크   ④ 회전속도

해설 추진축의 슬립 이음은 길이 변화에 대응하기 위해 둔다.

27 정의 캠버란 다음 중 어떤 것을 말하는가?

① 바퀴의 아래쪽이 위쪽보다 좁은 것을 말한다.

② 앞바퀴의 앞쪽이 뒤쪽보다 좁은 것을 말한다.

③ 앞바퀴의 킹핀이 뒤쪽으로 기울어진 각을 말한다.

④ 앞바퀴의 위쪽이 아래쪽보다 좁은 것을 말한다.

해설 ②는 얼라인먼트 요소 중 토인
③는 얼라인먼트 요소 중 정의 캐스터
④는 부의 캠버를 설명한 것이다.

정답 22 ③   23 ①   24 ②   25 ①   26 ④   27 ①

28 자동차 접지 부분 이외의 부분은 지면과의 사이에 최소 몇 ㎝ 이상 간격이 있어야 하는가?

① 12 ② 15

③ 20 ④ 25

해설 공차상태의 자동차에 있어서 접지 부분 이외의 부분은 지면과의 사이에 최소 12㎝ 이상의 간격이 있어야 한다.

29 자동차의 축간거리가 2.2m 외측 바퀴의 조향각이 30°이다. 이 자동차의 최소회전반지름은 얼마인가?

(단, 바퀴의 접지면 중심과 킹핀과의 거리는 30㎝이다.)

① 3.5m ② 4.7m

③ 7m ④ 9.4m

해설 $R = \dfrac{L}{\sin\alpha} + r$

R: 최소회전반경(m)

L: 축간거리

$\sin\alpha$: 외측바퀴 조향각

r : 바퀴접지면 중심과 킹핀과의 거리

$R = \dfrac{2.2}{\sin 30°} + 0.3 = 4.7m$

30 엔진의 출력을 일정하게 하였을 때 가속 성능을 향상시키기 위한 것이 아닌 것은?

① 여유 구동력을 크게 한다.

② 자동차의 총 중량을 크게 한다.

③ 종 감속비를 크게 한다.

④ 주행저항을 적게 한다.

해설 가속 성능을 향상시키기 위한 방안

① 여유 구동력을 크게 한다.

② 자동차의 총 중량을 작게 한다.

③ 종감속비를 크게 한다.

④ 주행저항을 작게 한다.

31 타이어의 구조 중 노면과 직접 접촉하는 부분은?

① 트레드 ② 카커스

③ 비드 ④ 숄더

해설 트레드(tread)

노면과 직접 접촉하는 부분으로 타이어와 노면 사이에 생기는 마찰에 의해 구동력과 제동력을 증가시킨다.

32 브레이크 파이프에 잔압 유지와 직접적인 관련이 있는 것은?

① 브레이크 페달

② 마스터 실린더 2차 컵

③ 마스터 실린더 체크밸브

④ 푸시로드

해설 마스터 실린더의 체크밸브는 잔압을 유지하여 제동지연 및 베이퍼록 현상을 방지하고 휠 실린더에서 브레이크 오일이 누출되는 것을 방지한다.

33 기관 회전수 2000 rpm, 변속기의 변속비 2:1(감속), 종감속비 3:1 타이어 지름 50 ㎝일 때 자동차의 속도는?

① 약 31 km/h

② 약 41 km/h

③ 약 51 km/h

④ 약 61 km/h

정답 28 ① 29 ② 30 ② 31 ① 32 ③ 33 ①

7회 실전모의고사 ∣ 323

$$V = \frac{\pi \times D \times N \times 60}{Tr \times Fr \times 1000}$$

여기서, V : 자동차의 속도(km/h)
D : 바퀴의 지름(m)
N : 기관의 회전수(rpm)
Tr : 변속비
Fr : 종감속비

$$V = \frac{\pi \times 0.5 \times 2000 \times 60}{2 \times 3 \times 1000}$$
$$= 31.4 km/h$$

34 클러치 부품 중 플라이휠에 조립되어 플라이휠과 같이 회전하는 부품은?

① 클러치판　　② 변속기 입력축
③ 클러치 커버　④ 릴리스 포크

해설 클러치 커버는 플라이휠에 조립되어 플라이휠과 함께 회전한다.

35 유압식 클러치에서 동력차단이 불량한 원인 중 가장 거리가 먼 것은?

① 페달의 자유 간극이 없음
② 유압 계통에 공기가 유입
③ 클러치 릴리스 실린더 불량
④ 클러치 마스터 실린더 불량

해설 클러치 페달 자유 간극이 너무 적으면 클러치가 미끄러지는 원인이 된다.

36 자동차가 고속으로 선회할 때 차체가 기울지는 것을 방지하기 위한 장치는?

① 타이로드　　② 토인
③ 프로포셔닝밸브　④ 스태빌라이저

해설 스태빌라이저는 독립현가방식 차량이 선회할 대 차체의 기울어짐 및 롤링(rolling)을 방지한다.

37 디스크 브레이크에 대한 설명으로 맞는 것은?

① 드럼 브레이크에 비하여 브레이크의 평형이 좋다.
② 드럼 브레이크에 비하여 한쪽만 브레이크 되는 일이 많다.
③ 드럼 브레이크에 비하여 베이퍼록이 일어나기 쉽다.
④ 드럼 브레이크에 비하여 페이드 변상이 일어나기 쉽다.

해설 디스크 브레이크의 특징
① 디스크가 대기 중에 노출되어 냉각 성능이 커 페이드 현상이 잘 생기지 않는다.
② 브레이크의 평형이 좋고 제동력의 변화가 적다.
③ 부품의 평형이 좋고 한쪽만 제동되는 일이 없다.
④ 마찰면이 적어 패드를 압착하는 힘이 커야 한다.
⑤ 패드의 강도가 커야 하며 패드의 마멸이 크다.

38 주행 중 조향 핸들이 한쪽으로 쏠리는 원인과 가장 거리가 먼 것은?

① 바퀴의 허브너트를 너무 꽉 조였다.
② 좌·우의 캠버가 같지 않다.
③ 컨트롤 암(위 또는 아래)이 휘었다.
④ 좌·우 타이어의 공기압이 다르다.

해설 주행 중 조향 핸들이 한쪽으로 쏠리는 원인
① 좌·우 타이어의 공기압 불균일
② 한쪽 현가장치의 고장
③ 휠 얼라인먼트의 불량
④ 한쪽 브레이크의 편 제동
⑤ 브레이크 라이닝 간극 조정 불량

정답　34 ③　35 ①　36 ④　37 ②　38 ①

39 배력장치가 장착된 자동차에서 브레이크 페달의 조작이 무겁게 되는 원인이 아닌 것은?

① 푸시로드의 부트가 파손되었다.

② 진공용 체크밸브의 작동이 불량하다.

③ 릴레이 밸브 피스톤의 작동이 불량하다.

④ 아이드로릭 피스톤 컵이 손상되었다.

> **해설** 배력장치(하이드로백)가 장착된 자동차에서 페달 조작력이 무거워지는 원인
> ① 진공용 체크밸브의 작동이 불량하다.
> ② 릴레이 밸브 피스톤의 작동이 불량하다.
> ③ 하이드로릭 피스톤 컵이 손상되었다.
> ④ 진공라인의 불량이나 진공 및 공기밸브의 작동이 불량하다.

40 조향 휠을 1회전하였을 때 피트먼 암이 60° 움직였다. 조향 기어비는 얼마인가?

① 12 : 1   ② 6 : 1

③ 6.5 : 1   ④ 13 : 1

> **해설** 조향기어비 $= \dfrac{\text{조향핸들이 회전한 각도}}{\text{피트먼암이 움직인 각도}}$
> $= \dfrac{360°}{60°} = 6$

41 자동차에서 축전지를 떼어낼 때 작업방법으로 가장 옳은 것은?

① 접지 터미널을 먼저 푼다.

② 양극 터미널을 함께 푼다.

③ 벤트 플러그(vent plug)를 열고 작업한다.

④ 극성에 상관없이 작업성이 편리한 터미널부터 분리한다.

> **해설** 자동차에서 축전지를 떼어낼 때는 (−)단자를 먼저 분리하고 설치할 때에는 (+)단자를 먼저 설치한다.

42 자기유도작용과 상호유도 작용원리를 이용한 것은?

① 발전기   ② 점화코일

③ 기동 모터   ④ 축전지

> **해설** 점화코일은 1차 코일에서 자기유도작용, 2차 코일에서 상호유도작용이 발생한다.

43 자동차용 배터리의 충전·방전에 관한 화학반응으로 틀린 것은?

① 배터리 방전 시 (+)극판의 과산화납은 점점 황산납으로 변한다.

② 배터리 충전 시 (+)극판의 황산납은 점점 과산화납으로 변한다.

③ 배터리 충전 시 물은 묽은 황산으로 변한다.

④ 배터리 충전 시 (−)극판에는 산소가 (+)극판에는 수소를 발생시킨다.

> **해설** 축전지의 충·방전에 관한 화학반응
> $$PbO_2 + 2H_2SO_4 + Pb \rightleftarrows PbSO_4 + 2H_2O + PbSO_4$$
> ① 축전지가 충전상태일 때
> • (+) 극판은 과산화납 (−)극판은 해면상 납이다.
> • 전해액은 묽은황산이다.
> ② 축전지가 방전상태일 때
> • 양(+, −) 극판은 모두 황산납이 된다.
> • 전해액인 묽은 황산은 순수한 물이 된다.
> ③ 축전지 충전 중 (+)극판에서 산소가, (−)극판에서 수소가스가 발생한다.
> ④ 축전지를 방전상태로 방치하면 양(+, −) 극판이 영구 황산납되어 화학작용이 일어나지 않기 때문이다.

정답   39 ①   40 ②   41 ②   42 ②   43 ④

44 일반적으로 발전기를 구동하는 축은?

① 캠축   ② 크랭크축

③ 앞차축   ④ 컨트롤 로드

해설 발전기 구동축은 크랭크축 풀리에 V벨트로 연결되어 있다.

45 발광다이오드에 대한 설명으로 틀린 것은?

① 순방향으로 전류가 흐를 때 빛이 발생된다.

② 가시광선, 적외선 및 레이저까지 여러 파장의 빛이 발생된다.

③ 빛을 받으면 전압이 발생되며, 스위칭 회로에 사용된다.

④ LED라 하며, 10mA 정도에서 발광이 가능하다.

해설 발광다이오드[LED: light emission diode]
① LED라 하며 10mA 정도에서 발광이 가능하다.
② 순방향으로 전류를 흐르게 하면 빛이 발생한다.
③ 가시광선, 적외선 및 레이저까지 여러 파장의 빛이 발생된다.
④ PN형 접합면에 순방향 전압을 가하여 전류를 흐르게 하면 캐리어(carrier)가 지니고 있는 에너지 일부가 빛으로 변화하여 발광한다.

46 자동차 전기장치에서 "유도기전력은 코일 내의 자속의 변화를 방해하는 방향으로 생긴다." 는 현상을 설명한 것은?

① 앙페르의 법칙

② 키르히호프의 1법칙

③ 뉴톤의 제1법칙

④ 렌츠의 법칙

해설 랜츠의 법칙
"유도기전력은 코일 내의 자속의 변화를 방해하는 방향으로 생긴다." 는 현상을 설명한 법칙으로 유도기전력의 방향을 표시한다.

47 논리회로에서 AND 게이트의 출력이 HIGH (1)로 되는 조건은?

① 양쪽의 입력이 HIGH일 때

② 한쪽의 입력이 LOW일 때

③ 한쪽의 입력이 LOW일 때

④ 양쪽의 입력이 LOW일 때

해설 논리회로 (AND)회로는 스위치가 직렬접속된 것으로 A, B 스위치 입력이 모두 1일 때 출력도 1일 된다.

48 이모빌라이저 시스템에 대한 설명으로 틀린 것은?

① 차량의 도난을 방지할 목적으로 적용되는 시스템이다.

② 도난 상황에서 시동이 걸리지 않도록 제어한다.

③ 도난 상황에서 시동키가 회전되지 않도록 제어한다.

④ 엔진의 시동은 반드시 차량에 등록된 키로만 시동이 가능하다.

해설 이모빌라이저 시스템
① 이모빌라이저 시스템은 무선통신 방식으로 키의 기계적인 일치뿐만 아니라 시동키와 차량이 무선으로 통신하여 암호 코드가 일치하는 경우에만 시동이 걸리도록한 도난방지시스템이다.
② 시동 금지 시에는 점화와 연료를 분사하지 않는다.

정답   **44** ②   **45** ③   **46** ④   **47** ①   **48** ③

49 링 기어 이의 수가 120, 피니언 이의 수가 12이고 1,500 cc급 엔진의 회전 저항이 6 m·kgf일 때 기동전동기의 필요한 최소 회전력은?

① 0.6 m·kgf ② 2 m·kgf
③ 20 m·kgf ④ 6 m·kgf

해설

$$Ts = \frac{Pz}{Rz} \times Te$$

Ts : 기동전동기 최소 필요회전력
Pz : 피니언기어의 잇수
Rz : 링기어의 잇수
Te : 엔진의 회전저항

$$Ts = \frac{12}{120} \times 6$$
$$= 0.6 \, m \cdot kgf$$

50 주행계기판의 온도계가 작동하지 않을 경우 점검을 해야 할 곳은?

① 공기유량센서
② 냉각수온센서
③ 에어컨압력센서
④ 크랭크포지션센서

해설 계기판의 온도계가 작동하지 않으면 냉각수 온도센서를 점검한다.

51 관리감독자의 점검대상 및 업무 내용으로 가장 거리가 먼 것은?

① 보호구의 착용 및 관리실태 적절 여부
② 산업재해 발생 시 보고 및 응급조치
③ 안전수칙 준수 여부
④ 안전관리자 선임 여부

52 렌치를 사용한 작업에 대한 설명으로 틀린 것은?

① 스패너의 자루가 짧다고 느낄 때는 긴 파이프를 연결하여 사용할 것
② 스패너를 사용할 때는 앞으로 당길 것
③ 스패너는 조금씩 돌리며 사용할 것
④ 파이프 렌치의 주 용도는 둥근 물체 조립용이다.

53 다이얼게이지 취급 시 안전사항으로 틀린 것은?

① 작동이 불량하면 스핀들에 주유 혹은 그리스를 도포해서 사용한다.
② 분해 청소나 조정은 하지 않는다.
③ 다이얼 인디케이터에 충격을 가해서는 안 된다.
④ 측정 시는 측정물에 스핀들을 직각으로 설치하고 무리한 접촉은 피한다.

54 드릴 작업 때 칩의 제거 방법으로 가장 좋은 것은?

① 회전시키면서 솔로 제거
② 회전시키면서 막대로 제거
③ 회전을 중지시킨 후 손으로 제거
④ 회전을 중지시킨 후 솔로 제거

해설 드릴 작업 시 칩의 제거는 회전을 정지시킨 수 솔로 제거한다.

정답 49 ① 50 ② 51 ④ 52 ① 53 ① 54 ④

55 제3종 유기용제 취급 장소의 색 표시는?

① 빨강   ② 노랑

③ 파랑   ④ 녹색

56 자동차 하체 작업에서 잭을 설치할 때의 주의할 점으로 틀린 것은?

① 잭은 중앙 밑 부분에 놓아야 한다.

② 잭은 자동차를 작업할 수 있게 올린 다음에도 잭 손잡이는 그대로 둔다.

③ 잭만 받쳐진 중앙 밑 부분에는 들어가지 않는 것이 좋다.

④ 잭은 밑바닥이 견고하면서 수평이 되는 곳에 놓고 작업하여야 한다.

57 전해액을 만들 때 황산에 물을 혼합하면 안 되는 이유는?

① 유독가스가 발생하기 때문에

② 혼합이 잘 안되기 때문에

③ 폭발의 위험이 있기 때문에

④ 비중 조정이 쉽기 때문에

58 휠 밸런스 점검 시 안전수칙으로 틀린 사항은?

① 점검 후 테스터 스위치를 끄고 자연히 정지하도록 한다.

② 타이어 회전 방향에서 점검한다.

③ 과도하게 속도를 내지 말고 점검한다.

④ 회전하는 휠에 손을 대지 않는다.

59 LPG 자동차 관리에 대한 주의사항 중 틀린 것은?

① LPG가 누출되는 부위를 손으로 막으면 안 된다.

② 가스 충전 시에는 합격 용기인가를 확인하고 과충전되지 않도록 해야 한다.

③ 엔진실이나 트렁크 실 내부 등을 점검할 때 라이터나 성냥 등을 켜고 확인한다.

④ LPG는 온도상승에 의한 압력상승이 있기 때문에 용기는 직사광선 등을 피하는 곳에 설치하고 과열되지 않아야 한다.

60 안전표시의 종류를 나열한 것으로 옳은 것은?

① 금지표시, 경고표시, 지시표시, 안내표시
② 금지표시, 권장표시, 경고표시, 지시표시
③ 지시표시, 권장표시, 사용표시, 주의표시
④ 금지표시, 주의표시, 사용표시, 경고표시

1 단위 환산으로 맞는 것은?

① 1 mile − 2 km

② 1 Ib = 1.55 kg

③ 1 kgf·m = 1.42 ft·Ibf

④ 9.81 N·m = 9.81 J

해설
① 1 mile = 1.6 km
② 1 lb = 0.45 kg
③ 1 kgf·m = 7.2 ft·lbf

2 각 실린더의 분사량을 측정하였더니 최대 분사량이 66 cc, 최소 분사량이 58 cc, 평균 분사량이 60 cc이었다면 분사량의 "+불균형률"은 얼마인가?

① 5%

② 10%

③ 15%

④ 20%

해설

$$[+] 불균율 = \frac{최대분사량 - 평균분사량}{평균분사량} \times 100$$

$$= \frac{66-60}{60} \times 100 = 10\%$$

3 가솔린 차량의 배출가스 중 NOx의 배출을 감소시키기 위한 방법으로 적당한 것은?

① 캐니스터 설치

② EGR 장치 채택

③ DPF 시스템 채택

④ 간접연료 분사방식 채택

해설 EGR(Exhaust Gas Recirculation) 밸브
EGR 밸브는 질소산화물(NOx)를 저감시키기 위한 장치로 배기가스를 기관의 출력저하가 최소화되는 범위에서 연소실로 되돌려 연소온도를 낮춤으로써 질소산화물(NOx)의 생성을 저감시킨다.

4 전자제어 연료장치에서 기관이 정지 후 연료압력이 급격히 저하되는 원인 중 가장 알맞은 것은?

① 연료필터가 막혔을 때

② 연료펌프의 체크밸브가 불량할 때

③ 연료의 리턴 파이프가 막혔을 때

④ 연료펌프의 릴리프 밸브가 불량할 때

해설 기관 정지 후 연료 압력이 급격히 떨어진다면 연료펌프의 체크밸브를 점검한다. 체크밸브는 기관정지 시 연료의 역류 방지와 잔압을 유지 및 베이퍼록 현상과 시동지연을 방지하는 기능을 한다.

5 피에조(PEIZO) 저항을 이용한 센서는?

① 차속센서

② 매니폴드압력센서

③ 수온센서

④ 크랭크 각 센서

해설 피에조 소자는 압력(진동)을 받으면 기전력이 발생하는 반도체 소자로 Map 센서(매니폴드 압력센서), 노크 센서, 대기압 센서에 사용된다.

정답 1 ④ 2 ② 3 ② 4 ② 5 ②

06 가솔린 기관과 비교할 때 디젤기관의 장점이 아닌 것은?

① 부분 부하 영역에서 연료소비율이 낮다.
② 넓은 회전속도 범위에 걸쳐 회전 토크가 크다.
③ 질소산화물과 일산화탄소가 조금 배출된다.
④ 열효율이 높다.

해설 디젤기관의 장점
① 열효율이 높고 연료소비율이 적다.
② 넓은 회전속도 범위에 걸쳐 회전 토크가 크다.
③ 대형 기관제작이 가능하다.
④ 인화점이 높은 경유를 사용하므로 취급이 용이하다.
⑤ 일산화탄소와 탄화수소 배출이 적다.

07 활성탄 캐니스터(charcoal canister)는 무엇을 제어하기 위해 설치하는가?

① CO_2 증발가스
② HC 증발가스
③ NO_X 증발가스
④ CO 증발가스

해설 활성탄 캐니스터(charcoal canister)는 연료증발가스 포집장치로 포집된 증발가스(주성분은 HC)는 기관 정상작동 시 ECU의 PCSV(purge control solenoid valve)밸브 제어에 의해 연소실로 유입되어 연소된다.

08 기계식 연료분사장치에 비해 전자식 연료분사장치의 특징 중 거리가 먼 것은?

① 관성질량이 커서 응답성이 향상된다.
② 연료소비율이 감소한다.
③ 배기가스 유해 물질배출이 감소된다.
④ 구조가 복잡하고 값이 비싸다.

해설 전자제어 가솔린 분사기관의 특징
① 유해배출가스 배출이 감소된다.
② 기관의 출력증대 및 연료소비율이 감소한다.

③ 공기흐름 관성 질량이 작아 응답성이 향상된다.
④ 밴추리가 없어 공기의 흐름 저항이 감소한다.
⑤ 각 실린더에 균일한 연료공급이 가능하다.
⑥ 구조가 복잡하고 가격이 비싸다.

09 4행정 4기통 기관에서 점화순서가 1-3-4-2인데 2번 실린더가 배기행정을 하고 있다. 이때 3번 실린더는 어떤 행정을 하고 있는가?

① 흡입행정
② 압축행정
③ 동력행정
④ 배기행정

10 차량 총 중량이 3.5톤 이상인 화물자동차 등의 후부 안전판 설치기준에 대한 설명으로 틀린 것은?

① 너비는 자동차 너비의 100% 미만일 것
② 가장 아랫부분과 지상과의 간격은 550 mm 이내일 것
③ 차량 수직방향의 단면 최소높이는 100 mm 이상일 것
④ 모서리부의 곡률 반경은 2.5 mm 이상일 것

정답 6 ③ 7 ② 8 ① 9 ② 10 ③

11 연소실 체적이 40cc이고 압축비가 9 : 1인 기관의 행정체적은?

① 280cc 　　② 300cc

③ 320cc 　　④ 360cc

해설

$V_s = V_c \times (\epsilon - 1)$

V_c : 연소실체적, V_s : 행정체적, ϵ : 압축비

$V_s = 40 \times (9 - 1) = 320cc$

12 LPG 자동차의 장점 중 맞지 않는 것은?

① 연료비가 경제적이다.

② 가솔린 차량에 비해 출력이 높다.

③ 연소실 내의 카본생성이 낮다.

④ 점화플러그 수명이 길다.

해설 LPG 기관의 특징
① 옥탄가(901~120)가 높아 노크 발생이 적다.
② 연소실에 카본 생성이 적어 점화플러그 수명이 길다.
③ 공기와 혼합되어 연소실로 공급되므로 연소가 균일
하고 완전연소가 가능하다.
④ 연료에 의한 기관 오일 희석이 적다.
⑤ 베이퍼록이나 퍼컬레이션이 일어나지 않는다.
⑥ 연료비가 경제적이다.
⑦ 배기가스 중의 일산화탄소(CO) 함유량이 적다.
⑧ 겨울철 냉시동성이 나쁘다.
⑨ 배기량이 같을 경우 가솔린 차량에 비해 출력이 낮
다.
⑩ 가솔린 차량에 비해 질소산화물(NO_x) 배출이 많
다.

13 지르코니아 산소센서에 대한 설명으로 맞는 것은?

① 공연비를 피드백 제어하기 위해 사용한다.

② 공연비가 농후하면 출력전압은 0.45V 이하이다.

③ 공연비가 희박하면 출력전압은 0.45V 이상이다.

④ 300℃ 이하에서도 작동한다.

해설 지르코니아 산소 센서는 혼합비를 이론공연비로 조절하기 위하여 배기다기관에 설치하며 배기가스 중의 산소와 대기 중의 산소 농도차에 의해 기전력이 발생하고. 농후한 혼합비에서 1V에 가까운 기전력이 희박한 공연비에서 0V에 가까운 기전력이 발생하며. 산소센서의 정상작동온도는 300℃~600℃ 정도이다.

14 윤활유 특성에서 요구되는 사항으로 틀린 것은?

① 점도지수가 적당할 것

② 산화 안정성이 좋을 것

③ 발화점이 낮을 것

④ 기포 발생이 적을 것

해설 윤활유의 구비조건
① 점도가 적당하고 점도지수가 높아 온도에 따른 점도
변화가 적을 것
② 인화점 및 발화점이 높고 응고점이 낮을 것
③ 열과 산에 대한 안정성이 있을 것
④ 기포 발생 및 카본생성이 적을 것
⑤ 비중이 적당하고 강인한 유막을 형성할 것

15 디젤기관에서 연료분사의 3대 요인과 관계가 없는 것은?

① 무화 　　② 분포

③ 디젤지수 　　④ 관통력

해설 연료분무의 3대 요건
무화도(안개화), 관통도, 분포도(분산)

정답　11 ③　12 ②　13 ①　14 ③　15 ③

16 실린더 형식에 따른 기관의 분류에 속하지 않는 것은?

① 수평형 엔진   ② 직렬형 엔진
③ V형 엔진   ④ T형 엔진

17 크랭크 축이 회전 중 받는 힘의 종류가 아닌 것은?

① 휨(bending)
② 비틀림(torsion)
③ 관통(penetration)
④ 전단(shearing)

해설 크랭크 축이 회전 중 받는 힘은 휨, 비틀림, 전단력이다.

18 CO, HC, NO_x 가스를 CO_2, H_2O, N_2 등으로 화학적 반응을 일으키는 장치는?

① 캐니스터   ② 삼원촉매
③ EGR 장치   ④ PCV

해설 삼원촉매장치는 배기가스 중의 CO, HC, NO_x를 N_2, H_2O, CO_2로 산화·환원시켜 유해배출가스를 정화시킨다.

19 10 m/s의 속도는 몇 km/h인가?

① 3.6 km/h   ② 36 km/h
③ 1/3.6 km/h   ④ 1/36 km/h

해설 ① $1km = 1000m$, 1시간 $= 3600s$

② $\dfrac{10 \times 3600}{1000} = 36km/h$

20 자동차용 기관의 연료가 갖추어야 할 특성이 아닌 것은?

① 단위 중량, 단위체적당 발열량이 클 것
② 상온에서 기화가 용이할 것
③ 점도가 클 것
④ 저장 및 취급이 용이할 것

해설 자동차용 연료의 구비조건
① 단위 중량 또는 단위체적당 발열량이 클 것
② 온도에 관계없이 유동성이 좋을 것
③ 상온에서 기화가 용이할 것
④ 연소 후 유해 화합물을 남기지 말 것
⑤ 연소속도가 빠를 것
⑥ 저장 취급이 용이할 것

21 가솔린 기관의 노킹(knocking)을 방지하기 위한 방법이 아닌 것은?

① 화염전파속도를 빠르게 한다.
② 냉각수 온도를 낮춘다.
③ 옥탄가가 높은 연료를 사용한다.
④ 혼합가스의 와류를 방지한다.

해설 가솔린 기관의 노킹방지 방법
① 옥탄가가 높은 가솔린을 사용한다.
② 냉각수 및 흡입공기온도를 낮춘다.
③ 화염전파거리를 짧게 한다.
④ 연소실의 카본을 제거한다.
⑤ 혼합기에 와류를 발생시킨다.
⑥ 점화시기를 지각시킨다.

22 내연기관 밸브장치에서 밸브 스프링의 점검과 관계가 없는 것은?

① 스프링 장력
② 자유높이
③ 직각도
④ 코일의 수

해설 밸브 스프링의 점검사항과 사용한계

점검사항	사용한계
스프링 장력	표준장력의 15% 이내
스프링 자유고	표준높이의 3% 이내
스프링 직각도	자유높이 100mm당 3mm 이내
스프링 접촉면	2/3 이상 수평일 것

23 전동식 냉각팬의 장점 중 거리가 가장 먼 것은?

① 서행 또는 정차 시 냉각성능 향상
② 정상온도 도달 시간단축
③ 기관 최고출력 향상
④ 작동온도가 항상 균일가게 유지

해설 전동식 냉각팬의 특징
① 정상작동온도 도달 시간이 단축된다.
② 작동온도가 항상 균일하게 유지된다.
③ 일정한 풍량을 확보할 수 있어 서행 또는 정차 시 냉각성능이 향상된다.
④ 라디에이터 설치 위치가 자유롭고 난방이 빠르다.
⑤ 가격이 비싸고 냉각팬을 구동하는 소비전력과 소음이 크다.

24 스프링 위 무게 진동과 관련된 사항 중 거리가 먼 것은?

① 바운싱(bouncing)
② 피칭(pitching)
③ 휠 트램프(wheel tramp)
④ 롤링(rolling)

해설 스프링 위 질량 운동

① 피칭(pitching): Y축 중심의 앞·뒤 진동
② 롤링(rolling): X축 중심의 좌·우 진동
③ 바운싱(bouncing): Z축 방향의 수직진동
④ 요잉(yawing): Z축 중심의 회전진동

25 앞바퀴 정렬의 종류가 아닌 것은?

① 토인
② 캠버
③ 섹터 암
④ 캐스터

해설 앞바퀴 정렬(휠 얼라인먼트) 요소에는 토인, 캠버, 캐스터, 킹핀 경사각 등이 있다.

26 차량 총 중량 5000 kgf의 자동차가 20%의 구배길을 올라갈 때 구배저항(Rg)은?

① 2500 kgf
② 2000 kgf
③ 1710 kgf
④ 1000 kgf

해설 $구배저항 = 5000kgf \times \dfrac{20}{100} = 1000kgf$

27 제동 배력장치에서 진공식은 무엇을 이용하는가?

① 대기압력만을 이용
② 배기가스 압력만을 이용
③ 대기압과 흡기다기관의 부압의 차이를 이용
④ 배기가스와 대기압과의 차이를 이용

정답 22 ④   23 ③   24 ③   25 ③   26 ④   27 ③

해설 진공 배력장치(하이드로 백)은 흡기다기관의 진공과 대기 압력과의 차이를 이용한 것으로 브레이크 페달을 밟는 힘을 경감시켜준다. 배력장치에 이상이 발생하여도 일반적인 유압 브레이크로 작동한다.

28 자동차가 주행하면서 선회할 때 조향각도를 일정하게 유지하여도 선회반지름이 커지는 현상은?

① 오버 스티어링

② 언더 스티어링

③ 리버스 스티어링

④ 토크 스티어링

해설 ① 언더 스티어링[under steering]
자동차가 주행하면서 선회할 때 조향각도를 일정하게 유지하여도 선회반지름이 커지는 현상
② 오버 스티어링[over steering]
자동차가 주행하면서 선회할 때 조향각도를 일정하게 유지하여도 선회지름이 작아지는 현상

29 주행 중 조향 핸들이 무거워졌을 경우와 가장 거리가 먼 것은?

① 앞타이어의 공기가 빠졌다.

② 조향기어 박스의 오일이 부족하다.

③ 볼 조인트가 과도하게 마모되었다.

④ 타이어의 밸런스가 불량하다.

해설 타이어의 정적 밸런스가 불량하면 트램핑 현상이 동적 밸런스가 불량하면 시미 현상이 발생한다.

30 동력전달장치에서 추진축의 스플라인부가 마멸되었을 때 생기는 현상은?

① 완충작용이 불량하게 된다.

② 주행 중에 소음이 발생한다.

③ 동력전달 성능이 향상된다.

④ 종 감속장치의 결합이 불량하게 된다.

해설 추진축의 스플라인부가 마모되면 주행 중 소음과 진동이 발생한다.

31 타이어의 구조에 해당되지 않는 것은?

① 트레드   ② 브레이커

③ 카커스   ④ 압력판

해설 타이어는 트레드, 브레이커, 카커스, 비드 부분으로 구성되어 있다.

32 클러치 디스크의 런아웃이 클 때 나타날 수 있는 현상으로 가장 적합한 것은?

① 클러치의 단속이 불량해진다.

② 클러치 페달의 유격에 변화가 생긴다.

③ 주행 중 소리가 난다.

④ 클러치 스프링이 파손된다.

33 유압식 제동장치에서 적용되는 유압의 원리는?

① 뉴톤의 원리

② 파스칼의 원리

③ 벤투리관의 원리

④ 베르누치의 원리

해설 파스칼의 원리
"밀폐된 용기에 담긴 비압축성 유체에 가해진 압력은 유체의 모든 지점에 같은 크기로 전달된다." 는 원리이다.

정답 28 ②   29 ④   30 ②   31 ④   32 ①   33 ②

34 자동변속기 오일의 주요기능이 아닌 것은?

① 동력전달 작용　　② 냉각작용

③ 충격전달 작용　　④ 윤활작용

35 다음 중 현가장치에 사용되는 판 스프링에서 스팬의 길이 변화를 가능하게 하는 것은?

① 섀클　　　　② 스팬

③ 행거　　　　④ U볼트

[해설] 섀클(shackle)의 기능에 의해 판스프링의 스팬의 길이 변화가 가능하다.

36 수동변속기의 클러치의 역할 중 거리가 가장 먼 것은?

① 엔진과의 연결을 차단하는 일을 한다.

② 변속기로 전달되는 엔진의 토크를 필요에 따라 단속한다.

③ 관성 운전 시 엔진과 변속기를 연결하여 연비향상을 도모한다.

④ 출발 시 엔진의 동력을 서서히 연결하는 일을 한다.

[해설] 클러치의 기능

① 기관을 시동할 때 일시적으로 무부하 상태로 한다.

② 변속기의 기어를 변속할 때 기관의 동력을 일시 차단한다.

③ 관성 운전 시 엔진의 동력을 차단한다.

④ 출발 시 엔진의 동력을 서서히 연결한다.

37 엔진의 회전수가 4500 rpm일 경우 2단의 변속비가 1.5일 경우 변속기 출력축의 회전수(rpm)는 얼마인가?

① 1500　　　　② 2000

③ 2500　　　　④ 3000

[해설] 변속기출력축회전수 $= \dfrac{\text{엔진의 회전수}}{\text{변속비}}$

출력축회전수 $= \dfrac{4500\,rpm}{1.5} = 3000\,rpm$

38 주행 중 브레이크 작동 시 조향 핸들이 한쪽으로 솔리는 원인으로 거리가 가장 먼 것은?

① 휠 얼라인먼트의 조정이 불량하다.

② 좌·우 타이어의 공기압이 다르다.

③ 브레이크 라이닝의 좌·우 간극이 불량하다.

④ 마스터실린더 체크밸브의 작동이 불량하다.

[해설] 주행 중 조향 핸들이 한쪽으로 쏠리는 원인

① 좌·우 타이어의 공기압 불균일

② 한쪽 현가장치의 고장

③ 휠 얼라인먼트의 불량

④ 한쪽 브레이크의 편 제동

⑤ 브레이크 라이닝 간극조정 불량

39 주행 중 제동 시 좌·우 편제동의 원인으로 거리가 가장 먼 것은?

① 드럼의 편 마모

② 휠 실린더의 오일누설

③ 라이닝 접촉 불량, 기름 부착

④ 마스터 실린더의 리턴 구멍 막힘

[해설] 마스터 실린더 리턴 구멍이 막히면 제동이 풀리지 않는다.

정답　34 ③　35 ①　36 ③　37 ④　38 ④　39 ④

40 구동 피니언의 잇수가 8개, 링 기어의 잇수가 64개일 경우 종 감속비는?

① 7:1 ② 8:1
③ 9:1 ④ 10:1

해설 종감속비 = $\dfrac{링기어의잇수}{구동피니언의잇수}$

$= \dfrac{64}{8}$

$= 8$

41 모터나 릴레이 작동 시 라디오에 유기되는 일반적인 고주파 잡음을 억제하는 부품으로 맞는 것은?

① 트랜지스터 ② 볼륨
③ 콘덴서 ④ 동소기

해설 모터나 릴레이 작동 시 라디오에 유기되는 고주파 잡음을 억제하기 위해 사용하는 부품은 콘덴서이다.

42 토(toe)에 대한 설명으로 틀린 것은?

① 토인은 주행 중 타이어의 앞부분이 벌어지려고 하는 것을 방지한다.
② 토는 타이로드의 길이로 조정한다.
③ 토의 조정이 불량하면 타이어가 편마모된다.
④ 토인은 조향 복원성을 위해 둔다.

해설 조향 복원력을 주는 얼라인먼트 요소는 캐스터이다.

43 엔진정지 상태에서 기동스위치를 "ON" 시켰을 때 축전지에서 발전기로 전류가 흘렀다면 그 원인은?

① [+] 다이오드가 단락되었다.
② [+] 다이오드 절연되었다.
③ [−] 다이오드가 단락되었다.
④ [−] 다이오드 절연되었다.

해설 [+]다이오드가 단락되면 엔진정지 상태에서 기동스위치를 "ON" 시켰을 때 축전지에서 발전기로 전류가 흐른다.

44 전자제어 점화장치에서 점화시기를 제어하는 순서는?

① 각종센서→ECU→파워 트랜지스터→점화코일
② 각종센서→ECU→점화코일→파워 트랜지스터
③ 파워 트랜지스터→점화코일→ECU→각종센서
④ 파워 트랜지스터→ECU→각종센서→점화코일

해설 점화시기 제어는 각종 센서의 신호를 ECU가 연산하고 파워 트랜지스터 베이스 전류를 제어하여 점화코일에서 고전압을 유도한다.

45 비중이 1.280(20℃)의 묽은 황산 1ℓ 속에 35%(중량)의 황산이 포함되어 있다면 물은 몇 g 포함되어 있는가?

① 932 ② 832
③ 719 ④ 819

정답 40 ② 41 ③ 42 ④ 43 ① 44 ① 45 ②

해설 묽은 황산 1ℓ 속에 35%(중량)의 황산이 포함되어 있다면 물은 65% 들어있으므로 비중 $1.280 \times 0.65 \times 1000 = 832 g$ 이 된다.

46 기동전동기 무부하 시험을 할 때 필요 없는 것은?

① 전류계   ② 저항시험기
③ 전압계   ④ 회전계

해설 기동전동기 무부하 시험을 할 때는 전류계, 전압계, 회전계, 가변저항이 필요하다.

47 윈드실드 와이퍼 장치의 관리요령에 대한 설명으로 틀린 것은?

① 와이퍼 블레이드는 수시 점검 및 교환해 주어야 한다.
② 워셔액이 부족한 경우 워셔액 경고등이 점등된다.
③ 전면유리는 왁스로 깨끗이 닦아 주어야 한다.
④ 전면유리는 기름 수건 등으로 닦지 말아야 한다.

48 부특성(NTC) 가변저항을 이용한 센서는?

① 산소센서   ② 수온센서
③ 조향 각 센서   ④ TDC센서

해설 부특성(NTC) 가변저항은 주로 온도를 계측하는 센서에 사용하며 냉각수온센서, 흡기온도센서, 유온센서, 연료온도센서 등이 있다.

49 자동차용 배터리에 과충전을 반복하면 배터리에 미치는 영향은?

① 극판이 황산화된다.
② 용량이 크게 된다.
③ 양극판 격자가 산화된다.
④ 단자가 산화된다.

해설 과충전 시 배터리에 미치는 영향
① 양극판 격자가 산화된다.
② 전해액이 갈색을 띤다.
③ 배터리 케이스가 부풀어 오른다.

50 "회로 내의 어떤 한 점에 유입한 전류의 총합과 유출한 전류의 총합은 같다."는 법칙은?

① 렌츠의 법칙
② 앙페르의 법칙
③ 뉴턴의 제1법칙
④ 키르히호프의 제1법칙

해설 키르히호프의 1법칙(전류의 법칙)은 "회로 내의 어떤 한 점에 유입한 전류의 총합과 유출한 전류의 총합은 같다"는 법칙이다.

51 사고예방 원리의 5단계 중 그 대상이 아닌 것은?

① 사실의 발견
② 평가의 분석
③ 시정책의 선정
④ 엄격한 규율의 책정

해설 사고예방 대책의 5단계
① 1단계: 조직(안전관리 조직)
   안전관리조직과 책임부여, 안전관리규정 제정, 안전관리계획수립

정답   46 ②   47 ③   48 ②   49 ③   50 ④   51 ④

② 2단계: 사실의 발견(현상파악)
   자료수집, 작업공정분석, 점검, 위험확인, 검사 및 조사 실시
③ 제3단계: 분석평가(원인규명)
   재해조사 분석, 안전성 진단, 평가, 작업환경 측정
④ 제4단계: 시정방법의 선정(대책선정) 기술적 개선안, 관리적 개선안, 제도적 개선안
⑤ 제5단계: 대책수립, 실시, 재평가, 후속 조치

52 리머가공에 관한 설명으로 옳은 것은?

① 액슬축 외경가공 작업 시 사용된다.
② 드릴 구멍보다 먼저 작업한다.
③ 드릴 구멍보다 더 정밀도가 높은 구멍을 가공하는 데 필요하다.
④ 들리 구멍보다 더 작게 하는 데 사용한다.

해설 리머 가공은 드릴 구멍보다 더 정밀도가 높은 구멍가공을 하는 데 필요하다.

53 다음 중 연료파이프 피팅을 풀 때 가장 알맞은 렌치는?

① 탭 렌치　　　② 복스렌치
③ 소켓렌치　　　④ 오픈엔드렌치

해설 연료 파이프 피팅을 풀 때 가장 알맞은 렌치는 오픈엔드 렌치(스패너)이다.

54 화재의 분류기준에서 휘발유로 인해 발생한 화재는?

① A급 화재　　　② B급 화재
③ C급 화재　　　④ D급 화재

해설 화재의 분류
① A급 화재: 일반화재
② B급 화재: 유류화재
③ C급 화재: 전기화재
④ D급 화재: 금속화재

55 드릴링 머신의 사용에 있어서 안전 상 옳지 못한 것은?

① 드릴 회전 중 칩을 손으로 털거나 불어 내지 말 것
② 가공물에 구멍을 뚫을 때 가공물을 바이스에 물리고 작업할 것
③ 솔로 절삭유를 바를 경우에는 위에서 바를 것
④ 드릴을 회전시킨 후에 머신 테이블을 조정할 것

56 FF차량의 구동축을 정비할 때 유의사항으로 틀린 것은?

① 구동축의 고무 부트 부위의 그리스 누유 상태를 확인한다.
② 구동축 탈거 후 변속기 케이스의 구동축 장착 구멍을 막는다.
③ 구동축을 탈거할 때마다 오일씰을 교환한다.
④ 탈거 공구를 최대한 깊이 끼워서 사용한다.

57 작업장의 안전점검을 실시할 때 유의사항이 아닌 것은?

① 과거 재해요인이 없어졌는지 확인한다.

② 안전점검 후 강평하고 사소한 사항은 묵인한다.

③ 점검내용을 서로가 이해하고 협조한다.

④ 점검자의 능력에 적응하는 점검내용을 활용한다.

58 공작기계 작업 시의 주의사항으로 틀린 것은?

① 몸에 묻은 먼지나 철분 등 기타의 물질은 손으로 떨어낸다.

② 정해진 공구를 사용하여 파쇄철이 긴 것은 자르고 짧은 것은 막대로 제거한다.

③ 무거운 공작물을 옮길 때는 운반기계를 이용한다.

④ 기름걸레는 정해진 용기에 넣어 화재를 방지하여야 한다.

59 휠 밸러스 시험기 사용 시 적합하지 않은 것은?

① 휠의 탈·부착 시에는 무리한 힘을 가하지 않는다.

② 균형추를 정확히 부착한다.

③ 계기판은 회전이 시작되면 즉시 판독한다.

④ 시험기 사용방법과 유의사항을 숙지 후 사용한다.

60 자동차의 배터리 중전 시 안전한 작업이 아닌 것은?

① 자동차에서 배터리 분리 시 (+)단자 먼저 분리한다.

② 배터리 온도가 45℃ 이상 오르지 않게 한다.

③ 충전은 환기가 잘되는 넓은 곳에서 한다.

④ 과충전 및 과방전을 피한다.

9회 실전모의고사

01 기관의 최고출력이 1.3 PS이고, 총배기량이 50 cc, 회전수가 5000rpm일 때 리터마력(PS/L)은?

① 56   ② 46

③ 36   ④ 26

해설 $K_l = \dfrac{K_{ps}}{V}$

K_l : 리터마력
K_{ps} : 리터출력
V : 총배기량

$K_l = \dfrac{1.3ps \times 1000}{50cc}$
$= 26PS/L$

02 저속, 전부하에서 기관의 노킹(knocking) 방지성을 표시하는데 가장 적당한 옥탄가 표기법은?

① 리서치 옥탄가   ② 모터 옥탄가

③ 로드 옥탄가   ④ 프런트 옥탄가

해설 옥탄가 측정방법
① RON(research octane number)
통제된 시험용 엔진을 이용하여 옥탄가를 측정하는 방법으로 저속 전부하에서의 기관 노킹 방지성을 표시하는데 적당한 측정방법
② MON(motor octane number)
RON보다 실제 상황에 좀더 부합하도록 시험하는 방법으로 고속 전부하, 고속 부분부하, 저속 부분부하 상태인 기관의 노크 방지성을 표시하는데 적당한 측정방법
③ 로드옥탄가
표준 연료를 넣고 테스트 주행로를 주행하며 점화

시기를 수동으로 제어하며 노킹 발생을 측정하는 방법
⑥ 프론트옥탄가
연료의 구성성분 중 100℃까지 증류되는 부분의 리서치 옥탄가(RON)

03 크랭크축에서 크랭크핀 저널의 간극이 커졌을 때 일어나는 현상으로 맞는 것은?

① 운전 중 심한 소음이 발생할 수 있다.

② 흑색 연기를 뿜는다.

③ 윤활유 소비량이 많다.

④ 유압이 낮아질 수 있다.

해설 크랭크 핀 저널의 간극이 커지면 운전 중 심한 소음이 발생할 수 있다.

04 가솔린 기관에서 노킹(knocking)발생 시 억제하는 방법은?

① 혼합비를 희박하게 한다.

② 점화시기를 지각시킨다.

③ 옥탄가가 낮은 연료를 사용한다.

④ 화염전파속도를 느리게 한다.

해설 가솔린 기관의 노킹방지 방법
① 옥탄가가 높은 가솔린을 사용한다.
② 냉각수 및 흡입공기온도를 낮춘다.
③ 화염전파 거리를 짧게 한다.
④ 연소실의 카본을 제거한다.
⑤ 혼합기에 와류를 발생시킨다.
⑥ 점화시기를 지각시킨다.

정답   **1** ④   **2** ①   **3** ①   **4** ②

05 캠축의 구동방식이 아닌 것은?

① 기어형   ② 체인형

③ 포핏형   ④ 벨트형

해설 캠축 구동방식에는 벨트구동방식, 체인구동방식, 기어구동방식이 있다.

06 산소센서(O_2 sensor)가 피드백(feed back) 제어를 할 경우로 가장 적합한 것은?

① 연료를 차단할 때

② 급가속 상태일 때

③ 감속 상태일 때

④ 대기와 배기가스 중의 산소농도 차이가 있을 때

해설 산소센서 신호에 의한 피드백 제어는 대기와 배기가스 중의 산소농도 차이가 있을 때 실행한다.

07 크랭크축 메인 저널 베어링 마모를 점검하는 방법은?

① 필러게이지(feeler gauge) 방법

② 시임(seam) 방법

③ 직각자 방법

④ 플라스틱 게이지(plastic gauge) 방법

해설 크랭크축 메인 저널 베어링 마모를 점검하는 방법에는 텔레스코핑 게이지와 외경 마이크로미터를 사용하는 방법과 플라스틱 게이지를 이용하는 방법이 있으며 주로 플라스틱 게이지를 이용하여 측정한다.

08 기관이 과열되는 원인이 아닌 것은?

① 라디에이터 코어가 막혔다.

② 수온조절기가 열려있다.

③ 냉각수의 양이 적다.

④ 물 펌프의 작동이 불량하다.

해설 기관의 과열 원인
① 냉각수 부족
② 수온조절기가 닫혀서 고장 났거나 열리는 온도가 너무 높을 때
③ 라디에이터 코어가 과도하게 막혔을 때
④ 팬벨트의 장력이 약해졌거나 이완되었을 때
⑤ 물 펌프의 고장
⑥ 냉각수 통로에 물때가 많이 퇴적되거나 막혔을 때

09 측압이 가해지지 않은 쪽의 스커트 부분을 따낸 것으로 무게를 늘리지 않고 접촉면적은 크게 하고 피스톤 슬랩(slap)은 적게 하여 고속기관에 널리 사용하는 피스톤의 종류는?

① 슬리퍼 피스톤(slipper piston)

② 솔리드 피스톤(solid piston)

③ 스플릿 피스톤(split piston)

④ 옵셋 피스톤(offset piston)

해설 슬리퍼 피스톤은 측압을 받지 않는 부분을 잘라낸 것으로 피스톤 무게를 가볍게 하고 실린더 마모를 감소시킬 수 있으며 피스톤 슬랩을 줄일 수 있는 특징이 있다.

정답 5 ③   6 ④   7 ④   8 ②   9 ①

10 인젝터의 분사량을 제어하는 방법으로 맞는 것은?

① 솔레노이드 코일에 흐르는 전류의 통전 시간으로 조절한다.

② 솔레노이드 코일에 흐르는 전압의 시간으로 조절한다.

③ 연료압력의 변화를 주면서 조절한다.

④ 분사구의 면적으로 조절한다.

해설 ECU는 인젝터 코일에 흐르는 전류의 통전시간으로 분사량을 조절한다.

11 배기가스 재순환장치(EGR)의 설명으로 틀린 것은?

① 가속 성능을 향상시키기 위해 급가속 시에는 차단된다.

② 연소온도가 낮아지게 된다.

③ 질소산화물(NOx)이 증가한다.

④ 탄화수소와 일산화탄소량은 저감되지 않는다.

해설 배기가스 재순환장치(EGR)
EGR 장치는 기관 출력이 최소화되는 범위에서 연소가스를 연소실로 되돌려 연소온도를 낮춰 질소산화물(NOx)생성을 저감시키며 기관의 워밍업 시나 급가속, 공회전 시 EGR 제어가 중단된다.

12 LPG 기관에서 액상 또는 기상 솔레노이드 밸브의 작동을 결정하기 위한 엔진 ECU의 입력요소는?

① 흡기관 부압   ② 냉각수 온도

③ 엔진 회전수   ④ 배터리 전압

해설 LPG 기관에서 엔진제어 ECU는 냉각수온센서 입력값에 따라 액·기상 솔레노이드를 제어하여 연료를 베이퍼라이저로 공급한다.

13 배출가스 저감장치 중 삼원촉매(Catalytic Convertor) 장치를 사용하여 저감시킬 수 있는 유해가스의 종류는?

① CO, HC, 흑연

② CO, NOx, 흑연

③ NOx, HC, SO

④ CO, HC, NOx

해설 3원 촉매장치는 배기가스 속의 유해가스 CO, HC, NOx를 산화, 환원작용을 통해 정화시킨다.

14 연료 분사펌프의 토출량과 플런저의 행정은 어떠한 관계가 있는가?

① 토출량은 플런저의 유효행정에 정비례한다.

② 토출량은 예비행정에 비례하여 증가한다.

③ 토출량은 플런저의 유효행정에 반비례한다.

④ 토출량은 플런저의 유효행정과 전혀 관계가 없다.

해설 디젤기관의 연료 분사량은 분사펌프 플런저의 유효행정에 비례하여 분사된다.
즉 유효행정이 클수록 분사량(토출량)은 많아진다.

15 연소실 체적이 48 cc이고 압축비가 9 : 1인 기관의 배기량은 얼마인가?

① 432 cc ② 348 cc
③ 336 cc ④ 288 cc

해설 $\epsilon = \dfrac{V_c + V_s}{V_c} = 1 + \dfrac{V_c}{V_s}$

ϵ : 압축비
V_c : 연소실 체적
V_s : 행정 체적

$V_s = 48 \times (9-1)$
　　$= 348cc$

16 자동차 기관에서 윤활 회로 내의 압력이 과도하게 올라가는 것을 방지하는 역할을 하는 것은?

① 오일펌프 ② 릴리프 밸브
③ 체크밸브 ④ 오일쿨러

해설 릴리프 밸브(relief valve)
회로 내의 압력을 제한하기 위한 밸브로 특정 압력 이상에서 열려 압력이 과도하게 상승하는 것을 제한하여 회로와 펌프의 과부하를 방지한다.

17 가솔린 기관의 연료펌프에서 체크밸브의 역할이 아닌 것은?

① 연료 라인 내의 잔압을 유지한다.
② 기관 고온 시 연료의 베이퍼록을 방지한다.
③ 연료의 맥동을 흡수한다.
④ 연료의 역류를 방지한다.

해설 연료펌프 내 체크밸브는 펌프의 작동이 정지될 때 닫혀 연료의 역류를 방지하여 연료 라인 내 잔압을 유지시켜 연료의 베이퍼록 방지 및 재시동성을 향상시킨다.

18 정지하고 있는 질량 2 kg의 물체에 1 N의 힘이 작용하면 물체의 가속도는?

① 0.5 m/s^2 ② 1 m/s^2
③ 2 m/s^2 ④ 5 m/s^2

해설 물체의 가속도(a)는 힘(f)/질량(m) 이므로 가속도(a) : 1/2 = 0.5 m/s^2 이 된다.

19 가솔린 기관의 이론공연비로 맞는 것은? (단, 희박 연소 기관은 제외)

① 8 : 1 ② 13.4 : 1
③ 14.7 : 1 ④ 15.6 : 1

해설 가솔린 기관의 이론공연비는 14.7(공기) : 1(연료)이다.

20 스로틀밸브가 열려있는 상태에서 가속할 때 일시적인 가속지연 현상이 나타나는 것을 무엇이라고 하는가?

① 스텀블(stumble)
② 스톨링(stalling)
③ 헤지테이션(hesitation)
④ 서징(surging)

해설 헤지테이션(hesitation)
자동차가 서행하다가 가속하고자 스로틀 밸브를 급격히 개방하여도 순간적으로 가속이 되지 않는 현상
스텀블(stumble)
스로틀 밸브를 급격히 개방하였을 때 가속은 되나 바로 감속감을 느끼게 하는 엔진의 출력 저하와 회전상태가 고르지 못한 현상

21 표준 대기압의 표기로 옳은 것은?

① 735 mmHg   ② 0.85 kgf/㎠

③ 101.3 kpa   ④ 10 bar

> **해설** 1 atm = 101.325 kpa = 1.013 bar
> = 1.033 kgf/㎠ = 760 mmHg

22 적색 또는 청색 경광등을 설치하여야 하는 자동차가 아닌 것은?

① 교통단속에 사용되는 경찰용 자동차

② 범죄 수사를 위하여 사용되는 수사기관용 자동차

③ 소방자동차

④ 구급자동차

23 가솔린 연료분사기관에서 인젝터 (−)단자에서 측정한 인젝터 분사파형은 파워 트랜지스터가 Off 되는 순간 솔레노이드 코일에 급격하게 전류가 차단되기 때문에 큰 역기전력이 발생하게 되는데 이것을 무엇이라 하는가?

① 평균전압   ② 전압강하

③ 서지전압   ④ 최소전압

> **해설** 랜츠의 법칙[Lenz's law]
> "회로와 전자기장의 상대적인 위치관계 또는 전류에 대한 자극의 크기가 변화할 경우 유도전류와 유도기전력은 원래 자기장의 변화를 상쇄하는 방향으로 발생한다는 전자기법칙" 이 법칙에 의해 발생되는 역기전력을 서지전압이라 하며 솔레노이드 코일에 전류를 차단하면 흐르는 전류가 클수록, 끊는 시간이 빠를수록, 자기인덕턴스 값이 클수록 역기전력(서지전압)은 커진다.

24 자동차의 브레이크에서 듀오서보 형식은?

① 전진 시에만 브레이크를 작동하면 1차 및 2차 슈가 자기작동 한다.

② 전진 시 브레이크를 작동하면 1차 슈만 자기작동 한다.

③ 전·후진 시 브레이크를 작동하면 1차 및 2차 슈가 자기작동을 한다.

④ 후진 시에만 1차 및 2차 슈가 자기작동을 한다.

> **해설** 듀어오 서보 브레이크는 전·후진 모두에서 1차 및 2차 슈가 자기작동을 하는 브레이크형식이다.

25 휠 얼라인먼트 요소 중 하나인 토인의 필요성과 거리가 가장 먼 것은?

① 조향 바퀴에 복원성을 준다.

② 주행 중 토 아웃이 되는 것을 방지한다.

③ 타이어 슬립과 마멸을 방지한다.

④ 캠버와 더불어 앞바퀴를 평행하게 회전시킨다.

> **해설** 토−인의 필요성
> ① 앞바퀴를 평행하게 회전시킨다.
> ② 바퀴의 사이드슬립(옆 방향 미끄러짐) 방지 및 타이어 마멸을 최소화한다.
> ③ 조향 링키지 마멸에 의한 토−아웃 되는 것을 방지한다.

26 조향 핸들이 1회전하였을 때 피트먼 암이 40° 움직였다. 조향기어의 비는?

① 9 : 1   ② 09 : 1

③ 45 : 1   ④ 4.5 : 1

정답   **21** ③   **22** ④   **23** ③   **24** ③   **25** ①   **26** ①

$$조향기어비 = \frac{조향핸들이\ 움직인\ 회전각도}{피트먼\ 암이\ 움직인\ 회전각도}$$

$$조향기어비 = \frac{360°}{40°} = 9$$

27 마스터 실린더 푸시로드에 작용하는 힘이 150 kgf이고, 피스톤의 면적이 3 ㎠일 때 단위면적당 유압은?

① 10 kgf/㎠ ② 50 kgf/㎠

③ 150 kgf/㎠ ④ 450 kgf/㎠

해설 $$P = \frac{F}{A}$$

P: 발생유압($kgf/㎠$)
A: 피스톤 단면적($㎠$)
F: 마스터실린더에 작용하는 힘(kgf)

$$P = \frac{150\,kgf}{3\,㎠}$$
$$= 50\,kgf/㎠$$

28 현가장치가 갖추어야 할 기능이 아닌 것은?

① 승차감의 향상을 위해 상하 움직임에 적당한 유연성이 있어야 한다.

② 원심력이 발생되어야 한다.

③ 주행 안정성이 있어야 한다.

④ 구동력 및 제동력 발생 시 적당한 강성이 있어야 한다.

해설 현가장치의 구비조건

① 충격을 완화하는 감쇄 특성을 유지하여 승객 및 화물을 보호할 것

② 승차 감각의 향상을 위해 상·하 움직임에 적당한 유연성이 있을 것

③ 바퀴의 움직임을 적절히 제어하여 주행 안정성이 유지되도록 할 것

④ 가속 및 감속 시 구동력과 제동력에 견딜 수 있는 강

도와 강성 및 내구성을 유지할 것

⑤ 프레임 또는 차체에 대해 바퀴를 알맞은 위치로 유지할 것

29 시동 Off 상태에서 브레이크 페달을 여러 차례 작동 후 브레이크 페달을 밟은 상태에서 시동을 걸었는데 브레이크 페달이 내려가지 않는다면 예상되는 고장 부위는?

① 주차 브레이크 케이블

② 앞바퀴 캘리퍼

③ 진공 배력장치

④ 프로포셔닝 밸브

해설 진공식 배력장치(하이드로 백) 점검방법

시동이 Off된 상태에서 브레이크 페달을 여러 차례 밟은 후 페달을 밟은 상태에서 시동을 걸었을 때 페달이 내려가면 정상이며 페달이 내려가지 않으면 진공식 배력장치의 고장 또는 진공 라인 계통을 점검한다.

30 자동차에서 제동 시의 슬립비를 표시한 것으로 맞는 것은?

① $\dfrac{자동차\ 속도 - 바퀴속도}{자동차\ 속도} \times 100$

② $\dfrac{자동차속도 - 바퀴속도}{바퀴속도} \times 100$

③ $\dfrac{바퀴속도 - 자동차\ 속도}{자동차\ 속도} \times 100$

④ $\dfrac{바퀴속도 - 자동차\ 속도}{바퀴속도} \times 100$

해설 슬립비율(%)

$$= \frac{자동차속도 - 바퀴의속도}{자동차속도} \times 100$$

31 선회할 때 조향각도를 일정하게 유지하여도 선회 반경이 작아지는 현상은?

① 오버 스티어링

② 언더 스티어링

③ 다운 스티어링

④ 어퍼 스티어링

① 오버 스티어링 : 자동차가 주행 중 조향 각도를 일정하게 하여 선회할 때 선회반지름이 작아지는 현상
② 언더 스티어링 : 자동차가 주행 중 조향 각도를 일정하게 하여 선회할 때 선회반지름이 커지는 현상

32 여러 장을 겹쳐 충격흡수 작용을 하도록 한 스프링은?

① 토션바 스프링   ② 고무 스프링

③ 코일 스프링   ④ 판 스프링

33 클러치의 릴리스 베어링으로 사용되지 않는 것은?

① 앵귤러 접촉형   ② 평면 베어링형

③ 볼 베어링형   ④ 카본형

판 스프링은 스프링강을 여러 장 겹쳐 만든 것으로 판간 마찰에 의해 충격흡수 작용을 한다.

34 독립 현가 방식과 비교한 일체 차축 현가 방식의 특성이 아닌 것은?

① 구조가 간단하다.

② 선회 시 차체의 기울기가 작다.

③ 승차감이 좋지 않다.

④ 로드홀딩(road holding)이 우수하다.

일체 차축 현가장치의 특징
① 강도가 크고 부품 수가 적어 구조가 간단하다.
② 선회 시 차체의 기울기가 작다.
③ 휠 얼라인먼트 변화와 타이어 마모가 적다.
④ 스프링 밑 질량이 커 승차감이 좋지 않다.
⑤ 앞바퀴에 시미 발생이 쉽다.
⑥ 스프링 정수가 너무 적은 것은 사용하기 어렵다.

35 자동차가 커브를 돌 때 원심력이 발생하는데 이 원심력을 이겨내는 힘은?

① 코너링 포스

② 컴플라이언 포스

③ 구동 토크

④ 회전 토크

코너링 포스(cornering force: 선회력)
자동차가 선회할 때 발생하는 원심력에 대응하여 선회를 원활하게 하는 힘을 말한다.

36 구동 피니언의 잇수가 15, 링 기어의 잇수가 58일 때 종감속비는 약 얼마인가?

① 2.58   ② 3.87

③ 4.02   ④ 2.94

$$R_f = \frac{R_Z}{P_Z}$$

여기서, R_f : 종감속비
R_Z : 링기어의 잇수
P_Z : 피니언기어의 잇수

$$R_f = \frac{58}{15}$$
$$= 3.87$$

정답 **31** ① **32** ④ **33** ② **34** ④ **35** ① **36** ②

37 속도계 기어가 설치되는 곳은?

① 변속기 1속 기어

② 변속기 부축

③ 변속기 출력축

④ 변속기 톱기어

해설 차량속도계 기어나 차속 센서는 변속기 출력축에 설치되어 차량의 속도를 검출한다.

38 브레이크 드럼 점검사항과 가장 거리가 먼 것은?

① 드럼의 진원도

② 드럼의 두께

③ 드럼의 내경

④ 드럼의 외경

해설 브레이크 드럼의 점검항목은 드럼의 진원도, 드럼에 두께, 드럼의 내경을 점검한다.

39 동력인출 장치에 대한 다음 설명 중 ()에 맞는 것은?

> 동력인출 장치는 농업기계에서 ( )의 구동용으로도 사용되며, 변속기 측면에 설치되어 ( )의 동력을 인출한다.

① 작업장치, 주축상

② 작업장치, 부축상

③ 주행장치, 주축상

④ 주행장치, 부축상

해설 동력인출 장치는 소방차의 물 펌프, 레미콘, 사다리차의 윈치 구동 및 농기계 작업장치 등의 구동에 사용하는 동력을 변속기 부축상에서 인출한다.

40 수동변속기에서 클러치(clutch)의 구비조건으로 틀린 것은?

① 동력을 차단할 경우에는 차단이 신속하고 확실할 것

② 미끄러지는 일이 없이 동력을 확실하게 전달할 것

③ 회전부분의 평형이 좋을 것

④ 회전관성이 클 것

해설 클러치의 구비조건
① 동력 차단이 신속하고 확실할 것
② 회전 부분의 평형이 좋고 회전관성이 작을 것
③ 방열이 잘 되어 과열되지 않을 것
④ 동력 전달을 시작할 때는 서서히 전달되고 접속이 완료된 후에는 미끄러지지 않을 것

41 기동전동기 정류자 점검 및 정비 시 유의사항으로 틀린 것은?

① 정류자는 깨끗해야 한다.

② 정류자 표면은 매끈해야 한다.

③ 정류자는 줄로 가공해야 한다.

④ 정류자는 진원이어야 한다.

42 이모빌라이저 시스템에 대한 설명으로 틀린 것은?

① 차량의 도난을 방지할 목적으로 적용되는 시스템이다.

② 도난상황에서 시동이 걸리지 않도록 제어한다.

③ 도난상황에서 시동키가 회전되지 않도록 제어한다.

④ 엔진의 시동은 반드시 차량에 등록된 키로만 시동이 가능하다.

정답 37 ③ 38 ④ 39 ② 40 ④ 41 ③ 42 ③

이모빌라이저 시스템

이모빌라이저 시스템은 차량의 도난방지 시스템으로 이그니션 키의 기계적 일치 및 암호코드가 일치할 때 시동이 가능하게 하는 시스템으로 암호코드가 일치하지 않으면 이그니션 키의 회전은 가능하나 ECU는 점화장치, 연료장치 제어하여 시동이 걸리지 않도록 한다.

43 AC 발전기에서 전류가 발생하는 곳은?

① 전기자   ② 스테이터
③ 로터   ④ 브러시

교류(AC) 발전기에서 전류는 스테이터 코일에서 발생된다.

44 자동차용 배터리의 급속충전 시 주의사항으로 틀린 것은?

① 배터리를 자동차에 연결한 채 충전할 경우, 접지(−) 터미널을 떼어 놓을 것
② 충전전류는 용량 값의 약 2배 정도의 전류로 할 것
③ 될 수 있는 대로 짧은 시간에 실시할 것
④ 충전 중 전해액의 온도가 약 45℃ 이상 되지 않도록 할 것

급속 충전 시 주의사항
① 배터리를 자동차에서 떼어내지 않고 충전할 때에는 배터리 양극(+, −) 단자를 떼어 놓을 것
② 충전전류는 배터리 용량의 50% 정도의 전류로 짧은 시간에 충전할 것
③ 통풍이 잘되는 장소에서 충전하고 충전 중 축전지에 충격을 주지 말 것
④ 충전 중 전해액의 온도가 약 45℃ 이상 되지 않도록 할 것
⑤ 축전지와 충전기를 서로 역 접속하지 말 것

45 주파수를 설명한 것 중 틀린 것은?

① 1초에 60회 파형이 반복되는 것을 60Hz라고 한다.
② 교류의 파형이 반복되는 비율을 주파수라고 한다.
③ $\dfrac{1}{주기}$ 은 주파수와 같다.
④ 주파수는 직류의 파형이 반복되는 비율이다.

주파수(frequency)

주파수는 교류의 파형이 반복되는 비율을 말하며 1초에 60회 파형이 반복되는 것은 60Hz라 하고 1/주기는 주파수와 같다.

46 배터리 취급 시 틀린 것은?

① 전해액량은 극판 위 10~13㎜ 정도가 되도록 보충한다.
② 연속 대전류로 방전되는 것은 금지해야 한다.
③ 전해액을 만들어 사용 시는 고무 또는 납그릇을 사용하되, 황산에 증류수를 조금씩 첨가하면서 혼합한다.
④ 배터리 단자부 및 케이스 면은 소다수로 세척한다.

전해액을 만들 때는 절연 용기를 사용하여야 하며 증류수에 황산을 비중이 1.280이 될 때까지 조금씩 넣어 제조한다.

43 ② **44** ② **45** ④ **46** ③

47 4기통 디젤기관에 저항이 0.8Ω인 예열플러그를 각 기통에 병렬로 연결하였다. 이 기관에 설치된 예열플러그의 합성저항은 몇 Ω인가?

(단, 기관의 전원은 24V 임)

① 0.1   ② 0.2

③ 0.3   ④ 0.4

해설 병렬 합성저항의 계산

$$\frac{1}{R} = \frac{1}{R} + \frac{1}{R} + \frac{1}{R} \cdots\cdots + \frac{1}{R_n}$$

$$R = \frac{1}{0.8} + \frac{1}{0.8} + \frac{1}{0.8} + \frac{1}{0.8}$$

$$= \frac{0.8}{4} = 0.2\Omega$$

48 트랜지스터식 점화장치는 어떤 작동으로 점화코일의 1차 전압을 단속하는가?

① 증폭작용   ② 자기유도작용

③ 스위칭작용   ④ 상호유도작용

해설 트랜지스터의 주요작용으로는 스위칭작용, 증폭작용, 발진작용이 있다.

49 와이퍼 장치에서 간헐적으로 작동되지 않는 요인으로 거리가 먼 것은?

① 와이퍼 릴레이가 고장이다.

② 와이퍼 블레이드가 마모되었다.

③ 와이퍼 스위치가 불량이다.

④ 모터 관련 배선의 접지가 불량이다.

해설 와이퍼 장치가 간헐적으로 작동되지 않는 요인
① 작동 스위치의 고장
② 퓨즈 및 릴레이의 고장
③ 와이퍼 모터의 고장
④ 와이퍼 회로 배선의 불량 및 접지불량

50 괄호 안에 알맞은 소자는?

SRS(supplemental restrain system) 점검 시 반드시 배터리의 (−)터미널을 탈거 후 5분 정도 대기한 후 점검한다. 이는 ECU 내부에 있는 데이터를 유지하기 위한 내부()에 충전되어 있는 전하량을 방전시키기 위함이다.

① 서미스터   ② G센서

③ 사이리스터   ④ 콘덴서

해설 에어백시스템을 점검하거나 정비 시 반드시 배터리 (−)단자를 탈거하고 ECU 내부 콘덴서에 충전되어 있는 백업 전원을 방전시키고 작업해야 한다.

51 적외선 전구에 의한 화재 및 폭발할 위험성이 있는 경우와 거리가 먼 것은?

① 용제가 묻은 헝겊이나 마스킹 용지가 접촉한 경우

② 적외선 전구와 도장 면이 필요 이상으로 가까운 경우

③ 상당한 고온으로 열량이 커진 경우

④ 상온의 온도가 유지되는 장소에서 사용하는 경우

52 절삭기계 테이블의 T홈 위에 있는 칩 제거 시 가장 적합한 것은?

① 걸레   ② 맨손

③ 솔   ④ 장갑 낀 손

정답   47 ②   48 ③   49 ②   50 ④   51 ④   52 ③

53 재해발생 원인으로 가장 높은 비율을 차지하는 것은?

① 작업자의 불안전한 행동
② 불안전한 작업환경
③ 작업자의 성격적 결함
④ 사회적 환경

54 탁상 그라인더에서 공작물은 숫돌바퀴의 어느 곳을 이용하여 연삭하는 것이 안전한가?

① 숫돌바퀴 측면
② 숫돌바퀴의 원주면
③ 어느 면이나 연삭작업은 상관없다.
④ 경우에 따라 측면과 원주면을 사용한다.

해설 탁상 그라인더에서 공작물을 연삭할 때에는 반드시 숫돌바퀴 원주면을 이용하여 연삭한다.

55 정 작업 시 주의할 사항으로 틀린 것은?

① 금속 깎기를 할 때는 보안경을 착용한다.
② 정의 날을 몸 안쪽으로 하고 해머로 타격한다.
③ 정의 섕크나 해머에 오일이 묻지 않도록 한다.
④ 보관 시에는 날이 부딪쳐서 무디어지지 않도록 한다.

해설 정의 날을 몸 바깥쪽을 향하게 하고 해머로 타격하여 깎인 금속이 몸 바깥쪽으로 배출되게 한다.

56 자동차를 들어 올릴 때 주의사항으로 틀린 것은?

① 잭과 접촉하는 부위에 이물질이 있는지 확인한다.
② 센터 멤버의 손상을 방지하기 위하여 잭이 접촉하는 곳에 헝겊을 넣는다.
③ 차량 하부에는 개러지 잭으로 지지하지 않도록 한다.
④ 래터럴 로드나 현가장치는 잭으로 지지한다.

57 자동차 VIN(vehicle identification number)의 정보에 포함되지 않는 것은?

① 안전벨트 구분   ② 제동장치구분
③ 엔진의 종류   ④ 자동차종별

58 자동차 엔진오일 점검 및 교환방법으로 적합한 것은?

① 환경오염방지를 위해 오일은 최대한 교환 시기를 늦춘다.
② 가급적 고점도의 오일로 교환한다.
③ 오일을 완전히 배출하기 위하여 시동걸기 전에 교환한다.
④ 오일교환 후 기관을 시동하여 충분히 엔진 윤활부에 윤활한 후 시동을 끄고 오일량을 점검한다.

59 납산 배터리의 전해액이 흘렀을 때 중화용액으로 가장 알맞은 것은?

① 중탄산소다   ② 황산
③ 증류수   ④ 수돗물

정답   53 ①   54 ②   55 ②   56 ④   57 ③   58 ④   59 ①

60 전자제어 시스템 정비 시 자기진단기 사용에 대하여 ( )에 적합한 것은?

> 고장코드(a)는 배터리 전원에 의해 백업되어 점화 스위치를 OFF 시키더라도 (b)에 기억된다. 그러나(c)를 분리시키면 고장진단 결과는 지워진다.

① a: 정보, b: 정션박스, c: 고장진단결과

② a: 고장진단 결과, b: 배터리(−)단자,
  c: 고장부위.

③ a: 정보, b: ECU, c: 배터리(−)단자

④ a: 고장진단 결과, b: 고장부위,
  c: 배터리(−)단자

해설 배터리 (−)단자를 분리시키면 ECU 내의 백업 전원이 방전되어 고장코드가 지워진다.

---

01 냉각수 온도센서 고장 시 엔진에 미치는 영향으로 틀린 것은?

　① 공회전상태가 불안정하게 된다.

　② 워밍업 시기에 검은 연기가 배출될 수 있다.

　③ 배기가스 중에 CO 및 HC가 증가된다.

　④ 냉간 시동성이 양호하다.

해설 냉각수온센서 고장 시 기관에 미치는 영향
　① 겨울철 시동성능이 불량해질 수 있다.
　② 공전상태가 불안정하게 된다.
　③ 연료 보정이 불량해진다.
　④ 연료 과다 보정으로 검은 배출가스가 배출될 수 있다.
　⑤ 배기가스 중에 CO, HC가 증가된다.

02 디젤 연소실의 구비조건 중 틀린 것은?

　① 연소시간이 짧을 것

　② 열효율이 높을 것

　③ 평균유효 압력이 낮을 것

　④ 디젤 노크가 적을 것

해설 디젤기관 연소실의 구비조건
　① 열효율이 높고 연료소비율이 적을 것
　② 연소실 냉각 손실이 적고 분사된 연료가 짧은 시간에 연소할 것
　③ 평균유효압력이 높고 기관 시동이 쉬울 것

03 베어링에 작용하중이 80 kgf 힘을 받으면서 베어링 면의 미끄럼 속도가 30 m/s일 때 손실마력은?

　(단, 마찰계수는 0.2이다)

　① 4.5PS　　　　② 6.4PS

　③ 7.3PS　　　　④ 8.2PS

해설 $FHP = \dfrac{w \times \mu \times s}{75}$

FHP : 마찰손실마력(PS)
　w : 베어링에 작용하는 하중(kgf)
　μ : 마찰계수
　s : 미끄럼속도(m/s)

$FHP = \dfrac{80 \times 0.2 \times 30}{75}$
$\quad\quad = 6.4PS$

04 자동차의 앞면에 안개등을 설치할 경우에 해당되는 기준으로 틀린 것은?

　① 비추는 방향은 앞면 진행방향을 향하도록 할 것

　② 후미등이 점등된 상태에서 전조등과 연동하여 점등 또는 소등할 수 있는 구조일 것

　③ 등광색은 백색 또는 황색으로 할 것

　④ 등화의 중심점은 차량중심선을 기준으로 좌우가 대칭이 되도록 할 것

해설 후미등이 점등된 상태에서 전조등과 연동하여 점등 또는 소등할 수 없는 구조여야 한다.

정답　**1** ④　**2** ③　**3** ② **4** ②

5 디젤기관에서 기계식 독립형 연료 분사펌프의 분사시기 조정방법으로 맞는 것은?

① 거버너의 스프링을 조정
② 랙과 피니언으로 조정
③ 피니언과 슬리브로 조정
④ 펌프와 타이밍 기어의 커플링으로 조정

해설 기계식 독립형 연료 분사펌프의 분사시기 조정은 펌프와 타이밍 기어의 커플링으로 조정한다.

6 4기통인 4행정 사이클 기관에서 회전수가 1800 rpm, 행정이 75 ㎜인 피스톤의 평균속도는?

① 2.55 m/s
② 2.45 m/s
③ 2.35 m/s
④ 4.5 m/s

해설
$$S = \frac{2 \cdot N \cdot L}{60}$$

S : 피스톤평균속도(m/s)
N : 기관의 회전수(rpm)
L : 피스톤행정$(㎜)$

$$S = \frac{2 \times 1800 \times 75}{60 \times 1000}$$
$$= 4.5 m/s$$

7 가솔린 노킹(knocking)의 방지책에 대한 설명 중 잘못된 것은?

① 압축비를 낮게 한다.
② 냉각수의 온도를 낮게 한다.
③ 화염전파 거리를 짧게 한다.
④ 착화지연을 짧게 한다.

해설 가솔린 기관의 노킹방지 방법
① 옥탄가가 높은 가솔린을 사용한다.
② 냉각수 및 흡입공기온도를 낮춘다.

③ 화염전파거리를 짧게 한다.
④ 연소실의 카본을 제거한다.
⑤ 혼합기에 와류를 발생시킨다.
⑥ 점화시기를 지각시킨다.

8 연료의 온도가 상승하여 외부에서 불꽃을 가까이 하지 않아도 자연히 발화되는 최저 온도는?

① 인화점
② 착화점
③ 발열점
④ 확산점

해설 착화점이란 점화원 없이 스스로 불이 붙는(자기착화) 최저온도를 말한다.

9 점화순서가 1-3-4-2인 4행정 기관의 3번 실린더가 압축행정을 할 때 1번 실린더는?

① 흡입행정
② 압축행정
③ 폭발행정
④ 배기행정

해설 3번 실린더가 압축행정일 때 1번 실린더는 폭발행정을 한다.

10 기관의 윤활유 유압이 높을 때의 원인과 관계없는 것은?

① 베어링과 축의 간격이 클 때
② 유압조정 밸브스프링의 장력이 강할 때
③ 오일 파이프의 일부가 막혔을 때
④ 윤활유의 점도가 높을 때

해설 윤활유의 유압이 높아지는 원인
① 유압조정 밸브의 스프링 장력이 강할 때
② 유압회로 일부가 막혔을 때
③ 윤활유의 점도가 높을 때

정답   5 ④   6 ④   7 ④   8 ②   9 ③   10 ①

11 연소실 체적이 40 cc이고, 총 배기량이 1280 cc인 4기통 기관의 압축비는?

① 6 : 1   ② 9 : 1

③ 18 : 1   ④ 33 : 1

해설 $\epsilon = \dfrac{V_c + V_s}{V_c}$

ϵ : 압축비
V_c : 연소실 체적
V_s : 행정 체적

① $1280/4 = 320cc$
② $\epsilon = \dfrac{40 + 320}{40}$
     $= 9$

12 전자제어 기관의 흡입 공기량 측정에서 출력이 전기펄스(Pulse, digital) 신호인 것은?

① 벤(vane)식

② 칼만(karman)와류식

③ 핫 와이어(hot wire)식

④ 맵 센서(MAP sensor)식

해설 칼만와류식 에어플로우 센서의 출력파형은 펄스 디지털 파형이다.

13 실린더 지름이 80 mm이고 행정이 70 mm인 엔진의 연소실 체적이 50cc인 경우의 압축비는?

① 8   ② 8.5

③ 7   ④ 7.5

해설 $\epsilon = \dfrac{V_c + V_s}{V_c}$

ϵ : 압축비
V_c : 연소실 체적
V_s : 행정 체적

① 행정체적
     $\dfrac{3.14 \times 8^2 \times 7}{4} = 351.68cc$
② $\epsilon = \dfrac{50 + 351}{50}$
     $= 8$

14 내연기관과 비교하여 전기모터의 장점 중 틀린 것은?

① 마찰이 적기 때문에 손실되는 마찰열이 적게 발생한다.

② 후진기어가 없어도 후진이 가능하다.

③ 평균 효율이 낮다.

④ 소음과 진동이 적다.

해설 전기모터는 회전 중 마찰이 적기 때문에 손실되는 마찰열이 적게 발생하며, 전기 극성을 바꾸면 회전방향이 바뀌므로 후진기어가 없어도 되고 소음과 진동이 적다.

15 디젤기관의 연료분사 장치에서 연료의 분사량을 조절하는 것은?

① 연료여과기

② 연료분사노즐

③ 연료분사펌프

④ 연료공급펌프

해설 기계식 연료 분사펌프 내 조속기에 의해 연료 분사량이 조절된다.

16 부동액 성분의 하나로 비등점이 197.2℃, 응고점 −50℃인 불연성 포화액인 물질은?

① 에틸렌글리콜

② 메탄올

③ 글리세린

④ 변송 알코올

> **해설** 에틸렌글리콜의 특징
> ① 비등점이 197.2℃, 응고점이 −50℃이다.
> ② 휘발하지 않으며 불연성이다.
> ③ 도료(페인트)를 침식하지 않으며 누출되면 교질 상태의 침전물이 생긴다.
> ④ 금속 부식성이 있고 팽창계수가 크다.

17 블로다운(blow down) 현상에 대한 설명으로 옳은 것은?

① 밸브와 밸브시트 사이에서의 가스 누출 현상

② 압축행정 시 피스톤과 실린더 사이에서 공기가 누출되는 현상

③ 피스톤이 상사점 근방에서 흡·배기밸브가 동시에 열려 배기 잔류가스를 배출시키는 현상

④ 배기행정 초기에 배기밸브가 열려 배기가스 자체 압력에 의하여 배기가스가 배출되는 현상

> **해설** 블로다운 현상이란 배기행정 초기에 (피스톤이 하사점에 도달하기 전) 배기밸브가 미리 열려 배기가스 자체 압력에 의해 가스가 배출되는 현상을 말한다.

18 LPG 차량에서 연료를 충전하기 위한 고압용기는?

① 봄베

② 베이퍼라이저

③ 슬로우 컷 솔레노이드

④ 연료 유니온

19 가솔린을 완전 연소시키면 발생되는 화합물은?

① 이산화탄소와 아황산

② 이산화탄소와 물

③ 일산화탄소와 이산화탄소

④ 일산화탄소와 물

> **해설** 가솔린을 완전 연소시키면 이산화탄소(CO_2)와 물(H_2O)이 발생된다.

20 흡기 시스템의 동적 효과 특성을 설명한 것 중 ( ) 안에 알맞은 단어는?

> 흡입행정의 마지막에 흡입밸브를 닫으면 새로운 공기의 흐름이 갑자기 차단되어 (㉠)가 발생한다. 이 압력파는 음으로 흡기다기관의 입구를 향해서 진행하고, 입구에서 반사되므로 (㉡)가 되어 흡입밸브 쪽으로 음속으로 되돌아온다.

① ㉠ 간섭파, ㉡ 유도파

② ㉠ 서지파, ㉡ 정압파

③ ㉠ 정압파, ㉡ 부압파

④ ㉠ 부압파, ㉡ 서지파

> **해설** 흡기행정 말에 밸브가 급격히 닫히면 들어오던 공기 흐름이 차단되어 정압파가 발생되고, 이 압력파는 음으로 흡기다기관의 입구를 향해서 진행하다 입구에서 반사되므로 부압파가 되어 흡기밸브 쪽으로 음속으로 되돌아온다.

21 가솔린 기관에서 발생되는 질소산화물에 대한 특징을 설명한 것 중 틀린 것은?

① 혼합비가 농후하면 발생농도가 낮다.

② 점화시기가 빠르면 발생농도가 낮다.

③ 혼합비가 일정할 때 흡기다기관의 부압은 강한 편이 발생농도가 낮다.

④ 기관의 압축비가 낮은 편이 발생농도가 낮다.

해설 질소산화물(NOx)은 고온연소 및 희박 연소 시 다량으로 발생하며 점화 시기가 빠를 때 발생농도가 높다.

22 피스톤 간극이 크면 나타나는 현상이 아닌 것은?

① 블로바이가 발생한다.

② 압축압력이 상승한다.

③ 피스톤 슬랩이 발생한다.

④ 기관의 기동이 어려워진다.

해설 피스톤 간극이 클 때 기관에 미치는 영향
① 피스톤 슬랩 현상 및 블로바이가스가 발생된다.
② 압축압력 및 폭발압력이 누설된다.
③ 기관 시동 성능의 저하 및 기관 출력 저하가 발생한다.
④ 연소실에 기관 윤활유가 올라올 수 있다.
⑤ 연료와 오일이 희석된다.

23 가솔린 기관의 연료펌프에서 연료라인 내의 압력이 과도하게 상승하는 것을 방지하기 위한 장치는?

① 체크밸브(check valve)

② 릴리프밸브(Relief valve)

③ 니들밸브(Needle valve)

④ 사일런서(Silencer)

해설 릴리브 밸브(relief valve)
회로 내의 압력을 제한하기 위한 밸브로 특정 압력이상에서 열려 압력이 과도하게 상승하는 것을 제한하여 회로와 펌프의 과부하를 방지한다.

24 조향 핸들이 320° 회전할 때 피트먼 암이 32° 회전하였다면 조향기어비는?

① 5:1   ② 10:1

③ 15:1   ④ 20:1

해설 $조향기어비 = \dfrac{조향핸들\ 회전각도}{피트먼암\ 회전각도}$

$= \dfrac{320}{32}$

$= 10$

25 브레이크를 작동시키다 페달을 놓았을 때 브레이크가 풀리지 않는 원인과 관계없는 것은?

① 마스터 실린더의 리턴 스프링 불량

② 마스터 실린더의 리턴 구멍의 막힘

③ 드럼과 라이닝의 소결

④ 브레이크의 파열

해설 브레이크가 풀리지 않는 원인
① 마스터실린더 리턴 스프링 불량
② 마스터실린더 리턴 구멍의 막힘
③ 브레이크 페달 리턴 스프링의 불량
④ 브레이크 드럼과 라이닝의 소결
⑤ 브레이크 페달 자유 간극의 과소

정답 **21** ② **22** ② **23** ② **24** ② **25** ④

26 추진축의 자재이음은 어떤 변화를 가능하게 하는가?

① 축의 길이　　② 회전 속도

③ 회전축의 각도　④ 회전 토크

추진축의 자재이음은 추진축의 각도 변화에 대응하기 위해 설치한다.

27 휠 얼라인먼트를 사용하여 점검할 수 있는 것으로 가장 거리가 먼 것은?

① 토(toe)　　② 캠버

③ 킹핀 경사각　④ 휠 밸런스

휠 얼라인먼트 점검요소로는 캠버, 캐스터, 토, 킹핀 경사각, 셋백 등이 있다.

28 하이드로플래닝 현상을 방지하는 방법이 아닌 것은?

① 트레드의 마모가 적은 타이어를 사용한다.

② 타이어의 공기압을 높인다.

③ 트레드 패턴은 카프형으로 세이빙 가공한 것을 사용한다.

④ 러그 패턴의 타이어를 사용한다.

하이드로플래닝이란 수막현상으로 배수되지 못한 노면의 빗물에 의해 타이어가 지면과 떨어져 수막 위로 떠오르는 현상으로 방지법은 다음과 같다.
① 트레드의 마모가 적은 타이어를 사용한다.
② 타이어의 공기압을 높인다.
③ 트레드 패턴은 카프형으로 셰이빙 가공한 것을 사용한다.
④ 주행속도를 낮춘다.

29 클러치 작동기구 중에서 세척유로 세척하여서는 안 되는 것은?

① 릴리스 포크　② 클러치 커버

③ 릴리스 베어링　④ 클러치 스프링

릴리스 베어링은 영구 주입식 베어링(생산과정에서 한번 주입)으로 세척류로 세척해서는 안 된다.

30 조향유압 계통에 고장이 발생되었을 때 수동조작을 이행하는 것은?

① 밸브스플　　② 볼 조인트

③ 유압펌프　　④ 오리피스

31 자동차에서 브레이크 작동 시 조향 핸들이 한쪽으로 쏠리는 원인이 아닌 것은?

① 얼라인먼트의 조정이 불량하다.

② 좌·우 타이어의 공기압이 같지 않다.

③ 브레이크 라이닝의 간극이 불량하다.

④ 마스터 실린더의 체크밸브의 작동이 불량하다.

제동 시 조향 핸들이 한쪽으로 쏠리는 원인
① 얼라인먼트의 조정이 불량하다.
② 좌·우 타이어의 공기압력이 같지 않다.
③ 좌·우 브레이크 라이닝의 간극이 불량하다.
④ 한쪽 휠 실린더의 작동이 불량하다.

32 클러치의 구비조건이 아닌 것은?

① 동력전달이 확실하고 신속할 것

② 방열이 잘 되어 과열되지 않을 것

③ 회전부의 평형이 좋을 것

④ 회전관성이 클 것

---

26 ③　27 ④　28 ④　29 ③　30 ④　31 ①　32 ④

클러치의 구비조건
① 동력전달이 확실하고 신속할 것
② 방열이 잘 되어 과열되지 않을 것
③ 회전부의 평형이 좋을 것
④ 동력전달을 시작할 때 미끄러져 서서히 전달되고 접속된 후에는 미끄러지지 않을 것
⑤ 구조가 간단하고 고장이 적을 것

33 종감속 기어장치에 사용되는 하이포이드 기어의 장점이 아닌 것은?

① 운전이 정숙하다.
② 제작이 쉽다.
③ 기어 물림률이 크다.
④ FR 방식에서는 추진축의 높이를 낮게 할 수 있다.

하이포이드 기어의 장점
① 추진축의 높이를 낮게 할 수 있어 안전성이 증대된다.
② 구동 피니언을 크게 할 수 있어 기어의 이물림률이 크고 운전이 정숙하다.
③ 차실 바닥이 낮아져 실내 거주성이 향상된다.

34 계기판의 엔진 회전계가 작동하지 않는 결함의 원인에 해당되는 것은?

① VSS(Vehicle Speed Sensor) 결함
② CPS(Crankshaft Position Sensor) 결함
③ MAP(Manifold Absolute Sensor) 결함
④ CTS(Coolant Temperature Sensor) 결함

35 축거 3 m, 바깥쪽 앞바퀴의 최대회전각 30° 안쪽 앞바퀴의 최대 회전각은 45° 일 때의 최소회전반경은?

(단, 바퀴의 접지면과 킹핀 중심선과의 거리는 무시)

① 15m ② 12m
③ 10m ④ 6m

$$R = \frac{L}{\sin\alpha} + r$$

여기서, R: 최소회전반경(m)
L: 축거(m)
$\sin\alpha$: 외측바퀴의 조향각도
r: 바퀴의 접지면과 킹핀 중심선과의 거리(m)

$$R = \frac{3m}{\sin 30°}$$
$$= 6m$$

36 다음에서 스프링의 진동 중 스프링 위 질량의 진동과 관계없는 것은?

① 바운싱(bouncing)
② 피칭(pitching)
③ 휠 트램프(wheel tramp)
④ 롤링(rolling)

스프링 위 질량 운동

① 롤링 : X축을 중심으로 한 좌우 진동
② 피칭 : Y축을 중심으로 한 앞뒤 진동
③ 바운싱 : Z축을 중심으로 한 상하 진동
④ 요잉 : Z축을 중심으로 한 회전운동

37 변속장치에서 동기물림 기구에 대한 설명으로 옳은 것은?

① 변속하려는 기어와 메인 스플라인과의 회전수를 같게 한다.
② 주축기어의 회전속도를 부축기어의 회전속도보다 빠르게 한다.
③ 주축기어와 부축기어의 회전수를 같게 한다.
④ 변속하려는 기어와 슬리브와의 회전수에는 관계없다.

해설 동기물림방식 수동변속기에서 싱크로메시 기구는 변속하려는 기어와 메인 스플라인과의 회전수를 일치시켜 기어의 이 물림을 쉽게 한다.

38 자동차로 서울에서 대전까지 187.2 km를 주행하였다. 출발시간은 오후 1시 20분, 도착시간은 오후 3시 8분이었다면 평균 주행속도는?

① 약 126.5km/h
② 약 104km/h
③ 약 156km/h
④ 약 60.78km/h

해설 평균속도 $= \dfrac{\text{이동거리}}{\text{걸린시간}}$

평균속도 $= \dfrac{187.2km}{\left(\dfrac{108}{60}\right)}$

$= 104km/h$

39 유압 브레이크는 무슨 원리를 응용한 것인가?

① 아르키메데스의 원리
② 베르누이의 원리
③ 아이슈타인의 원리
④ 파스칼의 원리

해설 유압식 브레이크는 파스칼의 원리를 응용한 것으로 파스칼의 원리란 "밀폐된 용기 속의 비압축성 유체의 어느 한 부분에 가해진 압력의 변화가 유체의 다른 부분에도 그대로 전달된다."는 원리이다.

40 그림과 같은 브레이크 페달에 100 N의 힘을 가하였을 때 피스톤의 면적이 5 ㎠라고 하면 작동유압은?

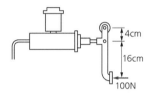

① 100kpa
② 500kpa
③ 1000kpa
④ 5000kpa

해설 ① 지렛대의 비율은 $(16+4) : 4$ 즉 $5 : 1$이며 푸시로드에 작용하는 힘은 지렛대의 비율×작용력이므로 $5 \times 100 = 500N$이 된다.
② 유압의 작용력 $P = \dfrac{F}{A}$ 이므로,

$P = \dfrac{500}{5} = 1000kpa$이 된다.

P : 작동유압
F : 실린더에 작용한 힘
A : 피스톤 단면적

41 다음은 배터리 격리판에 대한 설명이다. 틀린 것은?

① 격리판은 전도성이어야 한다.
② 전해액에 부식되지 않아야 한다.
③ 전해액의 확산이 잘되어야 한다.
④ 극판에서 이물질을 내뿜지 않아야 한다.

해설 축전지 격리판의 구비조건
① 비전도성이고 기계적 강도가 커야 한다.
② 다공성으로 전해액의 확산이 잘 될 것
③ 전해액에 부식되지 않아야 하며 극판에 좋지 않은 물질을 내뿜지 않아야 한다.

42 자동차용 납산 배터리를 급속 충전할 때 주의사항으로 틀린 것은?

① 충전시간을 가능한 길게 한다.
② 통풍이 잘되는 곳에서 충전한다.
③ 충전 중 배터리에 충격을 가하지 않는다.
④ 전해액의 온도가 약 45℃가 넘지 않도록 한다.

해설 급속충전은 시간이 없을 때 빠르게 충전하기 위해 실시하며 축전지 용량의 50% 전류로 충전하는 충전 방법이다.
주의 : 자동차에서 축전지를 떼어내지 않고 충전할 때에는 반드시 양쪽(+, −) 축전지 단자를 축전지에서 분리하고 충전한다.

43 스파크플러그 표시기호의 한 예이다. 열가를 나타내는 것은?

BP6ES

① P
② 6
③ E
④ S

해설 점화플러그의 표시기호
B : 나사 부분의 지름
P : 구조특징(절연체 돌출형)
6 : 열가
E : 나사길이
S : 구조특징(표준형)

44 축전지의 충·방전 작용에 해당되는 것은?

① 발열작용
② 화학작용
③ 자기작용
④ 발광작용

해설 축전지의 충·방전작용은 전해액(묽은황산:$2H_2SO_4$)의 화학작용에 의해 기전력이 발생한다.

45 연료탱크의 연료량을 표시하는 연료계의 형식 중 계기식의 형식에 속하지 않는 것은?

① 밸런싱 코일식
② 연료면 표시기
③ 서미스터식
④ 바이메탈 저항식

해설 교류(AC)발전기 출력조정은 로터 코일의 전류량으로 조정한다.

46 AC 발전기의 출력변화 조정은 무엇에 의해 이루어지는가?

① 엔진의 회전수
② 배터리의 전압
③ 로터의 전류
④ 다이오드 전류

47 그림에서 $I_1 = 5A$, $I_2 = 2A$, $I_3 = 3A$, $I_4 = 4A$라고 하면 I_5에 흐르는 전류(A)는?

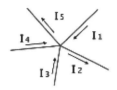

① 8 ② 4
③ 2 ④ 10

해설 | 키르히호프의 제1법칙
"회로 내의 어떤 한 점에 유입한 전류의 총합과 유출된 전류의 총합은 같다."
유입된 전류($I_1+I_3+I_4$)는 5A+3A+4A 총 12A이고 유출된 전류(I_2)는 2A이므로 I_5에 흐르는 전류는 10A가 된다.

48 플레밍의 왼손법칙을 이용한 것은?

① 충전기
② DC 발전기
③ AC 발전기
④ 전동기

해설 | 플레밍의 왼손법칙을 응용한 것은 전동기(모터)이고 오른손 법칙을 응용한 것은 발전기이다.

49 기동전동기를 기관에서 떼어내고 분해하여 결함 부분을 점검하는 그림이다. 옳은 것은?

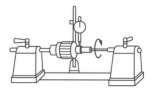

① 전기자 축의 휨 상태 점검
② 전기자 축의 마멸 점검
③ 전기자 코일 단락 점검
④ 전기자 코일 단선 점검

50 발전기 자체의 고장이 아닌 것은?

① 발전기 정류자의 고장
② 브러시 소손에 의한 고장
③ 슬립 링의 오손에 의한 고장
④ 릴레이 오손과 소손에 의한 고장

해설 | 교류발전기의 주요 구성부품
① 로터: 자석이 되는 부분
② 스테이터: 기전력이 발생하는 부분
③ 슬립링: 로터 코일에 자화전류를 공급하기 위해 브러시가 접촉하는 부분
④ 브러시: 슬립링과 접촉하여 로터코일에 전류를 공급한다.
④ 전압조정기:발전기의 발생 전압을 일정하게 조정한다.

51 드릴링 머신 작업을 할 때 주의사항으로 틀린 것은?

① 드릴은 주축에 튼튼하게 장치하여 사용한다.

② 공작물을 제거할 때는 회전을 완전히 멈추고 한다.

③ 가공 중에 드릴이 관통했는지를 손으로 확인한 후 기계를 멈춘다.

④ 드릴의 날이 무디어 이상한 소리가 날 때는 회전을 멈추고 드릴을 교환하거나 연마한다.

52 산업체에서 안전을 지킴으로서 얻을 수 있는 이점으로 틀린 것은?

① 직장의 신뢰도를 높여준다.

② 상하 동료 간에 인간관계가 개선된다.

③ 기업의 투자 경비가 늘어난다.

④ 회사 내 규율과 안전수칙이 준수되어 질서유지가 실현된다.

53 색에 맞는 안전표시가 잘못 짝지어진 것은?

① 녹색 – 안전, 피난, 보호표시

② 노란색 – 주의, 경고표시

③ 청색 – 지시, 수리 중, 유도표시

④ 자주색 – 안전지도 표시

54 작업안전상 드라이버 사용 시 유의사항이 아닌 것은?

① 날 끝이 홈의 폭과 길이가 같은 것을 사용한다.

② 날 끝이 수형이어야 한다.

③ 작은 부품은 한 손으로 잡고 사용한다.

④ 전기 작업 시 금속부분이 자루 밖으로 나와 있지 않아야 한다.

55 지렛대를 사용할 때 유의사항으로 틀린 것은?

① 깨진 부분이나 마디 부분에 결함이 없어야 한다.

② 손잡이가 미끄러지지 않도록 조치를 취한다.

③ 화물의 치수나 중량에 적합한 것을 사용한다.

④ 파이프를 철제 대신 사용한다.

56 수동변속기 작업과 관련된 사항 중 틀린 것은?

① 분해와 조립순서에 준하여 작업한다.

② 세척이 필요한 부품은 반드시 세척한다.

③ 록크 너트는 재사용 가능하다.

④ 싱크로나이저 허브와 슬리브는 일체로 교환한다.

57 물건을 운반 작업할 때 안전하지 못한 경우는?

① LPG 봄베, 드럼통을 굴려서 운반한다.

② 공동 운반에서는 서로 협조하여 운반한다.

③ 긴 물건을 운반할 때는 앞쪽을 위로 올린다.

④ 무리한 자세나 몸가짐으로 물건을 운반하지 않는다.

58 연료압력 측정과 진공점검 작업 시 안전에 관한 유의사항이 잘못 설명된 것은?

① 기관 운전이나 크랭킹 시 회전 부위에 옷이나 손 등이 접촉하지 않도록 주의한다.

② 배터리 전해액이 옷이나 피부에 닿지 않도록 한다.

③ 작업 중 연료가 누설되지 않도록 하고, 화기가 주위에 있는지 확인한다.

④ 소화기를 준비한다.

59 전동기나 조정기를 청소한 후 점검하여야 할 사항으로 옳지 않은 것은?

① 연결의 견고성 여부

② 과열 여부

③ 아크 발생 여부

④ 단자부 주유 상태 여부

60 자동차 기관이 과열된 상태에서 냉각수를 보충할 때 적합한 것은?

① 시동을 끄고 즉시 보충한다.

② 시동을 끄고 냉각시킨 후 보충한다.

③ 기관을 가·감속하면서 보충한다.

④ 주행하면서 조금씩 보충한다.

정답 57 ① 58 ③ 59 ④ 60 ②

11회 실전모의고사

01 가솔린 기관에서 배기가스에 산소량이 많이 존재하고 있다면 연소실내의 혼합기는 어떤 상태인가?

① 농후하다.
② 희박하다.
③ 농후하기도 하고 희박하기도 하다.
④ 이론공연비 상태이다.

해설 배기가스 속에 산소량이 많은 것은 연료를 태우고도 남은 것이므로 연소실 내의 혼합기는 희박한 상태일 것이다.

02 그랭크축 메인 베어링의 오일간극을 점검 및 측정할 때 필요한 장비가 아닌 것은?

① 마이크로미터
② 시크니스게이지
③ 시임스톡방식
④ 플라스틱게이지

해설 크랭크축 오일 간극 측정방법에는 텔레스코핑 게이지와 외경 마이크로미터를 사용하는 방법, 플라스틱 게이지를 사용하는 방법이 있으며 플라스틱 게이지를 사용하는 방법이 가장 적합하다.

03 연료는 온도가 높아지면 외부로부터 불꽃을 가까이 하지 않아도 발화하여 연소된다. 이때의 최저온도를 무엇이라 하는가?

① 인화점
② 착화점

③ 연소점
④ 응고점

해설 착화점이란 점화원 없이 스스로 불이 붙는(자기착화) 최저온도를 말한다.

04 연료파이프나 연료펌프에서 가솔린이 증발해서 일으키는 현상은?

① 엔진 록
② 연료 록
③ 베이퍼록
④ 앤티 록

해설 베이퍼록(vaporlock) 현상
회로 속의 유체가 비등·기화하여 발생된 기포가 유체의 흐름을 방해하는 현상이다.

05 연료누설 및 파손을 방지하기 위해 전자제어 기관의 연료시스템에 설치된 것으로 감압작용을 하는 것은?

① 체크밸브
② 제트밸브
③ 릴리프밸브
④ 포핏밸브

해설 릴리브 밸브(relief valve)
회로 내의 압력을 제한하기 위한 밸브로 특정 압력이상에서 열려 압력이 과도하게 상승하는 것을 제한하여 회로와 펌프의 과부하를 방지한다.

06 디젤기관에서 열효율이 가장 우수한 형식은?

① 예연소실식
② 와류실식

정답 1 ② 2 ② 3 ② 4 ② 5 ③ 6 ④

③ 공기실식 　　　④ 직접분사식

해설 직접 분사실식의 특징
① 열효율이 높고 연료소비율이 적다.
② 연소실 체적에 대한 표면적비가 적어 냉각손실이 적다.
③ 실린더헤드의 구조가 간단하고 예열플러그가 필요 없다.
④ 기관 시동이 쉽다.
⑤ 분사압력이 높아 연료장치의 수명이 짧다.
⑥ 사용 연료 및 회전속도, 부하 등의 변화에 민감하다.
⑦ 디젤노크를 일으키기 쉽다.

7 다음 중 내연기관에 대한 내용으로 맞는 것은?

① 실린더의 이론적 발생마력을 제동마력 이라 한다.
② 6실린더 엔진에 크랭크축의 위상각은 90도이다.
③ 베어링 스프레드는 피스톤 핀 저널에 베어링을 조립 시 밀착되게 끼울 수 있게 한다.
④ 모든 DOHC 엔진의 밸브 수는 16개이다.

8 LPG 기관에서 액체상태의 연료를 기체상태의 연료로 전환시키는 장치는?

① 베이퍼라이저
② 솔레노이드밸브 유닛
③ 봄베
④ 믹서

해설 베이퍼라이저(Vaporize r : 기화기)
봄베에서 공급된 액체 LPG를 대기 압력으로 감압·기화 시키는 기능을 한다.

9 가솔린 기관에서 체적효율을 향상시키기 위한 방법으로 틀린 것은?

① 흡기온도의 상승을 억제한다.
② 흡기저항을 감소시킨다.
③ 배기저항을 감소시킨다.
④ 밸브 수를 줄인다.

해설 체적효율을 높이기 위한 방법
① 흡입통로의 곡률 반지름을 크게 한다.
② 밸브 헤드 지름을 크게 한다.
③ 밸브 수를 늘린다.
④ 흡입공기의 온도를 낮춘다.
⑤ 과급기를 장착한다.

10 맵 센서 점검조건에 해당되지 않는 것은?

① 냉각 수온 약 80~95℃ 유지
② 각종 램프, 전기 냉각팬, 부장품 모두 ON 상태유지
③ 트랜스 액슬 중립(A/T 경우 N 또는 P 위치)유지
④ 스티어링 휠 중립상태 유지

해설 맵 센서의 점검조건
① 기관을 정상작동온도가 되도록 워밍업시킨다.
② 변속레버를 중립(A/T : P 또는 N) 위치에 둔다.
③ 각종 전기장치는 Off시킨다.
④ 조향 핸들은 중립위치로 둔다.

11 커넥팅로드 대단부의 배빗메탈의 주재료는?

① 주석(Sn)　　　② 안티몬(Sb)
③ 구리(Cu)　　　④ 납(Pb)

해설 베빗메탈(화이트메탈)의 성분은 주석(Sn) + 안티몬(Sb) + 구리(Cu) + 납(Pb)의 합금이다.

정답 **7** ④ **8** ① **9** ④ **10** ② **11** ①

12 전자제어 연료분사식 기관의 연료펌프에서 릴리프 밸브의 작용압력은 약 몇 kgf/㎠인가?

① 0.3~0.5　　② 1.0~2.0

③ 3.5~5.0　　④ 10.0~11.5

해설 전자제어 기관의 연료펌프 릴리프 밸브의 작용압력은 약 3.5~5.0 kgf/㎠ 정도이다.

13 화물자동차 및 특수자동차의 차량 총 중량은 몇 톤을 초과해서는 안 되는가?

① 20톤　　② 30톤

③ 40톤　　④ 50톤

해설 화물자동차 및 특수자동차의 차량 총 중량은 40톤을 초과해서는 안 된다.

14 연소실 체적이 30 cc이고, 행정체적이 180 cc이다. 압축비는?

① 6 : 1　　② 7 : 1

③ 8 : 1　　④ 9 : 1

해설 $\epsilon = \dfrac{V_c + V_s}{V_c}$

ϵ : 압축비

V_c : 연소실 체적

V_s : 행정 체적

$\epsilon = \dfrac{30 + 180}{30}$

　 $= 7$

15 평균유효압력이 7.5 kgf/㎠, 행정체적 200 cc, 회전수 2400 rpm일 때 4행정 4기통 기관의 지시마력은?

① 14PS　　② 16PS

③ 18PS　　④ 20PS

해설 $IHP = \dfrac{Pmi \times A \times L \times N \times Z}{75 \times 60 \times 2}$

IHP : 지시마력

Pmi : 지시평균유효압력$(kgf/㎠)$

A : 실린더단면적$(㎠)$

L : 피스톤행정$(㎜)$

N : 기관의 회전수(rpm)

Z : 실린더 수

$IHP = \dfrac{7.5 \times 200 \times 2400 \times 4}{75 \times 60 \times 2 \times 100}$

　　 $= 16\,PS$

16 삼원촉매장치 설치 차량의 주의사항 중 잘못된 것은?

① 주행 중 점화스위치를 꺼서는 안 된다.

② 잔디, 낙엽 등 가연성 물질 위에 주차시키지 않아야 한다.

③ 엔진의 파워 밸런스 측정 시 측정시간을 최대로 단축해야 한다.

④ 반드시 유연 가솔린을 사용한다.

해설 촉매장치 장착 차량의 주의사항
① 주행 중 점화 스위치 Off 금지
② 무연휘발유 사용
③ 엔진 파워 밸런스 시험 시 최대로 단시간 내에 빠르게 실시할 것
④ 잔디·낙엽 등 가연성 물질 위에 주차 시키지 말 것
⑤ 차량을 밀거나 끌어서 시동하지 말 것

17 일반적인 오일의 양부 판단방법이다. 틀린 것은?

① 오일의 색깔이 우유색에 가까운 것은 물이 혼입되어 있는 것이다.

② 오일의 색깔이 회색에 가까운 것은 가

솔린이 혼입되어 있는 것이다.

③ 종이에 오일을 떨어뜨려 금속 분말이나 카본의 유무를 조사하고 많이 혼입한 것은 교환한다.

④ 오일의 색깔이 검은색에 가까운 것은 너무 오랫동안 사용했기 때문이다.

해설] 사용 중인 엔진오일에 냉각수가 섞였을 때 오일의 색깔이 회색에 가깝게 변색된다.

18 평균유효압력이 4 kgf/㎠, 행정 체적이 300 cc인 2행정 사이클 단기통 기관에서 1회의 폭발로 몇 kgf·m의 일을 하는가?

① 6   ② 8
③ 10   ④ 12

해설] $W = Pm \times V_s$

W : 일량

Pm : 평균유효압력

V_s : 행정체적

$4\,kgf/㎠ \times 300cc = 1200\,kgf/㎠$
$= 12\,kgf·m$

19 다음에서 설명하는 디젤기관의 연소과정은?

> 분사노즐에서 연료가 분사되어 연소를 일으킬 때까지의 기간이며 이 기간이 길어지면 노크가 발생한다.

① 착화지연기간   ② 화염전파기간
③ 직접연소기간   ④ 후기연소기간

해설] 디젤기관의 착화지연기간
분사된 연료의 입자가 공기의 압축열에 의해 증발하여 연소를 일으킬 때까지의 기간으로 착화지연 기간이 길어지면 디젤노크가 발생한다.

20 피스톤의 평균속도를 올리지 않고 회전수를 높일 수 있으며 단위체적당 출력을 크게 할 수 있는 기관은?

① 장 행정 기관   ② 정방형 기관
③ 단 행정 기관   ④ 고속형 기관

해설] 단행정 기관의 특징
① 피스톤 평균속도를 높이지 않고 회전수를 높일 수 있다.
② 단위 실린더 체적 당 출력이 크다.
③ 밸브지름을 크게 할 수 있어 흡입 효율을 높일 수 있다.
④ 기관의 높이가 낮아진다.
⑤ 피스톤이 과열하기 쉽고 기관 베어링을 크게 해야 한다.
⑥ 회전속도가 증가하면 관성력의 불평형으로 회전 부분의 진동이 커진다.
⑦ 기관의 길이나 너비가 커진다.

21 기관이 과열되는 원인으로 가장 거리가 먼 것은?

① 서모스탯이 열린 상태로 고착
② 냉각수 부족
③ 냉각팬 작동 불량
④ 라디에이터의 막힘

해설] 기관의 과열원인
① 냉각수 부족
② 수온조절기가 닫혀서 고장 났거나 열리는 온도가 너무 높을 때
③ 라디에이터 코어가 과도하게 막혔을 때
④ 팬벨트의 장력이 약해졌거나 이완되었을 때
⑤ 물 펌프의 고장
⑥ 냉각수 통로에 물때가 많이 퇴적되거나 막혔을 때

22 부특성 서미스터를 이용하는 센서는?

① 노크센서

② 냉각수온도센서

③ MAP센서

④ 산소센서

해설 부특성 서미스터는 온도와 저항값이 반비례 관계인 반도체 소자로 주로 온도 계측용 센서에 사용되며 센서 종류로는 냉각수온도센서, 흡기온도센서, 유온센서 등이 있다.

23 가솔린 기관의 밸브 간극이 규정 값보다 클 때 어떤 현상이 일어나는가?

① 정상 작동온도에서 밸브가 완전하게 개방되지 않는다.

② 소음이 감소하고 밸브기구에 충격을 준다.

③ 흡입밸브 간극이 크면 흡입량이 많아진다.

④ 기관의 체적효율이 증대된다.

해설 밸브 간극이 크면 정상작동 온도에서 밸브가 완전하게 개방되지 않는다.

24 브레이크슈의 리턴스프링에 관한 설명으로 거리가 먼 것은?

① 리턴스프링이 약하면 휠 실린더 내의 잔압이 높아진다.

② 리턴스프링이 약하면 드럼을 과열시키는 원인이 될 수도 있다.

③ 리턴스프링이 강하면 드럼과 라이닝의 접촉이 신속히 해제된다.

④ 리턴스프링이 약하면 브레이크슈의 마

멸이 촉진될 수 있다.

해설 브레이크 슈 리턴스프링 장력이 약해지면 확장된 슈가 제자리로 돌아오지 못해 브레이크 끌림 현상이 발생하고 휠 실린더 내 잔압이 낮아진다.

25 수동변속기에 있는 아이들 기어(idle gear)의 역할은?

① 방향전환 ② 회전력 증대

③ 간극조절 ④ 감속조절

해설 후진 아이들 기어(idle gear)는 공전하며 후진기어의 방향을 역회전시킨다.

26 유압 브레이크 장치에서 잔압을 형성하고 유지시켜 주는 것은?

① 마스터 실린더 피스톤 1차 컵과 2차 컵

② 마스터 실린더의 체크밸브와 리턴 스프링

③ 마스터 실린더 오일탱크

④ 마스터 실린더 피스톤

해설 마스터 실린더의 체크밸브와 리턴스프링에 의해 잔압을 형성하고 유지시킨다.

정답 **22** ② **23** ① **24** ① **25** ① **26** ②

27 지면과 직접 접촉은 하지 않고 주행 중 가장 많은 완충작용을 하고 타이어 규격 및 각종 정보가 표시된 부분은?

① 카커스(carcass) 부
② 트레드(tresd) 부
③ 사이드월(side wall) 부
④ 비드(bead) 부

해설 타이어 각 부분의 역할
① 카커스(carcass)
타이어의 뼈대가 되는 부분으로 내부 공기압력을 견디어 일정한 체적을 유지한다.
② 트레드(tread)
노면과 직접 접촉하는 부분으로 사이드슬립이나 전진방향의 미끄럼을 방지하고 구동력이나 선회성능을 향상시킨다.
③ 사이드월(side wall)
완충작용을 하며 타이어의 특성 등을 표기한다.
④ 비드(bead)
타이어가 휠 림에 접촉하는 부분이다.

28 차륜 정렬에서 캠버를 두는 이유로 가장 옳은 것은?

① 조향 바퀴의 방향성을 주기 위하여
② 조향 핸들의 조작을 가볍게 하기 위해
③ 직진 방향으로 가려는 힘의 향상을 위해
④ 타이어의 슬립과 마멸을 방지하기 위해

해설 캠버의 역할
① 수직 방향 하중에 의한 앞차축의 휨을 방지한다.
② 조향 핸들의 조작을 가볍게 한다.
③ 하중을 받았을 때 부(−)의 캠버(바퀴의 위쪽이 안쪽으로 기울어지는 것)가 되는 것을 방지한다.

29 타이어 트레드 패턴의 종류가 아닌 것은?

① 러그패턴   ② 블록패턴
③ 리브러그패턴   ④ 카커스패턴

해설 타이어 트레드 패턴
① 리브형: 일반적인 형식으로 조종성이 우수하고 소음이 적다.
② 러그형: 마찰력이 크고 소음이 발생한다.
③ 리브러그형: 스노우타이어나 포장·비포장 도로 겸용으로 사용한다.
④ 블록형: 옆 방향 미끄러짐을 방지하고 포장도로 주행 시 소음 진동이 완화된다.
⑤ 오프로드형: 험로 주행 시 적합하다.

30 기동전동기에서 오버러닝 클러치를 사용하지 않는 방식은?

① 벤딕스식
② 전기자 섭동식
③ 피니언 섭동식
④ 링기어 섭동식

해설 벤딕스 방식은 전동기의 고속회전으로 발생한 피니언의 관성을 이용하여 전동기의 회전력을 링기어에 전달하고 시동이 걸리면 링기어의 회전에 의해 피니언이 제자리로 돌아오는 형식으로 오버러닝 클러치가 불필요하다.

정답 **27** ③ **28** ② **29** ④ **30** ①

31 조향장치가 갖추어야 할 조건으로 틀린 것은?

① 조향조작이 주행 중의 충격을 적게 받을 것
② 안전을 위해 고속주행 시 조향력을 작게 할 것
③ 회전반경이 작을 것
④ 조작 시에 방향전환이 원활하게 이루어질 것

해설 조향장치의 구비조건
① 조작이 쉽고 방향전환이 원활할 것
② 좁은 곳에서도 방향전환이 가능하도록 최소회전반경이 작을 것
③ 방향전환 시 섀시 및 보디에 무리한 힘이 가해지지 않을 것
④ 조향 휠의 회전과 구동바퀴의 선회차가 적을 것
⑤ 고속주행 중에도 조향 핸들이 안정될 것
⑥ 선회 시 저항이 작고 선회 후 복원성이 좋을 것

32 유압식 브레이크 마스터 실린더에 작용하는 힘이 120 kgf이고, 피스톤 면적이 3 ㎠일 때 마스터 실린더 내에 발생되는 유압은?

① 50 kgf/㎠   ② 40 kgf/㎠
③ 30 kgf/㎠   ④ 25 kgf/㎠

해설 $P = \dfrac{F}{A}$

P: 발생유압$(kgf/㎠)$
A: 피스톤 단면적$(㎠)$
F: 마스터실린더에 작용하는 힘(kgf)

$P = \dfrac{120\,kgf}{3\,㎠}$
   $= 40\,kgf/㎠$

33 수동변속기 차량에서 클러치가 미끄러지는 원인은?

① 클러치 페달 자유 간극 과다.
② 클러치 스프링 장력 약화
③ 릴리스 베어링 파손
④ 유압라인 공기 혼입

해설 클러치가 미끄러지는 원인
① 페달 유격이 너무 적다.
② 클러치 디스크의 과대 마모
③ 압력판 스프링의 장력 약화
④ 클러치 디스크의 오일 부착

34 동력조향장치 정비 시 안전 및 유의사항으로 틀린 것은?

① 자동차 하부에서 작업할 때에는 시야 확보를 위해 보안경을 벗는다.
② 공간이 좁으므로 다치지 않게 주의한다.
③ 제작사의 정비지침서를 참고하여 점검·정비한다.
④ 각종 볼트 너트는 규정 토크로 조인다.

35 자동차의 경음기에서 음질 불량의 원인으로 가장 거리가 먼 것은?

① 다이어프램의 균열이 발생하였다.
② 전류 및 스위치 접촉이 불량하다.
③ 가동판 및 코어의 헐거운 현상이 있다.
④ 경음기 스위치 쪽 배선이 접지 되었다.

해설 경음기 스위치 쪽 배선이 접지되면 경음기의 작동이 멈추지 않는다.

36 다음 부품 중 분해 시 솔벤트로 닦으면 안 되는 것은?

① 릴리스 베어링

② 십자축 베어링

③ 허브 베어링

④ 차동장치 베어링

해설 릴리스 베어링은 영구주입식 베어링으로 작업 시 솔벤트나 세척유 등으로 세척 하여서는 안 된다.

37 주행 중 자동차의 조향 휠이 한쪽으로 쏠리는 원인과 거리가 먼 것은?

① 타이어의 공기압력 불균일

② 바퀴 얼라인먼트의 조정 불량

③ 쇽업소버 파손

④ 조향 휠 유격조정 불량

해설 주행 중 조향 핸들이 한쪽으로 쏠리는 원인
① 좌·우 타이어의 공기압 불균일
② 좌·우 타이어의 이종사향
③ 한쪽 현가장치의 고장
④ 휠 얼라인먼트의 불량
⑤ 한쪽 브레이크의 편 제동
⑥ 브레이크 라이닝 간극조정 불량

38 액슬축의 지지방식이 아닌 것은?

① 반부동식 　　② 3/4부동식

③ 고정식 　　　④ 전부동식

해설 후륜구동 방식의 액슬축(차축)의 지지방식
① 3/4 부동식 : 차축이 동력을 전달함과 동시에 차량 무게의 1/3을 지지한다.
② 반부동식 : 차축이 동력을 전달함과 동시에 차량 무게의 1/2을 지지한다.
③ 전부동식 : 차량무게 모두를 차축 하우징이 지지하고 차축은 동력만 전달함으로 바퀴를 떼어내지 않고

차축을 빼낼 수 있다.

39 수동변속기 차량의 클러치판은 어떤 축의 스플라인에 조립되어 있는가?

① 추진축 　　　② 크랭크축

③ 액슬축 　　　④ 변속기 입력축

해설 클러치 디스크 허브에 변속기 입력 축 스플라인이 끼워져 클러치 디스크가 플라이휠과 마찰하며 회전할 때 변속기 입력축으로 동력이 전달된다.

40 현가장치에서 스프링이 압축되었다가 원위치로 되돌아올 때 작은 구멍(오리피스)을 통과하는 오일의 저항으로 진동을 감소시키는 것은?

① 스태빌라이저

② 공기스프링

③ 토션 바 스프링

④ 쇽업소버

해설 쇽업소버는 실린더 내 작동 오일이 오리피스 관을 통과할 때 발생하는 흐름 저항에 의해 코일 스프링의 진동을 감소시킨다.

41 자동차용 교류발전기에 대한 특성 중 거리가 먼 것은?

① 브러시 수명이 일반적으로 직류발전기보다 길다.

② 중량에 따른 출력이 직류발전기보다 1.5배 정도 높다.

③ 슬립링 손질이 불필요하다.

④ 자여자 방식이다.

정답　36 ①　37 ④　38 ③　39 ④　40 ④　41 ④

교류(AC)발전기는 축전지 전류에 의해 로터가 자화되는 타여자 방식이다.

42 순방향으로 전류를 흐르게 하였을 때 빛이 발생되는 다이오드는?

① 제너다이오드 ② 포토다이오드
③ 사이리스터 ④ 발광다이오드

해설 발광 다이오드(LED)는 순방향(A:에노드에서 K:캐소드방향)으로 전류를 흐르게 하면 빛을 발산하는 다이오드이다.

43 일반적으로 에어백(air bag)에 가장 많이 사용되는 가스는?

① 수소 ② 이산화탄소
③ 질소 ④ 산소

해설 에어백 팽창에 사용하는 가스는 질소(N_2)가스이다.

44 150Ah의 축전지 2개를 병렬로 연결한 상태에서 15A의 전류로 방전시킨 경우 몇 시간 사용할 수 있는가?

① 5 ② 10
③ 15 ④ 20

해설 $AH = A \times H$

AH : 축전지용량
A : 방전전류
H : 방전시간

$H = \dfrac{300}{15}$
  $= 20$

45 축전지의 충·방전화학식이다. ( ) 속에 해당되는 것은?

$$PbO_2 + (\quad) + Pb \rightleftarrows PbSO_4 + 2H_2O + PbSO_4$$

① H_2O ② $2H_2O$
③ $2PbSO_4$ ④ $2H_2SO_4$

해설 납산 축전지 전해액은 묽은황산($2H_2SO_4$)을 사용한다.

46 점화코일의 2차 쪽에서 발생되는 불꽃전압의 크기에 영향을 미치는 요소 중 거리가 먼 것은?

① 점화플러그 전극의 형상
② 점화플러그 전극의 간극
③ 기관 윤활유 압력
④ 혼합기 압력

47 전류에 대한 설명으로 틀린 것은?

① 자유전자의 흐름이다.
② 단위는 A를 사용한다.
③ 직류와 교류가 있다.
④ 저항에 항상 비례한다.

해설 전류란 자유전자의 이동을 말하며 단위는 A(암페어)를 사용한다. 회로 내 저항에 반비례하고 전압에 비례하며 직류(DC)전기와 교류(AC)전기가 있다.

정답 42 ④ 43 ③ 44 ④ 45 ④ 46 ③ 47 ④

48 충전장치에서 교류발전기의 출력을 조정할 때 변화시키는 것은?

① 로터 코일의 전류
② 회전속도
③ 브러시의 위치
④ 스테이터 전류

해설 교류발전기의 출력은 자속을 형성하는 로터 코일의 전류를 변화시켜 조정한다.

49 기동전동기 무부하 시험을 하려고 한다. A와 B에 필요한 것은?

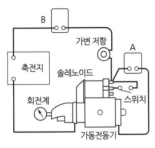

① A는 전류계, B는 전압계
② A는 전압계, B는 전류계
③ A는 전류계, B는 전압계
④ A는 저항계, B는 전압계

해설 기동전동기 시험 항목
① 무부하시험: 축전지, 전류계, 전압계, 가변저항, 회전계 등을 이용하여 전류와 회전수를 측정한다.
② 회전력시험: 기동전동기의 정지회전력을 측정한다.
③ 저항시험: 정지회전력의 부하상태에서 측정하며 가변저항을 조정하여 규정의 전압으로 하고 전류의 크기를 판정한다.

50 퓨즈에 관한 설명으로 맞는 것은?

① 퓨즈는 정격전류가 흐르면 회로를 차단하는 역할을 한다.
② 퓨즈는 과대전류가 흐르면 회로를 차단하는 역할을 한다.
③ 퓨즈는 용량이 클수록 전류가 정격전류가 낮아진다.
④ 용량이 적은 퓨즈는 용량을 조정하여 사용한다.

해설 퓨즈는 회로에 과대 전류가 흐르면 끊어져 회로에 흐르는 전류를 차단하여 부품을 보호하는 역할을 하며 부품의 전기회로에 직렬로 설치한다.

51 헤드볼트를 체결할 때 토크렌치를 사용하는 이유로 가장 옳은 것은?

① 신속하게 체결하기 위해
② 작업상 편리하기 위해
③ 강하게 체결하기 위해
④ 규정 토크로 체결하기 위해

해설 토크렌치는 여러 개의 볼트나 너트를 같은 힘(토크)으로 체결하기 위한 공구이다.

52 작업장 내에서 안전을 위한 통행방법으로 옳지 않은 것은?

① 자재 위에 앉지 않도록 한다.
② 좌·우측의 통행규칙을 지킨다.
③ 짐을 든 사람과 마주치면 길을 비켜준다.
④ 바쁜 경우 기계 사이의 지름길을 이용한다.

정답 48 ① 49 ② 50 ② 51 ④ 52 ④

53 카바이트 취급 시 주의할 점으로 틀린 것은?

① 밀봉해서 보관한다.
② 건조한 곳보다 약간 습기가 있는 곳에 보관한다.
③ 인화성이 없는 곳에 보관한다.
④ 저장소에 전등을 설치할 경우 방폭 구조로 한다.

해설 카바이트는 수분과 접촉하면 아세틸렌가스를 발생하므로 건조한 장소에 보관한다.

54 작업자가 기계작업 시의 일반적인 안전사항으로 틀린 것은?

① 급유 시 기계는 운전을 정지시키고 지정된 오일을 사용한다.
② 운전 중 기계로부터 이탈할 때는 운전을 정지시킨다.
③ 고장수리, 청소 및 조정 시 동력을 끊고 다른 사람이 작동시키지 않도록 표시해 둔다.
④ 정전이 발생 시 기계 스위치를 켜둬서 정전이 끝남과 동시에 작업 가능하도록 한다.

55 재해조사 목적을 가장 바르게 설명한 것은?

① 적절한 예방대책을 수립하기 위하여
② 재해를 당한 당사자의 책임을 추궁하기 위하여
③ 재해발생 상태와 그 동기에 대한 통계를 작성하기 위하여
④ 작업능률 향상과 근로기강 확립을 위하여

56 전자제어 시스템을 정비할 때 점검방법 중 올바른 것을 모두 고른 것은?

> a. 배터리 전압이 낮으면 자기진단이 불가할 수 있으므로 점검하기 전에 배터리 전압을 확인한다.
> b. 배터리 또는 ECU 커넥터를 분리하면 고장 항목이 지워질 수 있으므로 고장진단 결과를 완전히 읽기 전에는 배터리를 분리시키지 않는다.
> c. 전장품을 교환할 때에는 배터리 (−) 케이블을 분리 후 작업한다.

① a, b   ② a, c
③ b, c   ④ a, b, c

57 에어백 장치를 점검, 정비할 때 안전하지 못한 행동은?

① 에어백 모듈은 사고 후에도 재사용이 가능하다.
② 조향 휠을 장착할 때 클럭 스프링의 중립 위치를 확인한다.
③ 에어백 장치는 축전지 전원을 차단하고 일정시간 지난 후 정비한다.
④ 인플레이터의 저항은 아날로그 테스터로 측정한다.

58 점화플러그 청소기를 사용할 때 보안경을 쓰는 이유로 가장 적당한 것은?

① 발생하는 스파크의 색상을 확인하기 위해
② 이물질이 눈에 들어갈 수 있기 때문에
③ 빛이 너무 자주 깜박거리기 때문에
④ 고전압에 의한 감전을 방지하기 위해

정답   **53** ②   **54** ④   **55** ①   **56** ④   **57** ①   **58** ②

59 정밀한 부속품을 세척하기 위한 방법으로 가장 안전한 것은?

① 와이어 브러시를 사용한다.

② 걸레를 사용한다.

③ 솔을 사용한다.

④ 에어건을 사용한다.

60 전자제어 가솔린 기관의 실린더헤드 볼트를 규정토크로 조이지 않았을 때 발생하는 현상으로 거리가 먼 것은?

① 냉각수의 누출

② 스로틀밸브의 고착

③ 실린더헤드의 변형

④ 압축가스의 누설

해설 헤드볼트의 조임 토크가 불량할 때 기관에 미치는 영향
① 압축압력 및 폭발압력이 누설된다.
② 냉각수와 윤활유가 섞인다.
③ 실린더 내로 냉각수가 유입될 수 있다.
④ 실린더헤드가 변형될 수 있다.
⑤ 냉각수와 윤활유가 외부로 누출된다.

12회 실전모의고사

01 디젤기관의 연소실 형식으로 틀린 것은?

① 직접분사실식 ② 예연소실식

③ 와류실식 ④ 연료실식

> **해설** 디젤기관 연소실의 종류
> 1) 단실식: 직접연소실식
> 2) 복실식: 예연소실식, 와류실식, 공기실식

02 GR(Exhaust Gas Recirculation) 밸브에 대한 설명 중 틀린 것은?

① 배기가스 재순환 장치이다.

② 연소실 온도를 낮추기 위한 장치이다.

③ 증발가스를 포집하였다가 연소시키는 장치이다.

④ 질소산화물(NOx) 배출을 감소하기 위한 장치이다.

> **해설** EGR(Exhaust Gas Recirculation) 밸브
> EGR 밸브는 질소산화물(NO_X)를 저감시키기 위한 장치로 배기가스를 기관의 출력 저하가 최소화되는 범위에서 연소실로 되돌려 연소온도를 낮춤으로써 질소산화물(NO_X)의 생성을 저감시킨다.

03 가솔린 기관의 흡기다기관과 스로틀 보디 사이에 설치되어 있는 서지탱크의 역할 중 틀린 것은?

① 실린더 상호 간에 흡입공기 간섭 방지

② 흡입공기 충진 효율을 증대

③ 연소실에 균일한 공기공급

④ 배기가스 흐름 제어

> **해설** 서지탱크의 기능
> 실린더 상호 간 흡입공기의 간섭 방지 및 연소실에 균일한 공기를 공급하고 흡입공기 충진 효율을 증대시킨다.

04 전자제어 연료분사 가솔린 기관에서 연료 펌프의 체크밸브는 어느 때 닫히게 되는가?

① 기관회전 시

② 기관정지 후

③ 연료압송 시

④ 연료분사 시

> **해설** 체크밸브(check valve)
> 체크밸브는 원 웨이(one way) 밸브로 연료펌프가 정지 시 닫혀 연료 회로 내의 잔압을 유지하여 베이퍼록 발생 및 시동지연을 방지한다.

05 기관에 사용하는 윤활유의 기능이 아닌 것은?

① 마멸작용 ② 기밀작용

③ 냉각작용 ④ 방청작용

> **해설** 윤활유의 주요작용은 감마작용, 밀봉작용, 냉각작용, 방청작용, 응력분산작용, 세척작용 등이다.

정답 1 ④ 2 ③ 3 ④ 4 ② 5 ①

06 가솔린 기관 압축압력의 단위로 쓰이는 것은?

① rpm   ② ㎜

③ PS   ④ kgf/㎠

해설 압축 압력계의 단위는 kgf/㎠ 와 PSI 단위를 사용한다.

07 압력식 라디에이터 캡을 사용하므로 얻어지는 장점과 거리가 먼 것은?

① 비등점을 올려 냉각효율을 높일 수 있다.
② 라디에이터를 소형화할 수 있다.
③ 라디에이터 무게를 크게 할 수 있다.
④ 냉각장치 내의 압력을 높일 수 있다.

해설 압력식 라디에이터 캡은 냉각수의 비등점을 높여 냉각효율을 높일 수 있다.

08 실린더 안지름이 100㎜, 피스톤 행정 130㎜, 압축비가 21일 때 연소실 용적은 약 얼마인가?

① 25 cc   ② 32 cc

③ 51 cc   ④ 58 cc

해설
$$V_c = \frac{V_s}{\epsilon - 1}$$

V_c : 연소실체적
V_s : 행정체적
ϵ : 압축비

$$V_c = \frac{(\frac{3.14 \times 10^2}{4}) \times 13}{21 - 1}$$
$$= 51.02$$

09 가솔린의 주요 화합물로 맞는 것은?

① 탄소와 수소   ② 수소와 질소

③ 탄소와 산소   ④ 수소와 산소

해설 가솔린의 주요 화합물은 탄소(CO)와 수소(HC)이다.

10 점화지연의 3가지에 해당되지 않는 것은?

① 기계적 지연   ② 점성적 지연

③ 전기적 지연   ④ 화염전파 지연

해설 점화지연에는 기계적 지연, 전기적 지연, 화염전파 지연이 있다.

11 평균유효압력이 10 kgf/㎠, 배기량이 7500 cc, 회전속도 2400 rpm, 단 기통인 2행정 사이클의 지시마력은?

① 200PS   ② 300PS

③ 400PS   ④ 500PS

해설
$$IHP = \frac{Pmi \times A \times L \times N \times Z}{75 \times 60}$$

IHP : 지시마력
Pmi : 지시평균유효압력$(kgf/㎠)$
A : 실린더단면적$(㎠)$
L : 피스톤행정$(㎜)$
N : 기관의 회전수(rpm)
Z : 실린더수

$$IHP = \frac{10 \times 7500 \times 2400}{75 \times 60 \times 100}$$
$$= 400PS$$

12 피스톤 링의 주요 기능이 아닌 것은?

① 기밀작용   ② 감마작용

③ 열전도작용   ④ 오일제어작용

해설 피스톤 링의 3대 작용
기밀유지(밀봉)작용, 열전도(냉각)작용, 오일제어 작용

정답 6 ④ 7 ③ 8 ③ 9 ① 10 ② 11 ③ 12 ②

13 어떤 물체가 초속도 10 m/s로 마루 면을 미끄러진다면 몇 m를 진행하고 멈추는가?
(단, 물체와 마루면 사이의 마찰계수는 0.5이다.)

① 0.51   ② 5.1
③ 10.2   ④ 20.4

해설 $S = \dfrac{V^2}{2 \cdot \mu \cdot g}$

S : 정지거리(m)
V : 초속도(m/s)
μ : 마찰계수
g : 중력가속도$(9.8 m/s^2)$

$S = \dfrac{10^2}{2 \times 0.5 \times 9.8}$
$\quad = 10.2$

14 전자제어 가솔린 분사장치에서 기관의 각종 센서 중 입력신호가 아닌 것은?

① 스로틀포지션 센서
② 냉각수온 센서
③ 크랭크 각 센서
④ 인젝터

해설 엔진 전자제어 다이어그램

입력(정보)	컨트롤	출력(제어)
AFS(공기유량센서)		인젝터분사량제어
WTS(냉각수온센서)		
ATS(흡기온도센서)		점화시기제어
CKPS(크랭크각센서)	E C U	
CMPS(캠축각센서)		공전속도제어
TPS(스로틀위치센서)		EGR제어
노크센서		
O₂센서		PCSV제어

15 LPG 기관의 연료장치에서 냉각수의 온도가 낮을 때 시동성을 좋게 하기 위해 작동되는 밸브는?

① 기상밸브   ② 액상밸브
③ 안전밸브   ④ 과류방지밸브

해설 LPG 기관 ECU는 냉각수 온도 15℃ 이하에서는 기상밸브를 열어 봄베 내 기화된 가스를 공급하여 시동성을 좋게 한다.

16 3원 촉매장치의 촉매컨버터에서 정화 처리하는 배기가스로 거리가 먼 것은?

① CO   ② NO$_X$
③ SO$_2$ ④ HC

해설 3원촉매 장치는 배기가스 속의 일산화탄소(CO), 탄화수소(HC), 질소산화물(NO$_X$)을 산화/환원시켜 정화시킨다.

17 행정의 길이가 250 mm인 가솔린 기관에서 피스톤의 평균속도가 5 m/s라면 크랭크축의 1분간 회전수(rpm)은 약 얼마인가?

① 500   ② 600
③ 700   ④ 800

해설 $S = \dfrac{2 \cdot N \cdot L}{60}$

S : 피스톤평균속도(m/s)
N : 기관의 회전수(rpm)
L : 피스톤행정(mm)

$N = \dfrac{60 \times 5 \times 1000}{2 \times 250}$
$\quad = 600 rpm$

18 디젤기관의 연료분사에 필요한 조건으로 틀린 것은?

① 무화   ② 분포

③ 조정   ④ 관통력

해설 디젤 연료분사의 3요소
① 무화도: 분사된 연료의 형상이 안개 모양으로 미립화가 좋아야 한다.
② 관통도: 압축압력을 뚫고 분사되어야 한다.
③ 분포도: 분사된 연료는 연소실 구석구석으로 분포되어야 한다.

19 가솔린 전자제어 기관에서 축전지 전압이 낮아졌을 때 연료분사량을 보정하기 위한 방법은?

① 분사시간을 증가시킨다.

② 기관의 회전속도를 낮춘다.

③ 공연비를 낮춘다.

④ 점화시기를 지각시킨다.

해설 축전지 전압이 낮아지면 인젝터 코일이 자화되어 플런저를 완전히 개방하는 시간이 늦어져 무효분사 시간이 길어지며 ECU는 분사시간을 늘려 연료량을 보정한다.

20 자동차 주행빔 전조등의 발광면은 상측, 하측, 내측, 외측의 몇 도 이내에서 관측 가능해야 하는가?

① 5   ② 10

③ 15   ④ 20

해설 자동차 주행 빔 전조등의 발광면은 상·하, 내·외측의 5도 이내에서 관측이 가능해야 한다.

21 배기밸브가 하사점 전 55°에서 열려 상사점 후 15°에서 닫힐 때 총 열림각은?

① 240°   ② 250°

③ 255°   ④ 260°

해설 밸브의 열림 각도는 계산은 밸브가 열린 시점의 각도 + 행정에 의한 열림 각도 + 밸브가 닫힌 시점의 각도의 합으로 계산한다. $50° + 180° + 15° = 250°$

22 기관의 습식 라이너(wet type)에 대한 설명 중 틀린 것은?

① 습식 라이너를 끼울 때는 라이너 바깥 둘레에 비눗물을 바른다.

② 실링이 파손되면 크랭크 케이스로 냉각수가 들어간다.

③ 냉각수와 직접 접촉하지 않는다.

④ 냉각 효과가 크다.

해설 습식 라이너는 냉각수와 직접 접촉하는 방식으로 냉각 효과가 크며 습식 라이너를 끼울 때 실링의 파손을 방지하고 원활하게 끼울 수 있도록 라이너 바깥둘레에 비눗물을 바르고 끼운다.

23 공기량 계측방식 중에서 발열체와 공기사이의 열전달 현상을 이용한 방식은?

① 열선식 질량유량 계량방식

② 베인식 체적유량 계량방식

③ 칼만와류 방식

④ 맵 센서방식

해설 공기유량센서(AFS) 종류와 계측방식

정답 **18** ③   **19** ①   **20** ①   **21** ②   **22** ③   **23** ①

AFS	매스플로 방식	칼만와류식 (체적질량유량 계측)
		베인식 (체적유량 계측)
		핫와이어(필름)식 (질량유량 계측)
	스피드덴시티 방식	맵센서 (흡기다기관의 절대압력변화)

24 조향 핸들의 유격이 크게 되는 원인으로 틀린 것은?

① 볼이음의 마멸

② 타이로드의 휨

③ 조향 너클의 헐거움

④ 앞바퀴 베어링의 마멸

해설 조향 핸들 유격이 커지는 원인
① 볼 이음의 마멸
② 조향기어의 마모 또는 백래시 과다
③ 조향 너클의 헐거움
④ 앞바퀴 베어링의 마멸

25 타이어 종류 중 튜브리스 타이어의 장점 이 아닌 것은?

① 못 등이 박혀도 공기누출이 적다.

② 림이 변형되어도 공기누출의 가능성이 적다.

③ 고속주행 시에도 발열이 적다.

④ 펑크 수리가 간단하다.

해설 튜브리스 타이어란 튜브가 없는 타이어로 장점은 ①, ③, ④이며 림이 변형되면 타이어 비드 부분과의 밀착이 불량해져 공기가 누출되기 쉬운 단점이 있다.

26 일반적인 브레이크 오일의 주성분은?

① 윤활유와 경유

② 알코올과 피마자기름

③ 알코올과 윤활유

④ 경유와 피마자기름

해설 브레이크 오일의 주성분은 알코올과 피마자기름이다.

27 유압식 제동장치에서 브레이크 라인 내에 잔압을 두는 목적으로 틀린 것은?

① 베이퍼록을 방지한다.

② 브레이크 작동을 신속하게 한다.

③ 페이드 현상을 방지한다.

④ 유압회로에 공기가 침입하는 것은 방지 한다.

해설 브레이크장치에서 잔압을 두는 목적
① 베이퍼록을 방지한다.
② 브레이크 작동을 신속하게 한다.
③ 휠 실린더에서 오일이 누출되는 것을 방지한다.
④ 유압회로에 공기가 침입하는 것은 방지한다.

28 후축에 9890 kgf의 하중이 작용될 때 후 축에 4개의 타이어를 장착하였다면 타이 어 한 개당 받는 하중은?

① 약 2473 kgf   ② 약 2770 kgf

③ 약 3473 kgf   ④ 약 3770 kgf

해설 바퀴 1개가 받는 하중을 윤중이라 하며 총 하중 9890/4 = 2473 kgf 즉 바퀴 한 개당 약 2473 kgf의 무게를 지지하고 있다.

정답 **24** ② **25** ② **26** ② **27** ③ **28** ①

29 자동차의 동력전달장치에서 슬립 조인트 (slip joint)가 있는 이유는?

① 회전력을 직각으로 전달하기 위해서

② 출발을 쉽게 하기 위해서

③ 추진축의 길이 변화를 주기 위해서

④ 추진축의 각도 변화를 주기 위해서

해설 슬립조인트는 추진축의 길이 변화에 대응하기 위해 설치한다.

30 수동변속기에서 기어 변속 시 기어의 이중물림을 방지하기 위한 장치는?

① 파킹 볼 장치

② 인터록 장치

③ 오버드라이브 장치

④ 록킹 볼 장치

해설 수동변속기의 인터록 장치는 기어의 2중 물림을 방지한다.

31 현가장치에서 스프링 강으로 만든 가늘고 긴 막대 모양으로 비틀림 탄성을 이용하여 완충작용을 하는 부품은?

① 공기 스프링

② 토션바 스프링

③ 판 스프링

④ 코일 스프링

해설 토션바 스프링은 스프링강으로 만든 막대로 자체의 비틀림을 스프링강의 탄성에 의해 완충작용을 한다.

32 기관의 회전수가 3500 rpm, 제2속의 감속비 1.5, 최종감속비 4.8, 바퀴의 반경이 0.3 m일 때 차속은?

(단, 바퀴의 지면과 미끄럼은 무시한다.)

① 약 35km/h   ② 약 45km/h

③ 약 55km/h   ④ 약 65km/h

해설
$$V = \frac{\pi \times D \times N}{R_t \times R_f} \times \frac{60}{1000}$$

V : 자동차의 속도(km/h)
D : 바퀴의 지름(m)
N : 기관의 회전수(rpm)
R_t : 변속비
R_f : 종감속비

$$V = \frac{3.14 \times (0.3 \times 2) \times 3500}{1.5 \times 4.8} \times \frac{60}{1000}$$
$$= 54.95 \, km/h$$

33 유압식 브레이크는 어떤 원리를 이용한 것인가?

① 뉴톤의 원리

② 파스칼의 원리

③ 베르누이의 원리

④ 애커먼 장토의 원리

해설 유압 브레이크는 파스칼의 원리를 응용한 것으로 관계식은 $P = \dfrac{F}{A}$ P: 발생 압력, A: 피스톤 단면적, F:마스터 실린더에 작용하는 힘으로 정의된다.

정답 **29** ③ **30** ② **31** ② **32** ③ **33** ②

34 주행 시 혹은 제동 시 핸들이 한쪽 방향으로 쏠리는 원인으로 거리가 가장 먼 것은?

① 좌·우 타이어의 공기압력이 같지 않다.

② 앞바퀴의 정렬이 불량하다.

③ 조향 핸들 축의 축 방향 유격이 크다.

④ 한쪽 브레이크 라이닝 간격 조정이 불량하다.

해설 주행 중 조향 핸들이 한쪽으로 쏠리는 원인
① 좌·우 타이어의 공기압 불균일
② 한쪽 현가장치의 고장
③ 휠 얼라인먼트의 불량
④ 한쪽 브레이크의 편 제동
⑤ 브레이크 라이닝 간극 조정 불량

35 독립현가장치의 종류가 아닌 것은?

① 위시본 형식

② 스트럿 형식

③ 트레일링 암 형식

④ 옆방향 판스프링 형식

36 차동장치에서 차동 피니언과 사이드 기어의 백래시 조정은?

① 축받이 차축의 왼쪽 조정 심을 가감하여 조정한다.

② 축받이 차축의 오른쪽 조정 심을 가감하여 조정한다.

③ 차동장치의 링 기어 조정 장치를 조정한다.

④ 스러스트(thrust) 와셔의 두께를 가감하여 조정한다.

해설 백래시(back lash)
백래시란 구동기와 피동기어 사이의 이물림 간극을 말하며 차동 피니언기어와 사이드 기어의 백래시 조정은 스러스트(thrust) 와셔의 두께를 가감하여 조정한다.

37 빈칸에 알맞은 것은?

애커먼 장토의 원리는 조향각도를 (㉠)로 하고, 선회하는 안쪽 바퀴의 조향각도가 바깥쪽 바퀴의 조향각도보다 (㉡)되며, (㉢)의 연장선상의 한 점을 중심으로 동심원을 그리면서 선회하여 사이드 슬립 방지와 조향 핸들 조작에 따른 저항을 감소시킬 수 있는 방식이다.

① ㉠최소, ㉡작게, ㉢앞차축

② ㉠최대, ㉡작게, ㉢뒷차축

③ ㉠최소, ㉡크게, ㉢앞차축

④ ㉠최대, ㉡크게, ㉢뒷차축

해설 애커먼 장토의 원리란 선회하고 있는 자동차의 조향 바퀴의 안쪽 바퀴가 바깥쪽 바퀴의 조향각도보다 크게 하여 동심원을 그리며 선회하여 사이드 슬립과 조향 핸들 조작에 따른 저항을 감소시킬 수 있는 방식이다.

38 디스크 브레이크와 비교해 드럼 브레이크의 특성으로 맞는 것은?

① 페이드 현상이 잘 일어나지 않는다.

② 구조가 간단하다.

③ 브레이크의 편 제동 현상이 적다.

④ 자기작동 효과가 크다.

해설 드럼 브레이크는 제동 시 자기 작동 효과가 발생하여 제동력이 증대된다.

정답 34 ③ 35 ④ 36 ④ 37 ④ 38 ④

39 조향장치가 갖추어야 할 조건 중 적당하지 않은 사항은?

① 적당한 회전감각이 있을 것

② 고속주행에서도 조향 핸들이 안정될 것

③ 조향 휠의 회전과 구동 휠의 선회차가 클 것

④ 선회 후 복원성이 좋을 것

해설 조향장치의 구비조건
① 조작이 쉽고 방향전환이 원활할 것
② 좁은 곳에서도 방향전환이 가능하도록 최소회전반경이 작을 것
③ 방향전환 시 섀시 및 보디에 무리한 힘이 가해지지 않을 것
④ 조향 휠의 회전과 구동 바퀴의 선회차가 적을 것
⑤ 고속주행 중에도 조향 핸들이 안정될 것
⑥ 선회 시 저항이 작고 선회 후 복원성이 좋을 것

40 수동변속기에서 클러치의 미끄러지는 원인으로 틀린 것은?

① 클러치 디스크에 오일이 묻었다.

② 플라이휠 및 압력판이 손상되었다.

③ 클러치 페달의 자유 간극이 크다.

④ 클러치 디스크의 마멸이 심하다.

해설 클러치가 미끄러지는 원인
① 페달 유격이 너무 적다.
② 클러치 디스크의 과대 마모
③ 압력판 스프링의 장력 약화
④ 클러치 디스크의 오일 부착

41 자동차의 교류발전기에서 발생된 교류 전기를 직류로 정류하는 부품은 무엇인가?

① 전기자

② 조정기

③ 실리콘 다이오드

④ 릴레이

해설 교류(AC)발전기에 발생된 교류전기는 실리콘 다이오드에 의해 직류(DC)전기로 정류된다.

42 기동전동기에서 오버러닝 클러치의 종류에 해당되지 않는 것은?

① 롤러식

② 스프래그식

③ 전기자식

④ 다판 클러치식

43 엔진 ECU 내부의 마이크로컴퓨터 구성요소로서 산술연산 또는 논리연산을 수행하기 위해 데이터를 일 보관하는 기억장치는?

① FET 구동회로

② A/D 컨버터

③ 인터페이스

④ 레지스터

해설 레지스터(Resister)는 컴퓨터 연산 처리 중 필요한 데이터, 연산결과, 조건 등을 저장하는 임시공간이다.

44 12V의 전압에 20Ω의 저항을 연결하였을 경우 몇 A의 전류가 흐르겠는가?

① 0.6A

② 1A

③ 5A

④ 10A

해설 옴의 법칙 E=IR에서 $I = \dfrac{12(V)}{20(\Omega)}$ 는 0.6이므로 회로 내에는 0.6A의 전류가 흐르는 것을 알 수 있다.

45 자동차 전조등회로에 대한 설명으로 맞는 것은?

① 전조등 좌우는 직렬로 연결되어 있다.
② 전조등 좌우는 병렬로 연결되어 있다.
③ 전조등 좌우는 직병렬로 연결되어 있다.
④ 전조등 작동 중에는 미등이 소등된다.

해설 자동차의 전조등은 한쪽 전조등이 고장 나도 다른 한쪽의 전조등이 점등될 수 있도록 병렬로 연결되어 있다.

46 축전지(condenser)와 관련된 식 표현으로 틀린 것은?

(Q = 전기량, E = 전압, C = 비례상수)

① $Q = CE$ ② $C = \dfrac{Q}{E}$

③ $E = \dfrac{Q}{C}$ ④ $C = QE$

47 점화키 홀 조명기능에 대한 설명 중 틀린 것은?

① 야간에 운전자에게 편의를 제공한다.
② 야간주행 시 사각지대를 없애준다.
③ 이그니션 키 주변에 일정시간 동안 펌프가 점등된다.
④ 이그니션 키 홀을 쉽게 찾을 수 있도록 도와준다.

해설 점화키 홀 조명은 야간에 운전자가 키 홀을 쉽게 찾을 수 있도록 키홀 램프가 일정 시간 점등되는 편의 장치이다.

48 몇 개의 저항을 병렬접속했을 때 설명 중 틀린 것은?

① 각 저항을 통하여 흐르는 전류의 합은 전원에서 흐르는 전류의 크기와 같다.
② 합성저항은 각 저항의 어느 것보다도 작다.
③ 각 저항에 가해지는 전압의 합은 전원 전압과 같다.
④ 어느 저항에서나 동일한 전압이 가해진다.

해설 저항의 병렬접속에 따른 특징
① 각 저항을 통하여 흐르는 전류의 합은 전원에서 흐르는 전류의 크기와 같다.
② 합성저항은 각 저항의 어느 것보다도 작다.
③ 큰 저항과 작은 저항을 연결하면 그중에서 큰 저항은 무시된다.
④ 어느 저항에서나 동일한 전압이 가해진다.

49 축전지에 대한 설명 중 틀린 것은?

① 전해액 온도가 올라가면 비중은 낮아진다.
② 전해액 온도가 낮으면 황산의 확산이 활발해진다.
③ 온도가 높으면 자기방전량이 많아진다.
④ 극판수가 많으면 용량이 증가한다.

해설 전해액의 온도가 낮아지면 황산의 확산이 잘되지 않는다.

정답 45 ② 46 ④ 47 ② 48 ③ 49 ②

50 자기방전률은 축전지 온도가 상승하면 어떻게 되는가?

① 높아진다.

② 낮아진다.

③ 변함없다.

④ 낮아진 상태로 일정하게 유지된다.

해설 축전지의 자기 방전율은 축전지 용량이 클수록, 축전지 온도가 높을수록 커진다.

51 산업 안전표지 종류에서 비상구 등을 나타내는 표지는?

① 금지표시   ② 경고표시

③ 지시표시   ④ 안내표시

52 차량 시험기기의 취급 주의사항에 대한 설명으로 틀린 것은?

① 시험기기 전원 및 용량을 확인한 후 전원 플러그를 연결한다.

② 시험기기 보관은 깨끗한 곳이면 아무 곳이나 좋다.

③ 눈금의 정확도는 수시로 점검해서 0점을 조정해 준다.

④ 시험기기의 누전 여부를 확인한다.

53 줄 작업 시 주의사항이 아닌 것은?

① 몸쪽으로 당길 때에만 힘을 가한다.

② 공작물은 바이스에 확실히 고정한다.

③ 날이 메꾸어 지면 와이어브러시로 털어낸다.

④ 절삭가루는 솔로 쓸어낸다.

54 중량물을 인력으로 운반하는 과정에서 발생할 수 있는 재해의 형태(유형)과 거리가 먼 것은?

① 허리요통   ② 협착(압상)

③ 급성중독   ④ 충돌

55 산업안전보건법상의 "안전·보건표지의 종류와 형태"에서 아래 그림이 의미하는 것은?

① 직진금지   ② 출입금지

③ 보행금지   ④ 차량통행금지

56 축전지 단자에 터미널 체결 시 올바른 것은?

① 터미널과 단자를 주기적으로 교환할 수 있도록 가체결한다.

② 터미널과 단자 접속부 틈새에 흔들림이 없도록 (−)드라이버로 단자 끝에 망치를 이용하여 적당한 충격을 가한다.

③ 터미널과 단자 접속부 틈새에 녹슬지 않도록 냉각수를 소량 도포한 후 나사를 잘 조인다.

④ 터미널과 단자 접속부 틈새에 이물질이 없도록 청소 후 나사를 잘 조인다.

정답 50 ①   51 ④   52 ②   53 ①   54 ③   55 ②   56 ④

57 기관의 분해 정비를 결정하기 위해 기관을 분해하기 전 점검해야 할 사항으로 거리가 먼 것은?

① 실린더 압축압력 점검

② 기관오일 압력 점검

③ 기관운전 중 이상소음 및 출력 점검

④ 피스톤 링 갭(gap) 점검

58 작업장에서 중량물 운반수레의 취급 시 안전사항 중 틀린 것은?

① 적재중심은 가능한 한 위로 오도록 한다.

② 화물이 앞뒤 또는 측면으로 편중되지 않도록 한다.

③ 사용 전 운반 수레의 각부를 점검한다.

④ 앞이 안 보일 정도로 화물을 적재하지 않는다.

59 브레이크 드럼을 연삭할 때 전기가 정전 되었다. 가장 먼저 취해야 할 조치사항 은?

① 스위치 전원을 내리고(Off) 주전원의 퓨즈를 확인한다.

② 스위치는 그대로 두고 정전원인을 확인한다.

③ 작업하던 공작물을 탈거한다.

④ 연삭에 실패했으므로 새 것으로 교환하고, 작업을 마무리한다.

60 멀티회로시험기를 사용할 때의 주의사항 중 틀린 것은?

① 고온, 다습, 직사광선을 피한다.

② 영점 조정 후에 측정한다.

③ 직류전압의 측정 시 선택 스위치는 AC(V)에 놓는다.

④ 지침은 정면에서 읽는다.

정답　57 ④　58 ①　59 ①　60 ③

2022 최신판
자동차정비기능사 [필기]

발　　행 | 2022년 1월 10일　초판 1쇄

저　　자 | 배봉기
발 행 인 | 최영민
발 행 처 | 🔵 피앤피북
주　　소 | 경기도 파주시 신촌로 16
전　　화 | 031-8071-0088
팩　　스 | 031-942-8688
전자우편 | pnpbook@naver.com
출판등록 | 2015년 3월 27일
등록번호 | 제406-2015-31호

정가 : 22,000원

ISBN　979-11-91188-54-7　　(93550)